中文版PHOTOSHOP CC 2017 图形图像处理案例教程

杨　华　周凉凉　韩玉玲　主编

A Case Coursebook For Chinese Version Photoshop CC 2017 Graphic Image Processing

·广州·

图书在版编目（CIP）数据

中文版 PHOTOSHOP CC 2017 图形图像处理案例教程 / 杨华，周凉凉，韩玉玲主编. —广州：华南理工大学出版社，2020.8

ISBN 978－7－5623－6401－6

Ⅰ.①中…　Ⅱ.①杨…　②周…　③韩…　Ⅲ.①图像处理软件－高等职业教育－教材　Ⅳ.①TP391.413

中国版本图书馆 CIP 数据核字（2020）第 103200 号

中文版 PHOTOSHOP CC 2017 图形图像处理案例教程

杨华　周凉凉　韩玉玲　主编

出 版 人： 卢家明

出版发行： 华南理工大学出版社

（广州五山华南理工大学17号楼，邮编510640）

http://www.scutpress.com.cn　　E-mail: scutc13@scut.edu.cn

营销部电话：020-87113487　87111048（传真）

责任编辑： 王昱靖

责任校对： 詹伟文

印 刷 者： 佛山家联印刷有限公司

开　　本： 787 mm × 1092 mm　1/16　**印张：** 19.5　**字数：** 450 千

版　　次： 2020 年 8 月第 1 版　2020 年 8 月第 1 次印刷

定　　价： 78.00 元

中文版 PHOTOSHOP CC 2017
图形图像处理案例教程

编委会

主　任：梁泽洪　刘杰华

副主任：周凉凉　谢塘斌

成　员：唐建军　肖宇宏　尹　飞

主　编：杨　华　周凉凉　韩玉玲

副主编：彭海胜　苏国华　黄晓菊

1-01 删除照片上多余的景物
1-02 删除照片上多余的人物
1-03 修复倾斜照片
1-04 清除照片上的杂物
1-05 调整照片的大小
1-06 给照片添加文字
1-07 制作标准证件照
1-08 更换广告墙图片
1-09 照片的艺术合成效果
1-10 给衣服添加印花
2-01 调整曝光不足的照片
2-02 调整曝光过度的照片
2-03 调整偏色的照片
2-04 调整色彩暗淡的照片
2-05 调整模糊照片

2-06 给黑白照片上色	2-07 更改雨伞的颜色	2-08 处理成老照片效果
3-01 使用魔棒工具更换背景	3-02 使用快速选择工具更换背景	3-03 使用多边形套索工具更换背景
3-04 使用磁性套索工具更换背景	3-05 使用钢笔工具更换背景	3-06 使用色彩范围命令更换背景
3-07 使用快速蒙版模式更换背景	4-01 修复红眼	4-02 去除斑点
4-03 美白牙齿	4-04 美白肌肤	4-05 修改口红颜色

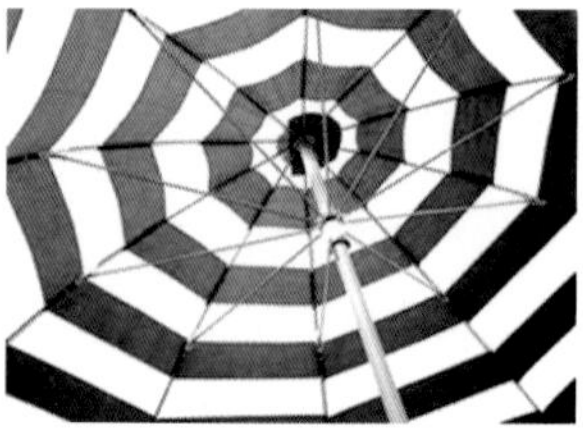

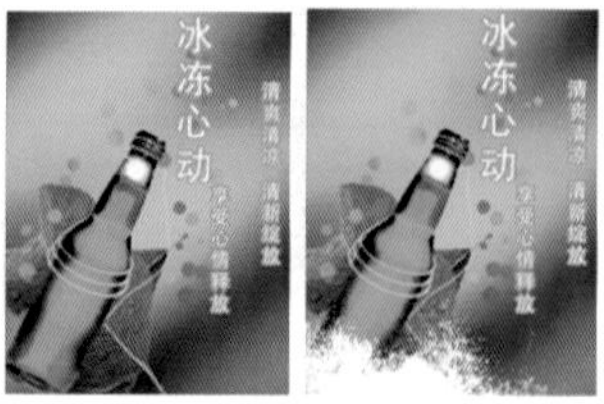

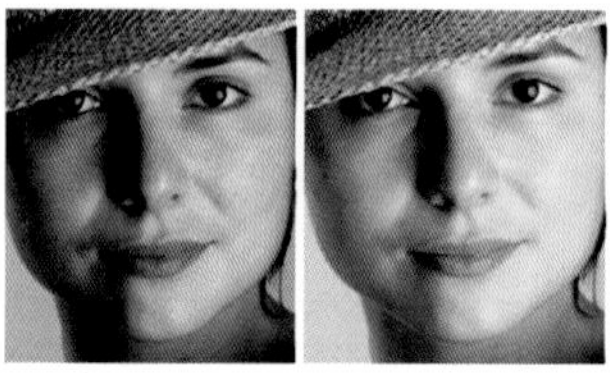

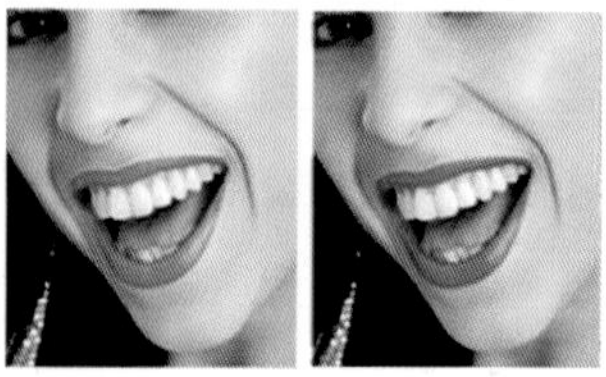

4-06 使眼睛更明亮

4-07 眼睛变大

4-08 瘦身

4-09 瘦脸

4-10 修复照片的折痕

4-11 修复照片的污渍

4-12 修复残缺的照片

4-13 修复老照片

5-01 水波效果

5-02 大雾效果

5-03 下雨效果

5-04 下雪效果

5-05 彩虹效果

5-06 彩霞效果

5-07 光晕效果

5-08 闪电效果

5-09 倒影效果

5-10 剪影效果

5-11 素描效果

5-12 运动效果

5-13 百叶窗效果

5-14 抽线效果

5-15 照片堆叠效果

5-16 邮票效果

6-01 透明文字的制作

6-02 电流文字的制作

6-03 渐变文字的制作

6-04 水果文字的制作

6-05 发光文字的制作

6-06 霓虹灯效果文字

6-07 开放路径文字	6-08 闭合路径文字	6-09 闭合路径内部文字
6-10“青春不毕业”文字设计	6-11“五八同城”LOGO文字设计	6-12“谷歌”LOGO文字设计
7-01 绘制微信标志	7-02 绘制设置图标	7-03 绘制宝马汽车标志
7-04 绘制交通标志	7-05 绘制工商银行标志	7-06 绘制顺德农商银行标志
7-07 绘制学校标志	8-02 制作光照效果	8-03 制作广告动画

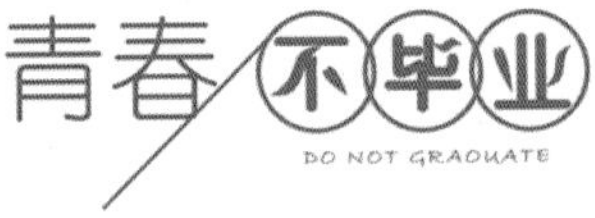

8-04 制作儿童相册轮播动画

8-05 制作下雨的动画效果

8-06 制作聚光灯动画效果

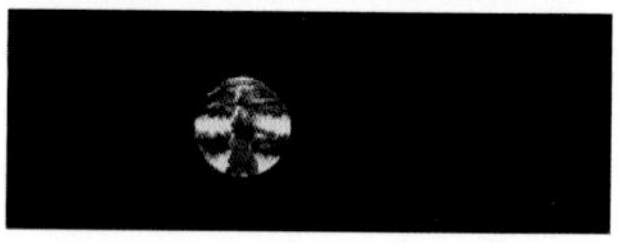

8-07 制作舞动的文字

8-08 制作旋转的地球动画

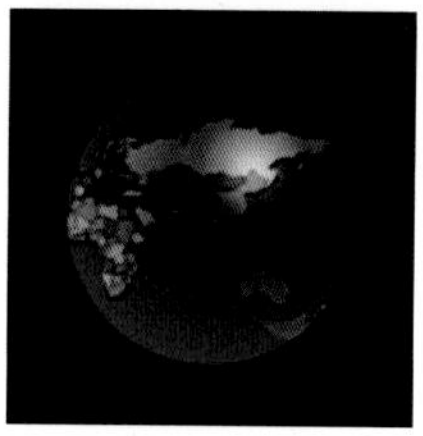

8-09 制作卷轴画展开效果

8-10 制作相片轮播动画

9-01 婚纱照片创意设计1

9-02 婚纱照片创意设计2

9-03 婚纱照片创意设计3

9-04 婚纱照片创意设计4

10-01 儿童照片创意设计1

10-02 儿童照片创意设计2

10-03 儿童照片创意设计3

10-04 儿童照片创意设计4

Preface 前言

Photoshop是在图形图像处理和平面设计过程中使用的主流软件，它在许多商业领域得到广泛的应用，已成为现代图形图像处理制作员和平面设计师必须掌握的一款软件。

为了使初学者尽快地掌握Photoshop操作技能，胜任图形图像处理工作，本书将实际应用与软件讲解相结合，以实用案例贯穿全书，让读者在学会使用软件的同时迅速掌握实际应用技能。

全书共分为10章，内容包含图形图像的基本处理、图像的色彩调整与校正、图像的抠图处理、照片的修复与润饰、图形图像的特效处理、文字效果的制作和处理、标志的绘制、制作GIF动画、婚纱照片创意设计和儿童照片创意设计。

本书的大多数教学实例来源于实际生活或商业案例，详细讲述了各类图形图像处理的技术要领和制作方法。读者通过本书的学习，按照书中的步骤完成每一个案例，汲取案例中的精华，就能深入理解图形图像处理的思想，掌握技术实现的完整过程，从而达到能独立完成图形图像处理工作的水平。

本书作者大多数是多年从事图形图像处理或平面设计课程教学的优秀学科教师，对Photoshop软件的使用、图形图像处理、平面设计等知识与技能的教学有着丰富的经验和教学心得。

本书内容具有如下特点：

（1）适合初学者：本书以初学者为主要目标读者（随书附有相关练习素材，网盘地址：https://pan.baidu.com/s/1yQLTlhGFDhylymj4t1syyg，提取码：8qy7），书中包含了大量适合初学者的中小型案例，讲解通俗易懂，确保零起点读者也能轻松、快速入门。

（2）知识点全面系统：本书从简单实用的案例入手，循序渐进地讲解了Photoshop图形图像处理的方法和技巧。

（3）实用性强：本书精选实用、精美的案例，帮助读者轻松地掌握操作技术，同时在一定程度上提高审美水平，从而为Photoshop进阶学习打下基础。

本书适合以下读者：

（1）大中专职业院校平面设计专业和广告专业的学生；

（2）社会职业培训学校相关专业的学生；

（3）即将走向图形图像处理岗位但缺乏实践经验和行业经验的读者；

（4）广大Photoshop图形图像处理爱好者。

在本书编写过程中，我们始终努力坚持做到最好，但因水平有限，书中难免有疏漏和不足之处，敬请读者提出宝贵意见，以便修订时更正。

编　者

2020年4月

Contents 目录

第 10 章　儿童照片创意设计

第 1 章　图形图像的基本处理

1.1 本章概述

Photoshop 是 Adobe 公司旗下最为著名的图像处理软件之一，集图形图像编辑处理、广告创意、图像输入与输出于一体。本章主要引入图形图像处理的一些基本概念，介绍 Photoshop CC 2017 软件的工具箱以及常用的快捷键，并通过生活中常见并容易实现的 10 个案例，让读者体会 Photoshop 强大的图形图像处理功能，激发起学习的兴趣，并建立起能够学好 PS 图形图像处理课程的信心。

1.2 学习导图

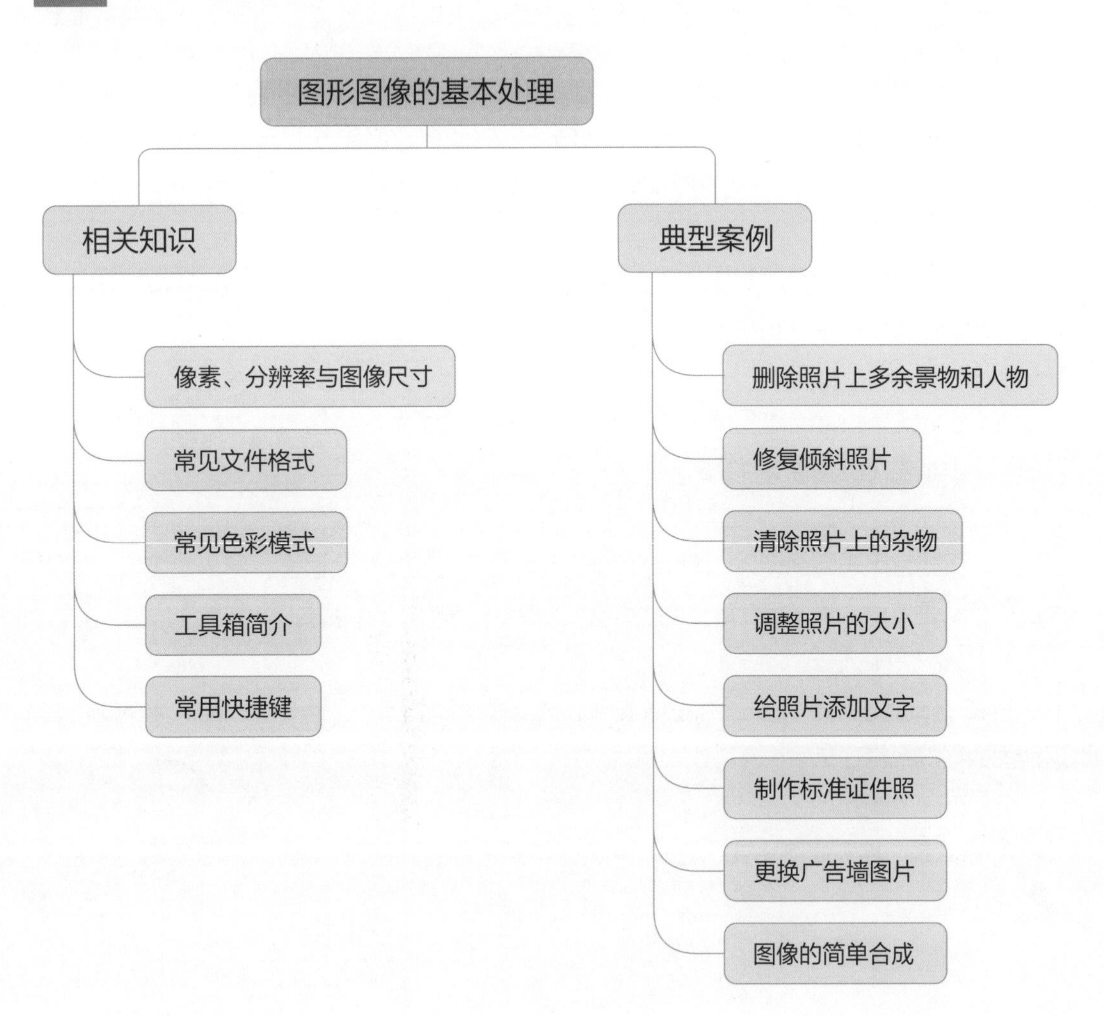

1.3 相关知识

1.3.1 像素、分辨率与图像尺寸

像素和分辨率是 PS 软件最常用的两个概念，它们决定了文件的大小及图像的质量。

1.3.1.1 像素：像素是构成图像的最小单位，位图中每一个色块就是一个像素，且每一个像素只显示一种颜色。

1.3.1.2 分辨率：分辨率是用于描述图像文件信息的术语，表述为单位长度内的点、像素或墨点的数量，通常用“像素 / 英寸”和“像素 / 厘米”表示。分辨率的高低直接影响图像的效果，使用太低的分辨率会导致图像粗糙，放大后会变得非常模糊，使用较高的分辨率，图片清晰了但也会增加文件的大小。在 PS 软件中新建文件时，默认的分辨率为 72 像素 / 英寸，这是满足普通显示器显示图像的分辨率。在实际应用中，不同用途对分辨率的要求也不同，例如：发布于网络上的图像分辨率一般为 72 像素 / 英寸，大型户外宣传栏一般 30 像素 / 英寸，设计宣传单张分辨率一般为 150 像素 / 英寸，高质量的彩色印刷品分辨率一般为 300 像素 / 英寸以上。我们可以根据实际需求来选择分辨率。

1.3.2 常见文件格式

在图形图像处理系统中，文件储存的格式有很多种，这里我们主要介绍以下几种常用的格式。

1.3.2.1 PSD 格式

PSD 格式是 PS 软件的专用格式，能保存图像数据的每一个细节，包括图层、通道等信息，便于以后进行编辑和修改。

1.3.2.2 JPEG 格式

JPEG 格式是最常用的图像格式，支持真彩色，是所有压缩格式中最好的一种，也是目前网络上最常见的图像文件格式。

1.3.2.3 GIF 格式

GIF 格式常用于网络传输，其传播速度比其他格式的文件快很多，另外 GIF 格式的图片还支持动画效果，本书第 8 章专门讲述如何使用 PS 制作 GIF 动画。

1.3.2.4 PNG 格式

PNG 格式可以用于无损压缩图像文件，还支持透明背景，这是一个非常实用的功能。这种图像格式经常在 Word 、PPT 中采用。

1.3.2.5 AI 格式

AI 格式是一种矢量图格式，在 Illustrator 中经常用到。在 PS 中可以将图像输出路径设为 AI 格式。

1.3.3 常见色彩模式

色彩模式是指同一属性下的不同颜色的集合，它使用户在使用各种颜色进行显示、印刷、打印时，不必重新调配颜色而直接进行转换应用。常见的色彩模式有RGB模式、CMYK模式、Lab模式、Bitmap模式、Grayscale模式，这里主要介绍RGB色彩模式和CMYK色彩模式。

1.3.3.1　RGB模式也叫光色模式，该模式下的图像是由红（R）、绿（G）、蓝（B）3种颜色构成，大多数显示器采用的是这种色彩模式。

1.3.3.2　CMYK模式也叫4色印刷模式，该模式下图像是由青（C）、洋红（M）、黄（Y）、黑（K）4种颜色构成，主要用于彩色印刷。

1.3.4 PS工具箱

PS工具箱默认在窗口界面的左侧，其中包含了PS软件中各种图形绘制和图像处理工具。掌握工具箱工具的使用，是学好PS图形图像处理的重要一环。以下简单介绍各种工具的用途，在后面讲解案例的时候会详细讲解使用方法。

- 移动工具：该工具是Photoshop中应用最为频繁的工具，它的主要作用是对图像或选择区域进行移动、剪切、复制、变换等操作。
- 矩形选框工具：可以创建出矩形选区。
- 椭圆选框工具：可以创建出椭圆形选区或正圆形的选区。
- 单行选框工具：可以创建高度为1个像素的单行选择区域。
- 单列选框工具：可以创建宽度为1个像素的单列选择区域。
- 套索工具：可以创建不规则的选区。
- 多边形套索工具：可以创建多边形选区。
- 磁性套索工具：主要用于选取图形颜色与背景颜色反差较大的图像选区。
- 魔棒工具：主要用于选取图像中颜色相近或大面积单色区域的图像选区，在实际工作中，使用魔棒可以节省大量时间，又能达到所需的效果。
- 快速选择工具：利用颜色的差异迅速绘制出选区，适合主体与背景颜色差异比较明显的图像。
- 裁剪工具：是用来裁切图像的。
- 切片工具：主要用于网页设计。
- 切片选取工具：主要用于编辑切片。
- 污点修复画笔工具：用于用来修补图像中的瑕疵，使用时不要取样。
- 修复画笔工具：用来修补图像中的瑕疵，使用时要取样。
- 修补工具：也是用来修复图像的，但修补工具是通过选区来完成对图像的修复。
- 红眼画笔：可以置换任何部位的颜色，并保留原有材质的感觉和明暗关系。

- 画笔工具：最主要的功能就是用来绘制图像，它可以模仿中国的毛笔，绘制出较柔和的笔触效果。
- 仿制图章工具：主要优点是可以从已有的图像中取样，然后将取到的样本应用于其他图像或同一图像中。
- 图案图章工具：主要作用是制作图案，它与仿制图章的取样方式不同。
- 历史记录画笔工具：可以非常方便地恢复图像至任一操作，而且还可以结合属性栏上的笔刷状、不透明度和色彩混合模式等选项制作出特殊的效果。
- 历史记录艺术画笔：也具有恢复图像的功能，不同的是，它可以将局部图像依照指定的历史记录转换成手绘图的效果。
- 橡皮擦工具：是最基本的擦除工具，它主要用于擦除图像的颜色，在使用的时候，可以结合属性栏的各项设置进行使用。
- 渐变工具：主要用于在图形文件中创建渐变效果。
- 油漆桶工具：主要作用是可以在图像和选择区域内填充颜色和图案。
- 模糊工具：是一种通过画笔使图像变得模糊的工具，其工作原理是降低像素之间的反差，从而使图像变得模糊。
- 锐化工具：正好和模糊工具相反，它通过增加像素间的对比度来使图像更加清晰。
- 涂抹工具：能制造出用手指在未干的颜料上涂抹的效果。
- 减淡工具：主要作用是可以对图像的阴影、中间色和高光部分进行增亮和加光处理。
- 加深工具：可以改变图像特定区域的曝光度，使图像变暗。
- 海绵工具：可以改变图像的色彩饱和度。
- 文字工具：可以录入横向、竖向的文字，并对文字进行各种编辑。
- 钢笔工具：创建路径和图形。
- 自由钢笔工具：就像日常生活中使用的钢笔一样，可以随意起笔落笔，当勾选磁性钢笔选项时，其功能与磁性套索类似，可以对物体进行描边，尤其适用于复制精确的图像路径，但它不能像钢笔工具一样，精确控制绘制出直线和曲线。
- 添加锚点工具：可以为已创建的路径添加锚点。
- 删除锚点工具：它正好与添加锚点工具相反，可以删除路径上的锚点，也是对工作路径进行修改的工具。
- 转换点工具：用来转换定位点的工具，它可以使锚点在角点和平滑点之间进行转换。
- 抓手工具：主要作用也是移动图像，但它和移动工具的作用不一样。抓手工具只能在文档窗口无法完全显示图像后使用，它可以帮助我们快速观看图像窗口中显示不下的内容，并且不改变图像的实际位置。
- 缩放工具：对图像进行放大或缩小，便于编辑图像的局部。

1.3.5 PS常用的快捷键

掌握常用快捷键的使用方法，可以大大提高图形图像处理的工作效率，以下列出的快捷键在本书的案例中会经常使用到。

表1-1 PS常用快捷键

新建图形文件	Ctrl+N	调整色阶	Ctrl+L
打开已有的图像	Ctrl+O	打开“曲线调整”对话框	Ctrl+M
保存当前图像	Ctrl+S	打开“色彩平衡”对话框	Ctrl+B
还原/重做前一步操作	Ctrl+Z	打开“色相/饱和度”对话框	Ctrl+U
还原两步以上操作	Ctrl+Alt+Z	全部选取	Ctrl+A
拷贝选取的图像或路径	Ctrl+C	取消选择	Ctrl+D
粘贴到当前图形中	Ctrl+V	羽化选择	Ctrl+Alt+D
自由变换	Ctrl+T	反向选择	Ctrl+Shift+I
放大视图	Ctrl+“+”	重新选择	Ctrl+Shift+D
缩小视图	Ctrl+“-”	通过拷贝建立一个图层	Ctrl+J
缩小画笔笔头	[	向下合并图层	Ctrl+E
放大画笔笔头	]	再执行一次上次的滤镜	Ctrl+F

1.4 典型案例

案例 01　删除照片上多余的景物

原照片中的景物所占比例过大，导致主要人物在照片中不够突出。

原照片

处理后的效果

操作步骤

① 按Ctrl+O键，打开【素材\1-1文件夹\01.jpg】图片，在工具箱中选择裁剪工具，在属性栏中将宽高比设为3：4，如图1-1-1所示，使得裁剪工具按照3：4的比例来裁剪。

图 1-1-1

② 单击要裁剪的图片，如图1-1-2所示，将鼠标移到裁剪框的右上角向里拖动鼠标缩小裁剪区域，并在裁剪范围内按住鼠标拖动图片调整裁剪的范围，如图1-1-3所示，然后按Enter键确定裁剪，完成后按下Ctrl+S键保存文件。

图 1-1-2

图 1-1-3

案例 02　删除照片上多余的人物

原照片以取景为主，左下角的人物破坏了照片的构图。

原照片

处理后的效果

操作步骤

① 按 Ctrl+O 键，打开【素材\1-2 文件夹\01.jpg】图片，选择裁剪工具，在属性栏中宽度录入宽高比为4∶3，如图1-2-1所示，使得裁剪工具按照4∶3的比例来裁剪。

图 1-2-1

② 单击要裁剪的图片，如图1-2-2所示，在裁剪范围内按住鼠标左键向左拖动图片调整裁剪的范围，如图1-2-3所示，然后按 Enter 键确定裁剪，完成操作后，按下 Ctrl+S 键保存文件。

图 1-2-2

图 1-2-3

案例 03　修复倾斜照片

拍照片的时候，由于角度选取的限制，经常会造成照片倾斜，通过 PS，可以对倾斜的照片进行修正。

原照片

处理后的效果

操作步骤

① 按 Ctrl+O 键，打开【素材\1-3 文件夹\01.jpg】图片，如图 1-3-1 所示，将“背景”图层拖曳到“创建新图层”图标上，生成“背景拷贝”图层，如图 1-3-2 所示。

图 1-3-1

图 1-3-2

② 按Ctrl+T键，图像四周出现控制手柄，如图1-3-3所示，将鼠标指针移至右上角的控制手柄上，当鼠标指针变成↰形状时，拖曳鼠标，将图片进行逆时针旋转，如图1-3-4所示，旋转到合适的角度时，按Enter键确认操作，此时图像效果如图1-3-5所示。

图1-3-3

图1-3-4

图1-3-5

③ 选择裁剪工具，拖曳鼠标对照片进行裁剪，如图1-3-6所示，然后按Enter键确定裁剪，效果如图1-3-7所示。至此本案例制作完成，按下Ctrl+S键保存文件。

图1-3-6

图1-3-7

案例 04 清除照片上的杂物

原照片存在一些杂物，影响照片质量，通过 PS，可以对照片上的杂物进行清除。

原照片

处理后的效果

操作步骤

① 按 Ctrl+O 键，打开【素材\1-4 文件夹\01.jpg】图片，效果如图 1-4-1 所示。

图 1-4-1

② 选择修复画笔工具，在属性栏中将画笔大小设置为 70（在键盘上可按“[”缩小画笔，按“]”增大画笔），如图 1-4-2 所示，其他选项设为默认值。

图 1-4-2

③ 将鼠标指针移到如图1-4-3所示的位置，按住Alt键，单击鼠标，选择取样点。将鼠标指针移到需要清除的区域，单击鼠标，用取样点的图像替换需要清除的区域，如图1-4-4所示。

图1-4-3

图1-4-4

④ 在键盘上多次按下“]”增大画笔至150，如图1-4-5所示。

图1-4-5

⑤ 将鼠标指针移到合适的位置，按住Alt键，单击鼠标，选择取样点，如图1-4-6所示，再将鼠标指针移到需要清除的区域，单击鼠标进行替换，效果如图1-4-7所示。至此本案例制作完成，按下Ctrl+S键保存文件。

图1-4-6

图1-4-7

案例 05　调整照片的大小

平时我们使用数码相机照相，拍出来的照片清晰度很高，但同时照片的容量会比较大，一般都会在 5MB 以上，在实际应用中，比如 PPT 里面，如果插入的图片比较多，就会造成文件很大，这时我们就可以使用 PS 处理一下这些照片，降低照片的容量，从而降低 PPT 文件的大小。下图调整前容量为 6.82MB，调整后容量为 0.85MB。

操作步骤

1 按 Ctrl+O 键，打开【素材\1-5 文件夹\01.jpg】图片，执行"图像 > 图像大小"命令，打开"图像大小"对话框，对话框显示了当前图像的大小、尺寸、高度 / 宽度以及分辨率。我们把参数调整为"1024×768 像素 72ppi"，如图 1-5-1 所示，单击确定按钮，然后保存图片。我们再查看一下图片的容量，这时图片的容量为 0.85MB，已经比原来的 6.82MB 小了很多。本案例制作完成，按下 Ctrl+S 键保存文件。

图 1-5-1

案例 06 给照片添加文字

在处理大合照的时候，很多时候我们需要给照片添加一些说明文字。

原照片

添加文字后的效果

操作步骤

❶ 按Ctrl+O键，打开【素材\1-6文件夹\01.jpg】图片，如图1-6-1所示。

图 1-6-1

❷ 单击创建新图层图标，新建一个图层，如图1-6-2所示，并将前景颜色设置为红色，如图1-6-3所示。

图 1-6-2

图 1-6-3

③ 选择矩形选框工具，在图片的底部绘制出如图1-6-4所示的选区，按下Alt+Del键，用前景颜色对选区进行填充，如图1-6-5所示。

图1-6-4

图1-6-5

④ 选择文本工具，单击属性面板的切换字符/段落面板图标，将字体设置为隶书，文字颜色设置为白色，文字大小设置为19点，字符间距设置为500，如图1-6-6所示，录入文字"顺德区北滘职业技术学校教师合影"，效果如图1-6-7所示。至此本案例制作完成，按下Ctrl+S键保存文件。

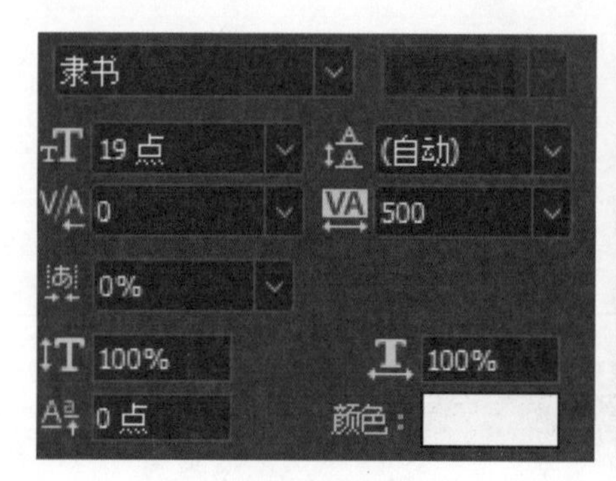

图1-6-6

图1-6-7

案例 07　制作标准证件照

现在需要用A6相纸（15 cm × 10 cm），打印出8张大一寸（3.3 cm × 4.8 cm）照片，打印之前需对原照片进行处理。

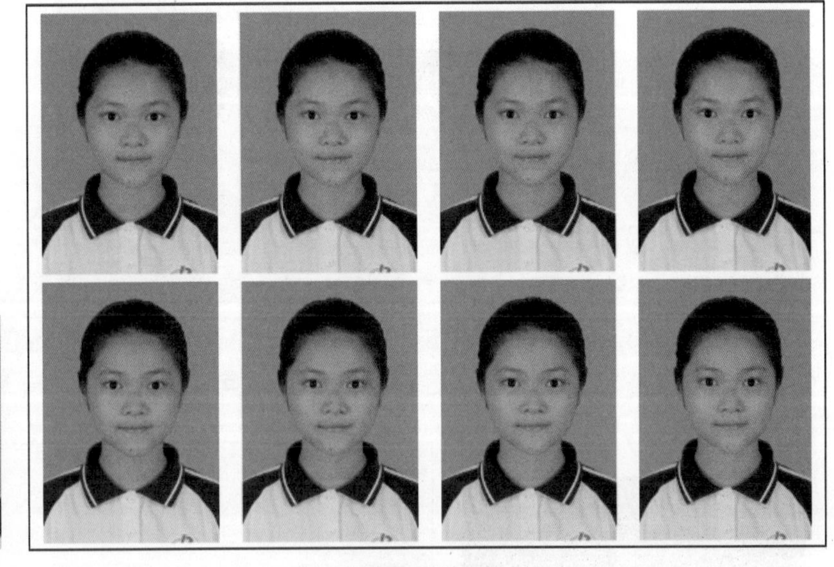

原照片　　处理后的效果

操作步骤

❶ 按Ctrl+O键，打开【素材\1-7文件夹\01.jpg】图片，效果如图1-7-1所示。

图 1-7-1

❷ 选择裁剪工具，在属性栏中录入宽度3.3厘米、高度4.8厘米（大一寸照片宽度为3.3厘米，高度为4.8厘米），如图1-7-2所示，然后在图像上单击，对图像以3.3 × 4.8的比例进行裁剪，如图1-7-3所示，按Enter键确认，如图1-7-4所示。

图 1-7-2

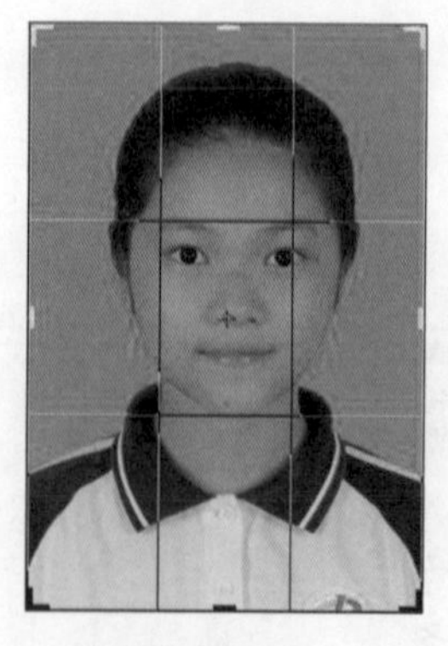

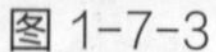
图 1-7-3

图 1-7-4

③ 按 Ctrl+N 键，打开“新建”对话框，将新建文件宽度设为 15 厘米，高度设为 10 厘米，分辨率设为 300 像素 / 英寸，效果如图 1-7-5 所示。选择移动工具，将图片“01”拖曳到新建文件中，并适当调整位置，此时效果如图 1-7-6 所示。

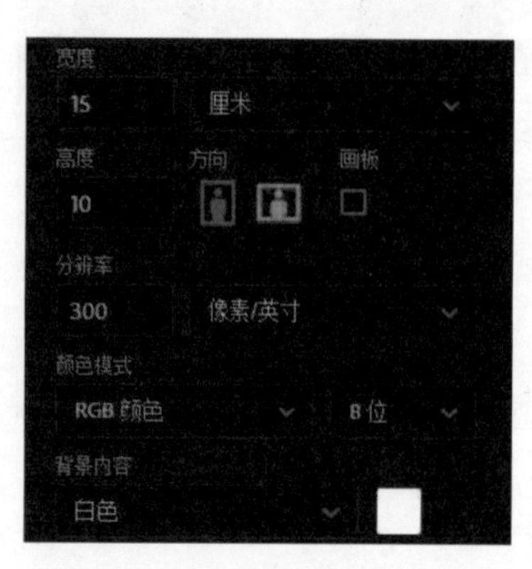

图 1-7-5

图 1-7-6

④ 按住 Alt 键，向右拖曳鼠标，复制图片 01，此时效果如图 1-7-7 所示，继续按住 Alt 键拖曳鼠标复制出其余 6 张照片，完成后效果如图 1-7-8 所示。至此本案例制作完成，按下 Ctrl+S 键保存文件。

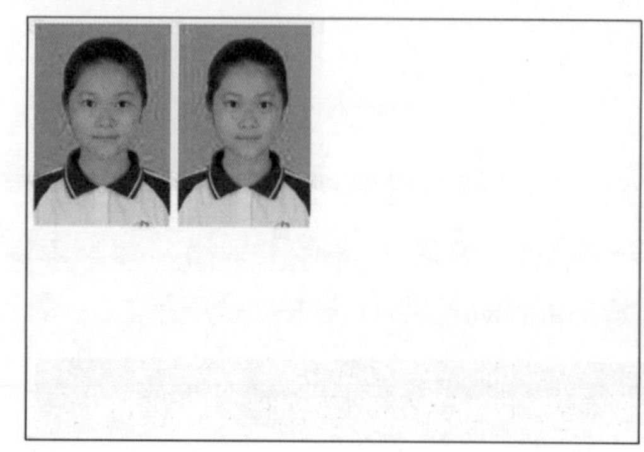
图1-7-7

图1-7-8

案例 08　更换广告墙图片

左侧上方是广告墙体，左侧下方是广告图片，右侧是处理完更换广告图片后的效果。

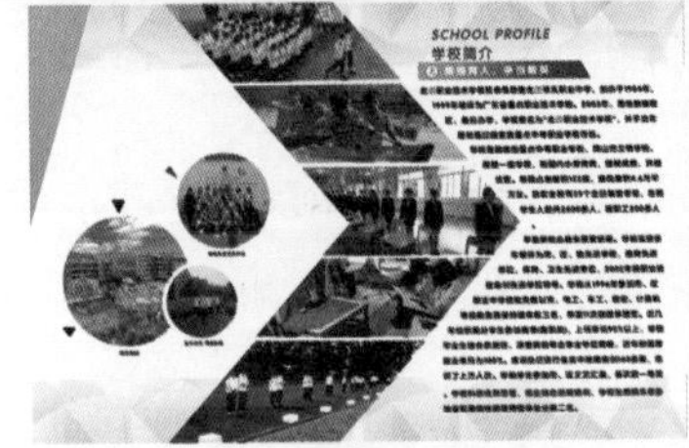

原图片

处理后的效果

操作步骤

❶ 按 Ctrl+O 键，打开【素材\1-8 文件夹\01.jpg，02.jpg】图片，如图 1-8-1、图 1-8-2 所示。

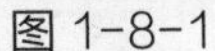

图 1-8-1

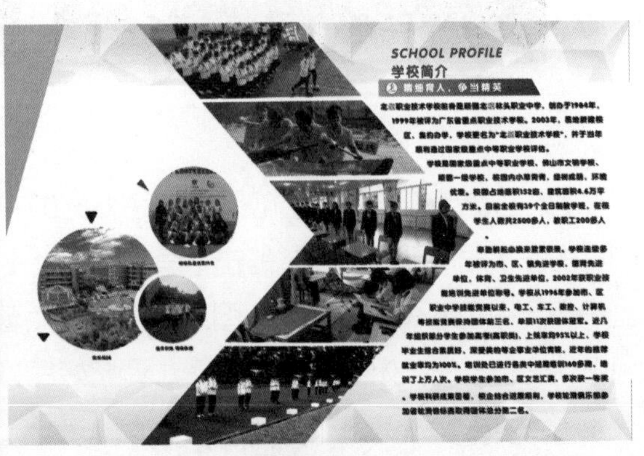

图 1-8-2

❷ 选择移动工具，将图片 02 拖曳到 01 图片中，图层控制面板中生成“图层 1”，如图 1-8-3 所示，此时图片 01 的效果如图 1-8-4 所示。

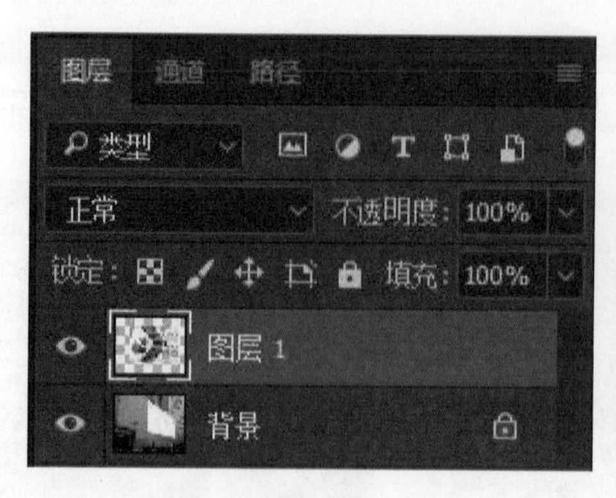

图 1-8-3

图 1-8-4

③ 按 Ctrl+T 键，图像四周出现控制手柄，如图 1-8-5 所示，将鼠标指针移至左上角的控制手柄上，拖曳鼠标缩小图层 1 的图片，并调整图像的位置，如图 1-8-6 所示。

图 1-8-5

图 1-8-6

④ 右键单击自由变换的图片，在弹出的快捷菜单中选择扭曲命令，拖曳将自由变换图片的左下角点至白色墙体的左下角，如图 1-8-7 所示，用同样的方法，拖曳将图片的左上角点至白色墙体的左上角，图片的右下角点至白色墙体的右下角，图片的右上角点至白色墙体的右上角，如图 1-8-8 所示，调整好后，按下 Enter 键确认，完成制作。

图 1-8-7

图 1-8-8

案例 09 照片的艺术合成效果

将左侧两张图片，通过简单的合成，制作出如右侧所示的艺术效果。

原照片

处理后的效果

操作步骤

① 按Ctrl+O键，打开【素材\1-9文件夹\01.jpg，02.jpg】图片，效果如图1-9-1、图1-9-2所示。

图1-9-1

图1-9-2

② 选择多边形套索工具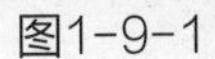，围绕人物头像多次单击鼠标选择多边形成选区，如图1-9-3所示，执行“选择>修改>羽化”命令，将羽化半径设为50，如图1-9-4所示。

图 1-9-3

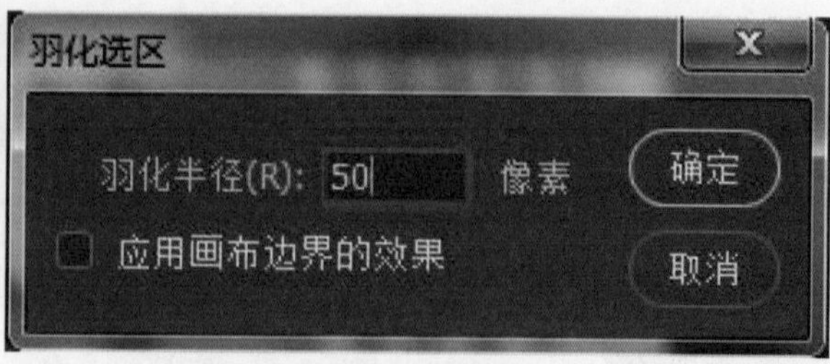

图 1-9-4

③ 选择移动工具，将图片 02 选定的部分拖曳到 01 图片中，此时图片 01 的效果如图 1-9-5 所示。

图1-9-5

④ 在图层面板中将图层的混合模式设置为“强光”，如图 1-9-6 所示，此时图像效果如图 1-9-7 所示。至此本案例制作完成，按下 Ctrl+S 键保存文件。

图1-9-6

图1-9-7

案例 10　给衣服添加印花

将左侧两张图片，通过简单的合成，实现给人物衣服添加印花的效果。

原照片　　处理后的效果

操作步骤

1 按 Ctrl+O 键，打开【素材\1-10 文件夹\01.jpg 和 02.jpg】，效果如图 1-10-1、图 1-10-2 所示。

图 1-10-1

图 1-10-2

2 选择移动工具，将图片 02 拖曳到 01 图片中，按下 Ctrl+T 键对印花图片进行适当的缩小并调整位置，此时图片 01 的效果如图 1-10-3 所示。

3 在图层控制面板中单击图层 1 的图标，暂时对图层 1 进行隐藏，此时图层面板如图 1-10-4 所示。

图 1-10-3

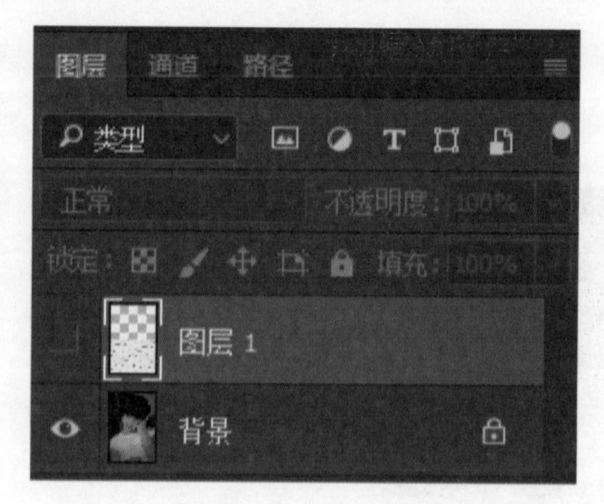

图 1-10-4

4 选择多边形套索工具，围绕人物衣服多次单击鼠标将人物的衣服选定，如图 1-10-5 所示，取消对图层 1 的隐藏，按下 Ctrl+Shift+I 键，反选图像，如图 1-10-6 所示。按下 Del 键删除选定的对象，再按下 Ctrl+D 键，取消选择，如图 1-10-7 所示。

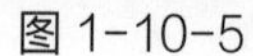

图 1-10-5

图 1-10-6

图 1-10-7

5 在图层控制面板中将图层混合模式选为“正片叠底”，如图 1-10-8 所示，此时图像效果如图 1-10-9 所示。至此本案例制作完成，按下 Ctrl+S 键保存文件。

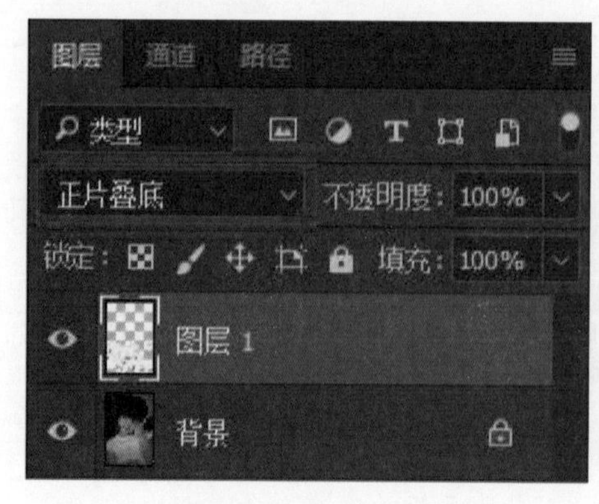

图 1-10-8

图 1-10-9

1.5 学习评价

评价内容	评价标准	是否掌握	分值	得分
知识点	了解图形图像处理的基本概念，包括像素、分辨率、常见文件格式、常见色彩模式 了解PS软件的工具箱以及常用的快捷键		20	
技能点	学会利用裁剪工具对图像进行重新构图		8	
	学会利用自由变换命令修复倾斜的照片		8	
	学会利用修复画笔工具对图像进行修复		8	
	学会利用文本工具给照片添加文字		8	
	学会使用移动工具对选区、图像进行复制移动操作		8	
	学会使用多边形套索工具建立选区		8	
	了解图层混合模式的作用和使用方法		8	
职业素养	完成的案例操作是否符合审美要求		12	
	在完成本章案例操作过程中是否体现了精益求精的工匠精神		12	
合 计				

1.6 课后练习

练习1：在Photoshop CC打开“课后练习素材/第1章/lx1.jpg”文件，然后利用裁剪工具对照片进行重新构图，使照片重点突出人。

练习2：在Photoshop CC打开“课后练习素材/第1章/lx2.jpg”文件，然后利用修复画笔工具去掉图像中不和谐的对象。

练习3：在Photoshop CC打开“课后练习素材/第1章/lx3.jpg”文件，然后利用自由变换命令修正倾斜的大厦。

练习4：在Photoshop CC打开“课后练习素材/第1章/lx4.jpg”文件，在15 cm × 10 cm大小的文件里（A6相纸大小），设计出一版8张蓝底大一寸（3.3 cm × 4.8 cm）照片。

练习5：在Photoshop CC打开“课后练习素材/第1章/lx5-1.jpg和lx5-2.jpg”文件，将图片lx5-2移至图片lx5-1的广告位中。

练习6：在Photoshop CC打开“课后练习素材/第1章/lx6-1.jpg和lx6-2.jpg”文件，给图片lx6-1中小女孩的衣服添加印花。

第 2 章　图像的色彩调整与校正

2.1 本章概述

在用 Photoshop 进行图形图像处理时，对图像进行色彩的调整与校正是常见的操作，比如调整图像的明暗度、饱和度、色相，等等。Photoshop 提供了大量的色彩调整和色彩平衡命令，这也是众多平面图像处理软件不能与它相媲美的原因之一。本章将对这些命令、功能进行讲解介绍，并通过 8 个典型案例让读者学会处理曝光不足、曝光过度、偏色、色彩暗淡、模糊等常见图像问题，并掌握更改图像颜色、给黑白照片上色的方法。

2.2 学习导图

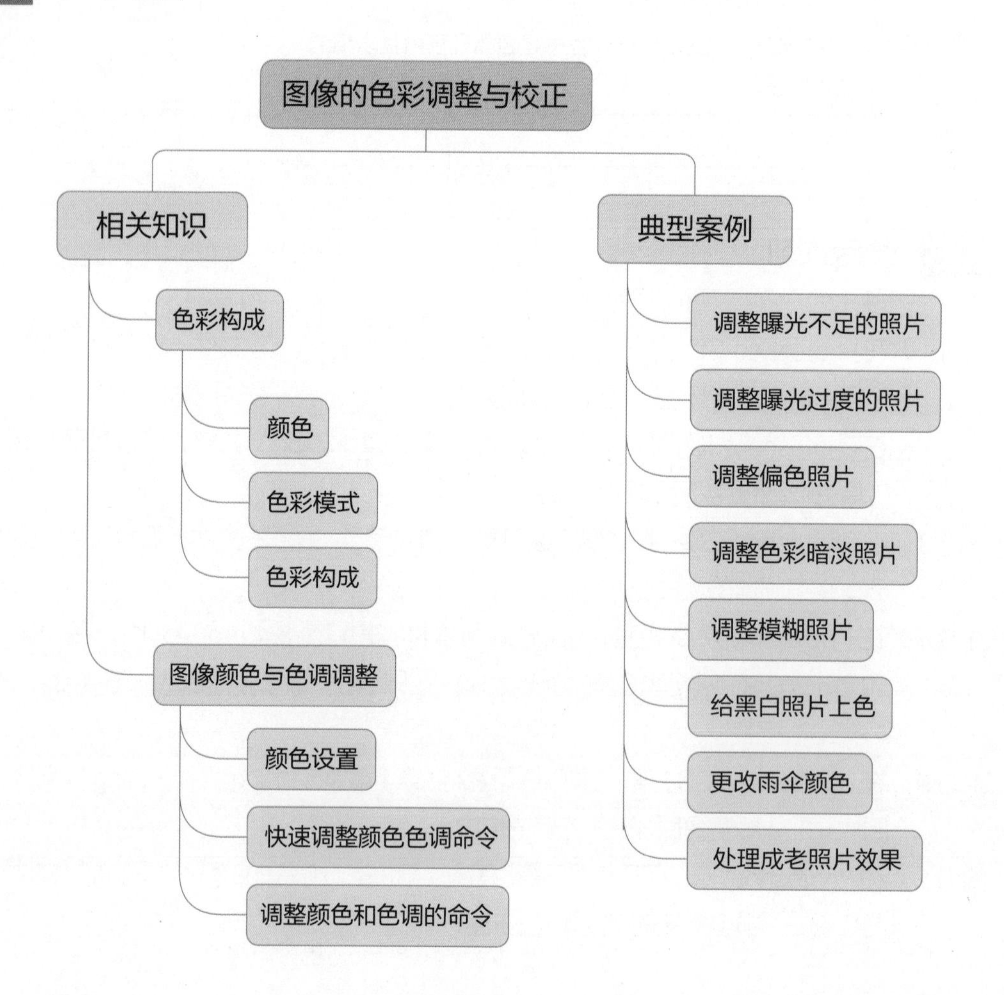

2.3 相关知识

2.3.1 色彩构成

2.3.1.1 颜色

颜色是最具力量和复杂性的视觉元素之一，影响着作品的整体风格和情感基调，所有颜色都有三个固定的属性：色相、明度、饱和度，这三种不同属性的组合定义了所有颜色。

2.3.1.2 图像的色彩模式

RGB色彩模式 电脑屏幕上的所有颜色，都是由红、绿、蓝这三种色光取不同的强度值混合而成的。屏幕上的任何一个颜色都可以由一组RGB值来记录和表达。红、绿、蓝又称为三原色光，用英文表示就是R（red）、G（green）、B（blue），例见图1。

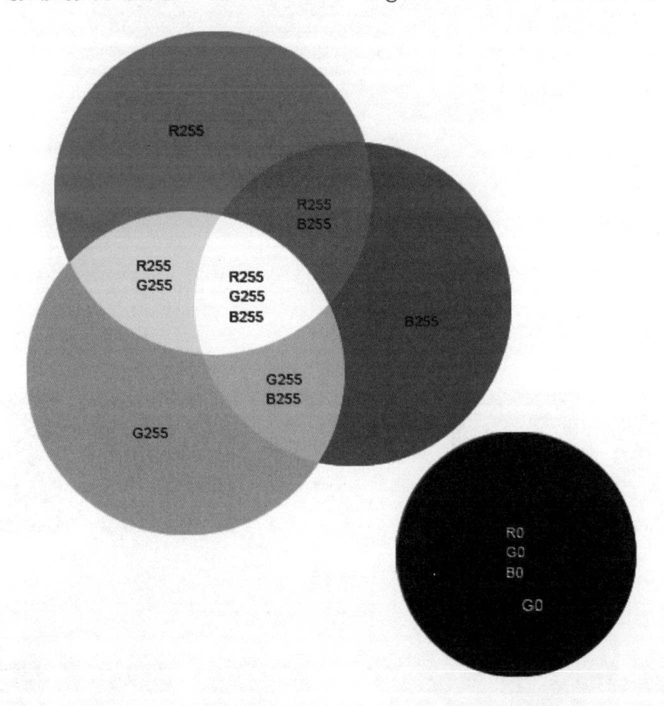

图1

CMYK色彩模式 C、M、Y、K分别是指青（Cyan）、洋红（Magenta）、黄（Yellow）、黑（Black），在印刷中代表四种颜色的油墨。CMYK色彩模式呈色原理是光线照到有不同比例的C、M、Y、K油墨的纸上，部分色光被油墨吸收，反射入眼睛的色光形成彩色，也称为色光减色法。C、M、Y、K的含量从0到100%，当C=M=Y=0%时表示纯白色，当C=M=Y= 100%时表示纯黑色（在实际中，由于油墨的纯度等问题，这样得不到纯正的黑色，因此引入K），当C、M、Y不等量混合时，就会得到各种彩色，见图2。CMYK色彩模式广泛应用于印刷、制版和广告行业。

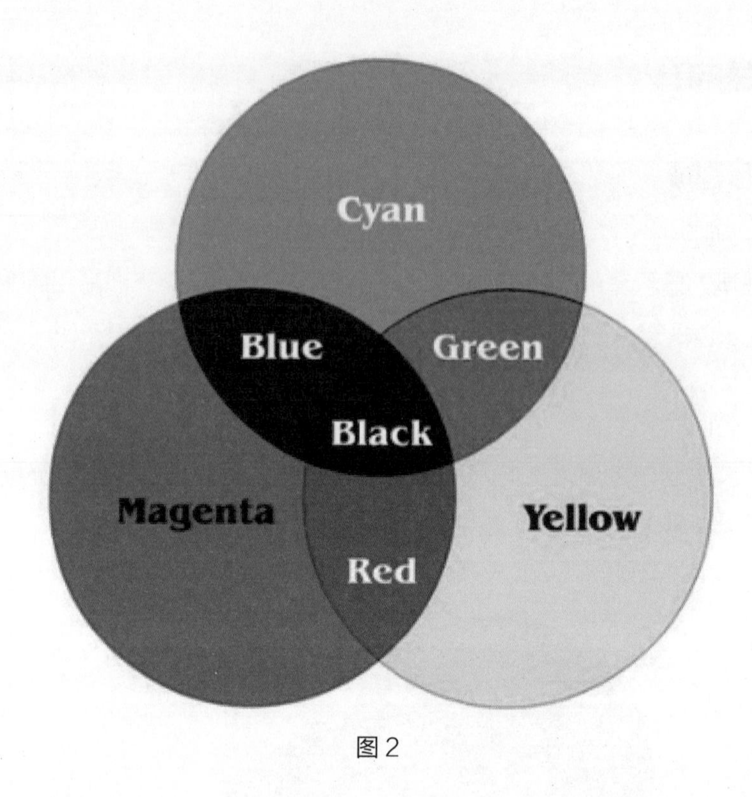

图2

2.3.1.3　色彩构成

色相：各类色彩的相貌称谓，比如红色、蓝色、绿色。对温度的感觉也可以用来形容色相，如冷色、暖色，如图3。

图3

饱和度：色彩饱和度越高，看起来越明亮；色彩饱和度越低，看起来越灰。饱和度取决于该色中含色成分和消色成分（灰色）的比例。含色成分越大，饱和度越大；消色成分越大，饱和度越小。纯色是指有很高色彩饱和度的颜色；中性色指饱和度很低的颜色。如图4。

图 4

明度：颜色的明暗程度。白色就是最高的明度，黑色是最低明度，白色到黑色的渐变就是中间明度。所有颜色都有它的明度，通常使用从0%（黑色）至100%（白色）的百分比来度量。如图5。

图 5

2.3.2 图像颜色与色调调整

2.3.2.1 颜色设置

工具箱中的前景色和背景色的设置图标在最下角，在系统的默认条件下，前景色和背景色分别为黑色白色，可以通过快捷键X进行两者切换。如果颜色发生变化，想恢复成原来的设置可以通过单击快捷键D。单击前景色或背景色则可打开图6所示图色板，可以选择所需要的颜色。

图 6

2.3.2.2 快速调整颜色与色调的命令

在 Photoshop 软件的图像菜单中有自动色调、自动对比度、自动颜色三个快速调整颜色和色调的命令，如图 7 所示。

图 7

◆自动色调

自动调整图像中的暗部和亮部。“自动色调”命令对每个颜色通道进行调整，将每个颜色通道中最亮和最暗的像素调整为纯白和纯黑，中间像素值按比例重新分布。由于“自动色调”命令单独调整每个通道，所以可能会移去颜色或引入色偏。

◆自动对比度

自动调整图像高光和暗部的对比度。它可以把图像中最暗的像素变成黑色，最亮的像素变成白色，从而使图像的对比更强烈。执行“自动对比度”命令后，系统会自动调整图像的对比度，不会影响到图像中的颜色。

◆自动颜色

“自动颜色”命令的作用是自动调整图像整体的颜色，如图像中的颜色过暗、饱和度过高等，都可以使用该命令进行调整。可以让系统自动地对图像进行颜色校正，它可以根据原来图像的特点，将图像的明暗对比度、亮度、色调和饱和度一起调整，同时兼顾各种颜色之间的协调一致，使图像更加圆润、丰满，色彩也更自然，能够快速纠正色偏和饱和度过高等问题。

2.3.2.3　调整颜色与色调的命令

除了上述快速命令，还可以打开 Photoshop “图像” > “调整”子菜单，更细致地调整图像的颜色和色调。如图 8 。

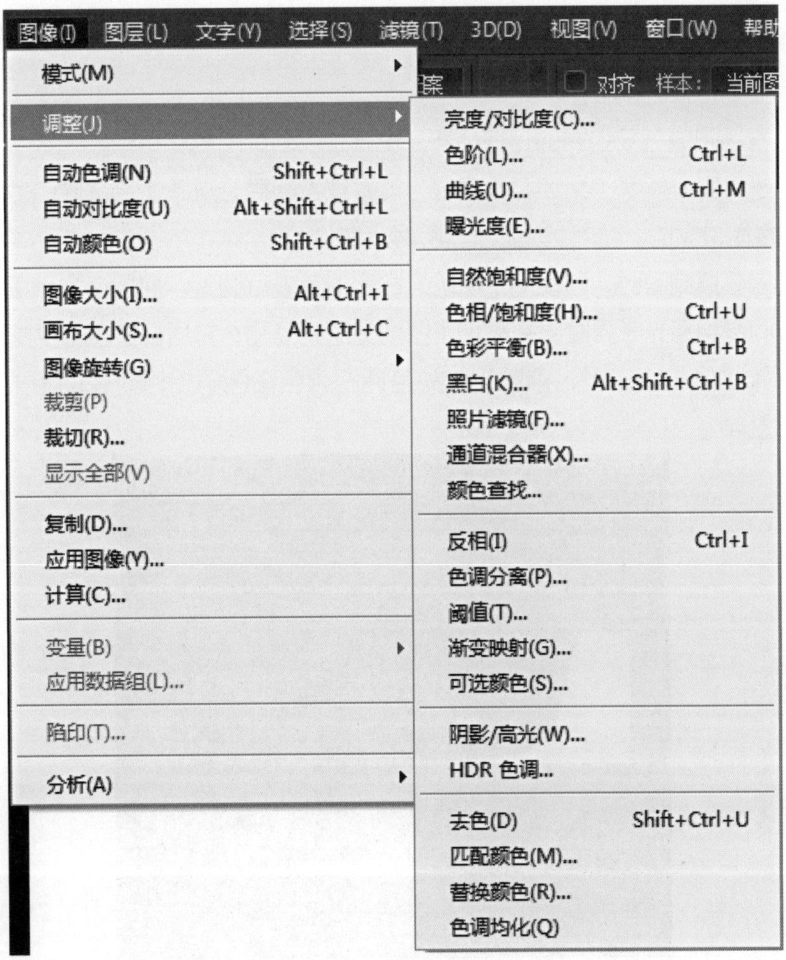

图像(I)　图层(L)　文字(Y)　选择(S)　滤镜(T)　3D(D)　视图(V)　窗口(W)　帮助

模式(M)
调整(J)
自动色调(N)　Shift+Ctrl+L
自动对比度(U)　Alt+Shift+Ctrl+L
自动颜色(O)　Shift+Ctrl+B
图像大小(I)...　Alt+Ctrl+I
画布大小(S)...　Alt+Ctrl+C
图像旋转(G)
裁剪(P)
裁切(R)...
显示全部(V)
复制(D)...
应用图像(Y)...
计算(C)...
变量(B)
应用数据组(L)...
陷印(T)...
分析(A)

亮度/对比度(C)...
色阶(L)...　Ctrl+L
曲线(U)...　Ctrl+M
曝光度(E)...
自然饱和度(V)...
色相/饱和度(H)...　Ctrl+U
色彩平衡(B)...　Ctrl+B
黑白(K)...　Alt+Shift+Ctrl+B
照片滤镜(F)...
通道混合器(X)...
颜色查找...
反相(I)　Ctrl+I
色调分离(P)...
阈值(T)...
渐变映射(G)...
可选颜色(S)...
阴影/高光(W)...
HDR 色调...
去色(D)　Shift+Ctrl+U
匹配颜色(M)...
替换颜色(R)...
色调均化(Q)

图 8

◆亮度与对比度

“亮度与对比度”命令可以调整图像的亮度和对比度，但它只能对图像进行整体调整，而不能对单个通道进行调整。该命令是个快速、简单的色彩调整命令，在调整的过程中，会损失图像中的一些颜色细节。与“色阶”和“曲线”不同，该命令一次性调整图像中的所有像素（包括高光、暗调和中间调），“亮度/对比度”面板如图9。

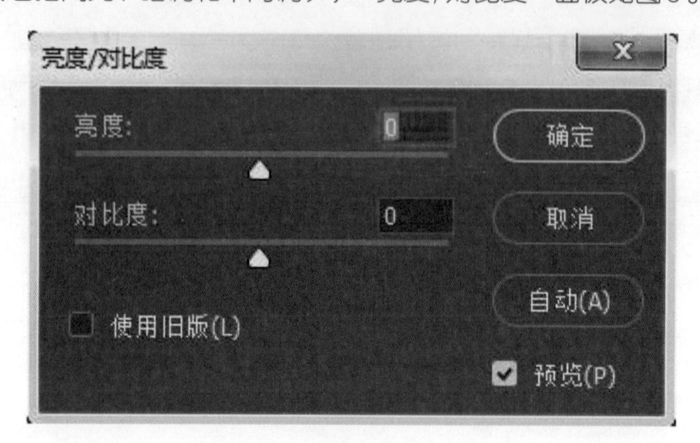

图9

◆色阶（Ctrl+L）

色阶是表示图像亮度强弱的指数标准，也就是我们说的色彩指数，在数字图像处理教程中，指的是灰度分辨率（又称为灰度级分辨率或者幅度分辨率）。图像的色彩丰满度和精细度是由色阶决定的。色阶指亮度，和颜色无关。

当图像偏亮或偏暗时，可使用“色阶”命令对其进行调整。利用该命令可以通过图像的暗调、中间调和高光等强度级别来校正图像的色调范围，并可调整色彩平衡。根据“色阶”对话框中提供的直方图，观察到有关色调和颜色在图中如何分配的相关信息。“色阶”面板如图10。

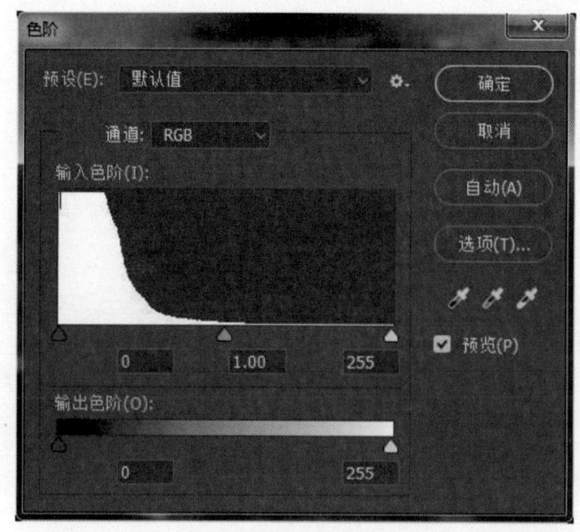

图10

◆曲线（Ctrl+M）

“曲线”命令是一个用途非常广泛的色调调整命令，利用它可以综合调整图像的亮度、对比度和色彩等。“曲线”命令有如下3个作用：

- 调整全体或单独通道的对比度；
- 调整任意局部的亮度；
- 调整图像的颜色。

“曲线”面板如图11。

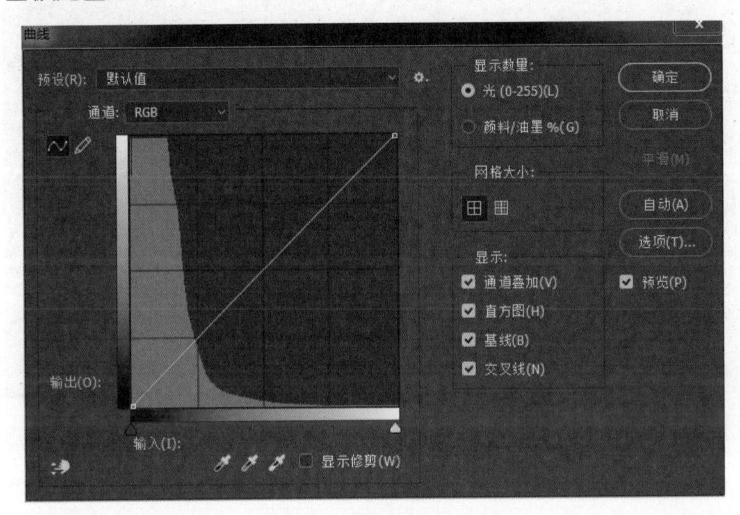

图 11

◆色相/饱和度（Ctrl+U）

“色相/饱和度”命令不仅可以调整整个图像中颜色的色相、饱和度和亮度，还可以针对图像中某一种颜色成分进行调整。与“色彩平衡”命令一样，该命令也是通过色彩的混合模式改变来调整色彩。“色相/饱和度”面板如图12。

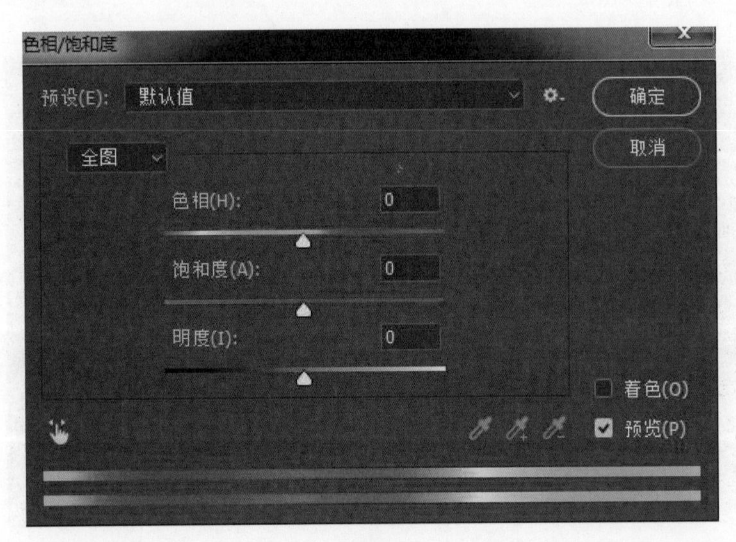

图 12

◆色彩平衡（Ctrl+B）

在创作中，输入的图像经常会出现色偏，这时需要校正色彩，“色彩平衡”就是PS中进行色彩校正的一个重要工具，它可以改变图像中的颜色组成。使用“色彩平衡”命令可以更改图像的暗调、中间调和高光的总体颜色混合，它是靠调整某一个区域中互补色的多少来调整图像颜色，使图像的整体色彩趋向所需色调。“色彩平衡”面板如图13。

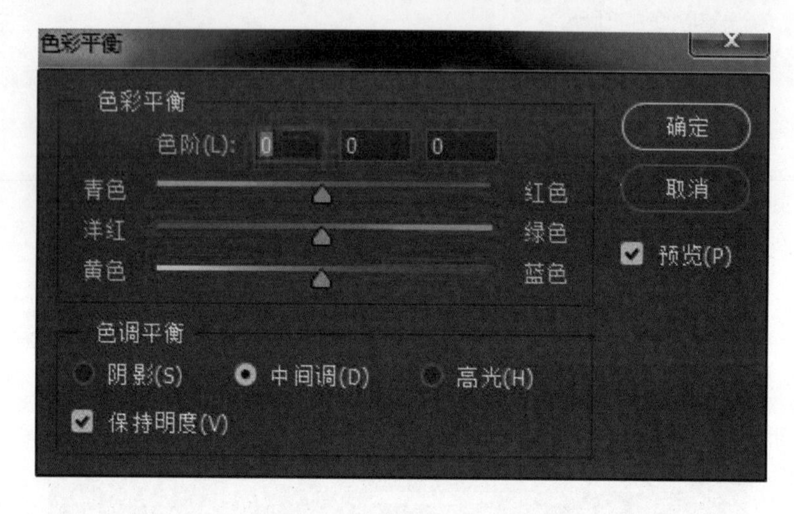

图13

◆照片滤镜

“照片滤镜”命令是把带颜色的滤镜放在照相机镜头前方来调整穿过镜头、使胶卷曝光的光线的色彩平衡和色彩温度的技术。“照片滤镜”面板如图14。

◆保留明度：选择这个复选框，可以使图像不会因为加了色彩滤镜而改变明度。

◆浓度：拖动滑块，或直接在文本框里输入一个百分比，以调整应用到图像中的色彩量。值越高，色彩感觉就越浓。

图14

2.4 典型案例

案例 01　调整曝光不足的照片

原照片存在曝光不足的问题，需要调整一下亮度，右边的图像是调整后的效果，照片的质量得到了明显的改善。

原照片

处理后的效果

操作步骤

① 按 Ctrl+O 键，打开【素材\2-1 文件夹\01.jpg】图片，执行“图像 > 调整 > 色阶”命令（快捷键为 Ctrl+L），打开“色阶”对话框，如图2-1-1所示，将右侧的白色游标向左移动，如图2-1-2所示。

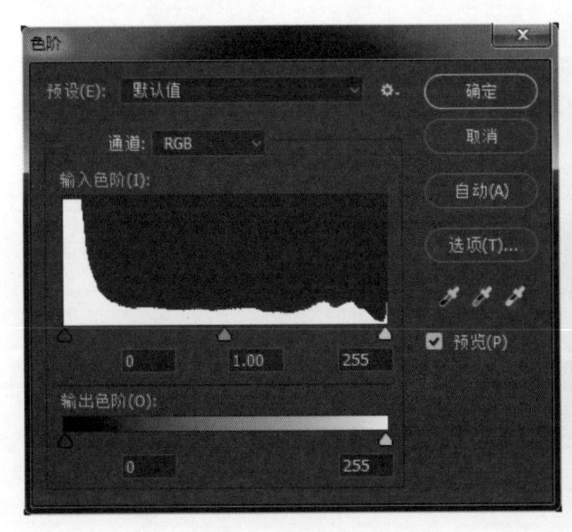

图 2-1-1

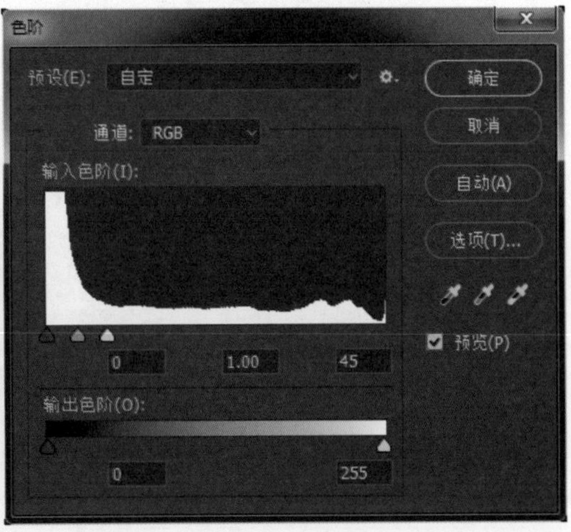

图 2-1-2

② 调整后可在图像窗口预览效果，效果不理想的话，还可以继续调整，完成后按下 Ctrl+S 键，保存文件。

案例 02　调整曝光过度的照片

原照片存在曝光过度的问题，需要调整一下亮度，右边的图像是调整后的效果，照片的质量得到了明显的改善。

原照片

处理后的效果

操作步骤

① 按 Ctrl+O 键，打开【素材\2-2 文件夹\01.jpg】图片，如图 2-2-1 所示。

图 2-2-1

② 执行“图像 > 调整 > 曲线”命令（快捷键为 Ctrl+M），打开“曲线”对话框，向下拖动曲线至合适的位置，如图2-2-2所示，此时图片效果如图2-2-3所示。

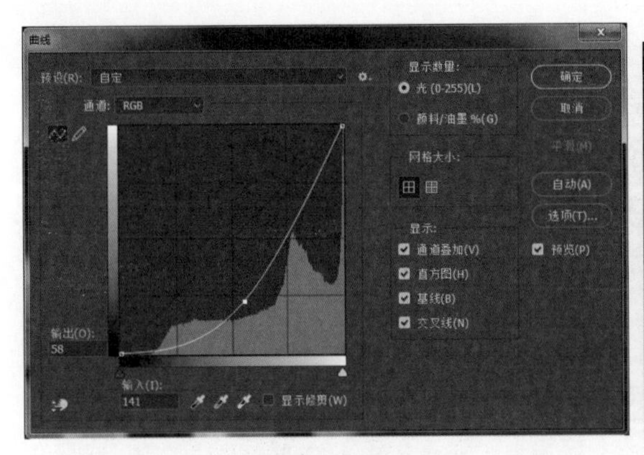

图 2-2-2

图 2-2-3

③ 执行“图像 > 调整 > 色相 / 饱和度”命令（快捷键为 Ctrl+U），打开“色相 / 饱和度”对话框，将饱和度的值设为 23，如图 2-2-4 所示，此时图片效果，如图 2-2-5 所示。至此本案例制作完成，按下 Ctrl+S 键保存文件。

图 2-2-4

图 2-2-5

案例 03　调整偏色的照片

原照片存在偏蓝色的问题，需要调整一下颜色，右边的图像是调整后的效果，照片的质量得到了明显的改善。

原照片　　处理后的效果

操作步骤

① 按 Ctrl+O 键，打开【素材\2-3 文件夹\01.jpg】图片，如图 2-3-1 所示。

图 2-3-1

② 执行“图像 > 调整 > 色彩平衡”命令（快捷键为 Ctrl+B），打开“色彩平衡”对话框，因为照片是偏蓝色，所以将游标往黄色那边拖动，其余参数不变，如图 2-3-2 所示，此时图片效果，如图 2-3-3 所示。

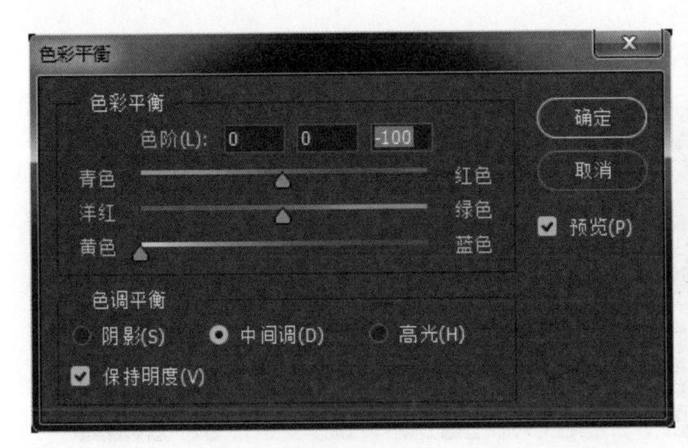

图 2-3-2

图 2-3-3

③ 执行“图像 > 调整 > 色相 / 饱和度”命令（快捷键为 Ctrl+U），打开“色相 / 饱和度”对话框，将饱和度的值设为 39，适当增加照片色彩的饱和度，如图 2-3-4 所示，此时图片效果，如图 2-3-5 所示。至此本案例制作完成，按下 Ctrl+S 键保存文件。

图 2-3-4

图 2-3-5

案例 04　调整色彩暗淡的照片

原照片色彩比较暗淡，需要增加一下色彩的饱和度，右边的图像是增加饱和度后的效果，照片的质量得到了明显的改善。

原照片

处理后的效果

操作步骤

① 按 Ctrl+O 键，打开【素材\2-4 文件夹\01.jpg】图片，执行“图像 > 调整 > 色相/饱和度”命令（快捷键为 Ctrl+U），打开“色相/饱和度”对话框，将饱和度的值设为 66，增加照片色彩的饱和度，其余参数不变，如图 2-4-1 所示；此时图片效果，如图 2-4-2 所示。完成后，按下 Ctrl+S 保存文件。

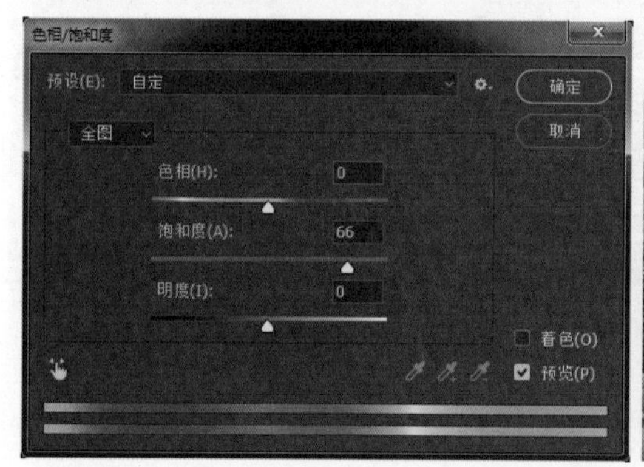

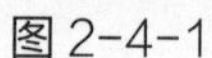

图 2-4-1

图 2-4-2

案例 05　调整模糊照片

原照片看上去有种灰蒙蒙的感觉，需要调整一下效果，右边的图像是调整后的效果，照片的质量得到了明显的改善。

原照片

处理后的效果

操作步骤

1 按 Ctrl+O 键，打开【素材\2-5 文件夹\01.jpg】图片，如图 2-5-1 所示。

图 2-5-1

❷ 执行“图像 > 调整 > 色阶”命令（快捷键为 Ctrl+L），打开“色阶”对话框，缩小灰场的值为 0.39，缩小白场的值为 228，其余参数不变，如图 2-5-2 所示；此时图片效果，如图 2-5-3 所示。

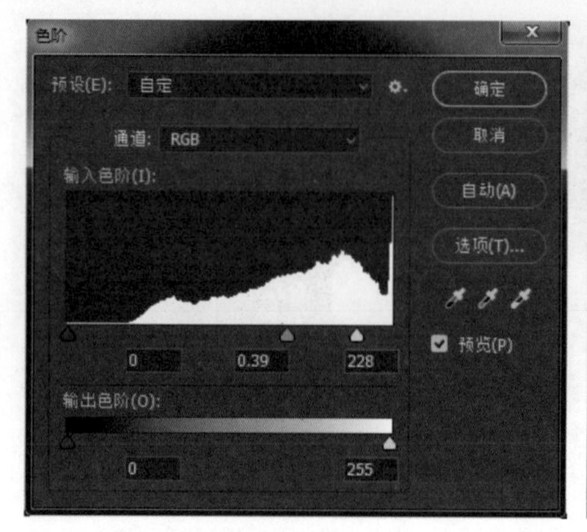

图 2-5-2

图 2-5-3

❸ 执行“图像 > 调整 > 色相 / 饱和度”命令（快捷键为 Ctrl+U），打开“色相 / 饱和度”对话框，将饱和度的值设为 26，适当增加照片色彩的饱和度，如图 2-5-4 所示；此时图片效果，如图 2-5-5 所示。至此本案例制作完成，按下 Ctrl+S 键保存文件。

图 2-5-4

图 2-5-5

案例 06　为黑白照片上色

原照片为一幅黑白的照片，右图是通过 PS 着色后的效果。

原照片

上色后的效果

操作步骤

① 按 Ctrl+O 键，打开【素材\2-6 文件夹\01.jpg】图片，如图 2-6-1 所示。

图 2-6-1

② 选择“磁性套索”工具，在图像窗口中，沿着人物的皮肤拖曳鼠标，将脸部和上半身的皮肤选中，如图2-6-2所示；在属性栏中选定“添加到选区”图标，继续选择人物手部，完成后如图2-6-3所示。

图 2-6-2

图 2-6-3

③ 按下 Ctrl+C 键，将选区中的内容复制，按下 Ctrl+V 键，将选区中的内容粘贴，此时图层面板中生成了“图层 1”， 如图 2-6-4 所示；按下 Ctrl+U 键，打开“色相 / 饱和度”对话框，勾选“着色”复选框，将色相的值设为 24， 饱和度的值设 36， 其余参数不变，如图 2-6-5 所示；此时图片效果，如图 2-6-6 所示。

图2-6-4

图2-6-5

图2-6-6

④ 选择“磁性套索”工具，并在属性栏中选中“添加到选区”图标，将嘴唇选中，如图2-6-7所示；按下Ctrl+C键，将选区中的内容复制，按下Ctrl+V键，将选区中的内容粘贴，此时图层面板中生成了“图层2”，按下Ctrl+U键，打开“色相/饱和度”对话框，将色相的值设为-26，饱和度的值设为20，其余参数不变，如图2-6-8所示；此时图片效果，如图2-6-9所示。

图2-6-7

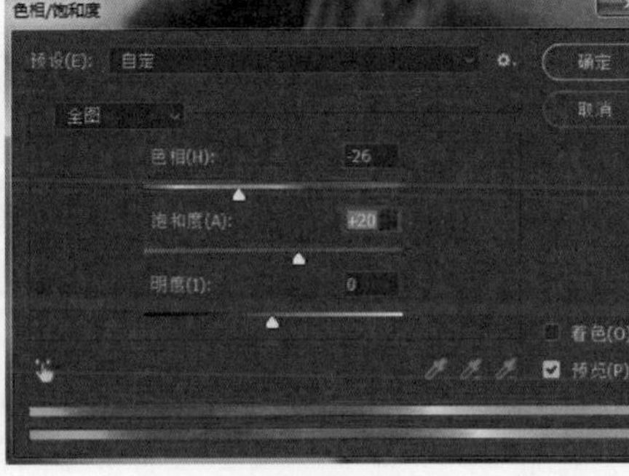

图2-6-8

图2-6-9

⑤ 选择“磁性套索”工具，将衣服选中，如图2-6-10所示，按下Ctrl+C键，将选区中的内容复制，按下Ctrl+V键，将选区中的内容粘贴，此时图层面板中生成了“图层3”，按下Ctrl+U键，打开“色相/饱和度”对话框，勾选“着色”复选框，将色相的值设为220，饱和度的值设为60，其余参数不变，如图2-6-11所示；此时图片效果，如图2-6-12所示。完成后，按下Ctrl+S键保存文件。

图2-6-10

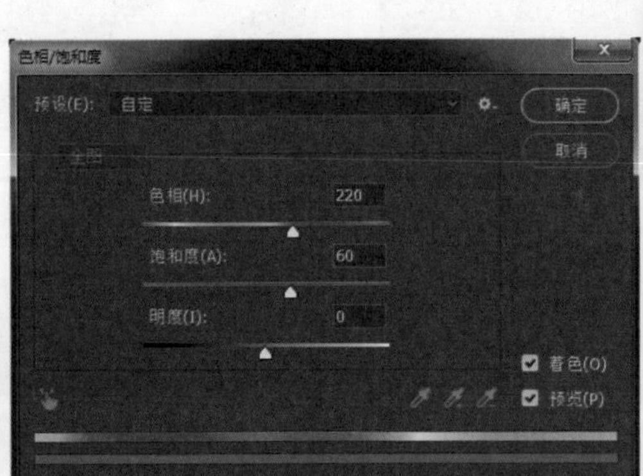

图2-6-11

图2-6-12

案例 07　更改雨伞的颜色

原图片是一把深红色的雨伞，根据需要把雨伞的颜色修改为绿色。

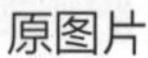

原图片　　处理后的效果

操作步骤

❶ 按 Ctrl+O 键，打开【素材\2-7 文件夹\01.jpg】图片，执行“选择 > 色彩范围”命令，打开“色彩范围”对话框，将光标移到雨伞红色的位置单击鼠标取样颜色，在对话框中，将“颜色容差”增大至 160，其余参数不变，如图 2-7-1 所示，这时图像效果如图 2-7-2 所示。

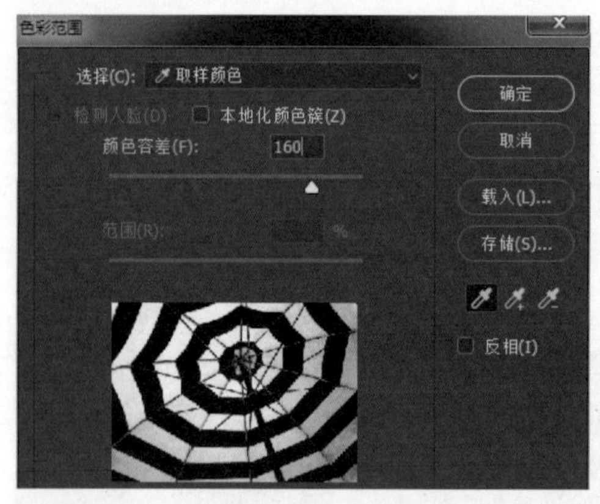

图 2-7-1

图 2-7-2

❷ 按下 Ctrl+U 键，打开“色相 / 饱和度”对话框，将色相的值设为 111，其余参数不变，此时雨伞变为绿白效果，可在图像窗口中预览效果，我们还可以根据自己喜好调整色相的值来改变雨伞的颜色。完成后，按下 Ctrl+S 键保存文件。

案例 08　处理成老照片效果

原照片是一张现代照片，根据需要处理成老照片效果。

原照片

处理后的效果

操作步骤

1 按 Ctrl+O 键，打开【素材\2-8 文件夹\01.jpg】图片，按下 Ctrl+J 键复制背景图层。

2 执行“图像 > 调整 > 去色”命令（快捷键为 Ctrl+Shift+U），对图层 1 的图片进行去色处理。

3 执行“图像 > 调整 > 照片滤镜”命令，打开“照片滤镜”对话框，在对话框中选择“加温滤镜 85”，并将浓度设为“80%”，如图 2-8-1 所示；此时图片效果如图 2-8-2 所示。至此本案例制作完成，按下 Ctrl+S 键保存文件。

图 2-8-1

图 2-8-2

2.5 学习评价

评价内容	评价标准	是否掌握	分值	得分
知识点	了解颜色、色彩模式、色彩构成相关知识 了解调整颜色与色调的相关命令，包括色阶、曲线、色相饱和度、色彩平衡、亮度与对比度、去色等		20	
技能点	学会处理曝光不足的照片		8	
	学会处理曝光过度的照片		8	
	学会处理偏色照片		8	
	学会处理模糊照片		8	
	学会处理色彩暗淡的照片		8	
	学会给黑白照片上色		8	
	学会更改图像的色调		8	
	掌握照片滤镜的使用		8	
职业素养	完成的案例操作是否符合审美要求		8	
	在完成本章案例操作过程中是否体现了精益求精的工匠精神		8	
合 计				

2.6 课后练习

练习1：在Photoshop CC打开“课后练习素材/第2章/lx1.jpg”文件，修正照片中曝光不足的问题。

练习2：在Photoshop CC打开“课后练习素材/第2章/lx2.jpg”文件，修正照片中色彩暗淡的问题。

练习3：在Photoshop CC打开“课后练习素材/第2章/lx3.jpg”文件，修正照片中偏色的问题。

练习4：在Photoshop CC打开“课后练习素材/第2章/lx4.jpg”文件，更改照片中小女孩衣服的颜色。

练习5：在Photoshop CC打开“课后练习素材/第2章/lx5.jpg”文件，更改图像中吉祥物的颜色。

练习6：在Photoshop CC打开“课后练习素材/第2章/lx6.jpg”文件，给黑白照片上色。

第 3 章　图像的抠图处理

3.1 本章概述

Photoshop 给我们提供了强大的图形图像合成功能，合成的图像甚至可以做到以假乱真的地步。合成图像成功的前提是完美的抠图，抠图就是要把被合成对象与原背景完美分离。抠图的方法有多种，可以使用魔棒工具、快速选择工具、多边形套索工具、磁性套索工具、橡皮擦工具、钢笔工具、色彩范围命令、快速蒙版模式等。本章通过 7 个典型案例介绍常见抠图方法的应用。

3.2 学习导图

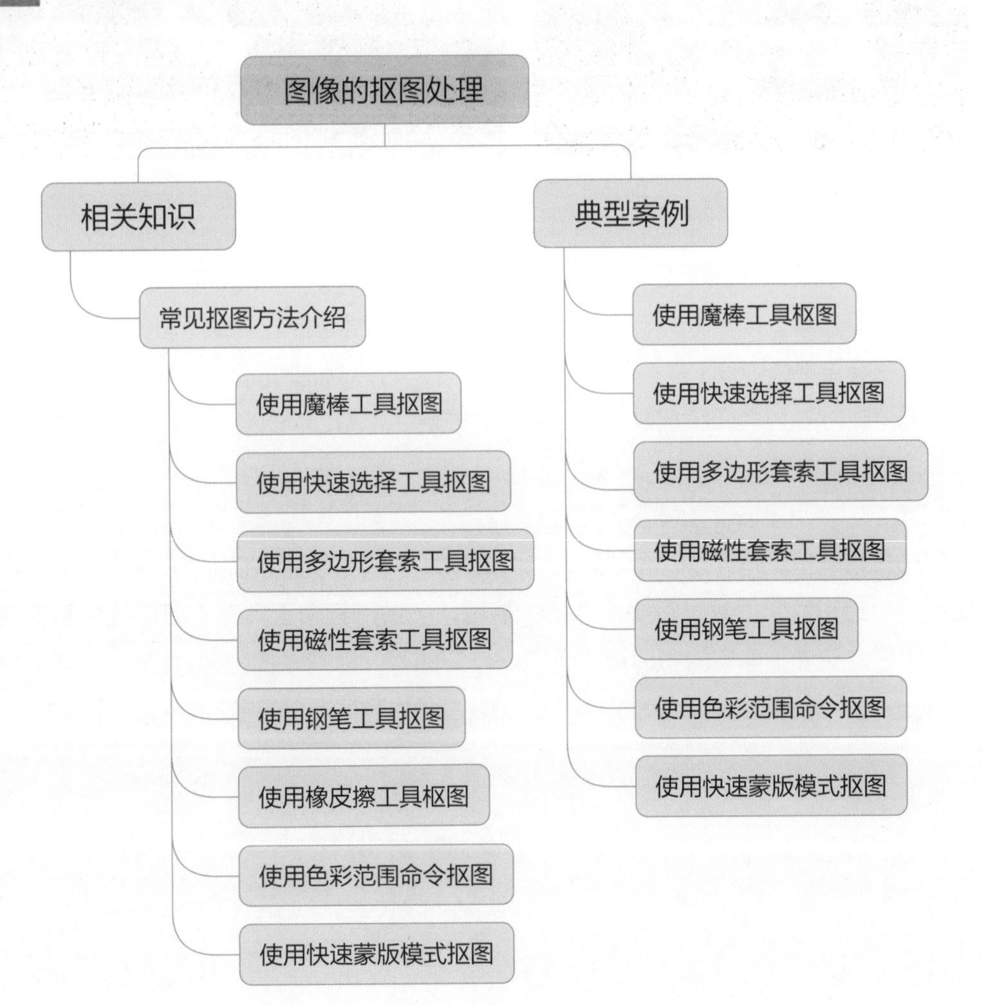

3.3 相关知识

3.3.1 常见抠图方法介绍

3.3.1.1　使用魔棒工具抠图

在有明显对比的图片中，比如背景是典型的纯色的时候，如图1，“魔棒”工具就非常好用了，一点即可选中背景、删除。魔棒工具和快速选择工具是一组工具，快捷键为W，也可以通过鼠标直接选择。当然，在选择的时候，魔棒工具，支持删除多选部分，也支持增加少选部分。这种方法属于颜色抠图的范畴，使用简便，但不容易达到预期效果。因此只能用于色差较大时抠图或作为其他抠图方法的辅助方法。

图1

图2

3.3.1.2　使用快速选择工具抠图

快速选择工具，顾名思义，就是“快速”地选择画面中你想要或不想要的部分，通过工具栏用鼠标直接选中该工具，或者用快捷键“W”，对准画面框选即可，同时，可以配合中括号“[”或“]”来缩放画笔以更精确地框选。如图2中的老鹰可以使用“快速选择工具”进行快速选择。

3.3.1.3　使用多边形套索工具抠图

多边形套索工具是针对画面中以直线构成的几何多边形使用的利器，如图3的洗衣机可以使用多边形套索工具进行快速准确的抠图。多边形套索工具在工具栏的套索工具组中，选中后，沿着画面中的多边形边缘“框选”即可，而同时按住Shift键，则可以拉出45°或是90°的规则直线，方便选择正方形或三角形等有规则的多边形。

图 3　　　　图 4

3.3.1.4　使用磁性套索工具抠图

磁性索套工具会自动识别图像边界，并自动黏附在图像边界上，可用于非直线轮廓的选区。如图 4 的香蕉可以使用磁性套索工具进行快速准确的抠图，该工具会让光标自发贴合在香蕉的轮廓做选区。

3.3.1.5　使用钢笔工具抠图

用钢笔工具把图像中需要的部分圈起来，然后将路径作为选区载入，反选，再从图层中删除无用部分。这种方法也属外形抠图的方法，可用于外形比较复杂、色差又不大的图片抠图，如图 5 中的小车，使用钢笔工具可以将小车精确地抠出来。相较于只能画直线做选区的多边形套索工具来说，钢笔工具则是无敌的，直线和平滑曲线都不在话下。严格来说，用它来做选区，精细度是足够高的，但是钢笔的入门与熟练需要大量的练习，操作难度上要高于其他工具。

图 5

图 6

3.3.1.6　使用橡皮擦工具抠图

橡皮擦工具，看上去跟抠图没什么关系，然而利用它的“擦除”的作用，就可以擦除背景，从而起到抠图的作用，如图 6 可以使用橡皮擦工具擦掉背景剩下狮子。这种方法属于外形抠图的方法，快捷键 E。

3.3.1.7　使用色彩范围命令抠图

如果我们抠图的对象是纯色的对象或颜色的差异在一定范围内的，我们还可以使用色彩范围命令，它在菜单栏的“选择”菜单下。如图7，我们可以使用色彩范围命令来对浪花进行选择。

图7

图8

3.3.1.8　使用快速蒙版模式抠图

蒙版抠图是综合性抠图方法，既利用了图中对象的外形也利用了它的颜色，其关键环节是用白、黑两色画笔反复减、添蒙版区域，从而把对象外形完整精细地选出来。如图8中的人物，我们可以使用快速蒙版模式进行抠图。

3.4 典型案例

案例 01　使用魔棒工具更换背景

对原图中的小孩进行更换背景处理，左图是原图片，右图是更换背景后的效果。

原图片　　更换背景后的效果

操作步骤

① 按 Ctrl+O 键，打开【素材\3-1 文件夹\01.jpg，02.jpg】两张图片，如图3-1-1、图3-1-2所示。

图 3-1-1

图 3-1-2

② 在工具箱中选择魔棒工具，在魔棒属性面板中将魔棒工具的容差设为“10”，并勾选“连续”复选框，其他选项设为默认，如图3-1-3所示。

图 3-1-3

③ 在01.jpg图像窗口中的白色背景上单击鼠标，将白色背景选中，如图3-1-4所示，按下Ctrl+Shift+I键，进行反选操作，如图3-1-5所示。

图3-1-4

图3-1-5

④ 在工具箱中选择移动工具，将选区的对象拖动至02.jpg文件内，适当调整图片的位置，此时效果如图3-1-6所示，至此本案例制作完成，按下Ctrl+S键保存文件。

图3-1-6

案例 02　使用快速选择工具更换背景

对原图片中的老鹰进行更换背景处理，左图是原图片，右图是更换背景后的效果。

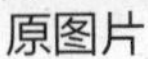

原图片

更换背景后的效果

操作步骤

① 按Ctrl+O键，打开【素材\3-2文件夹\01.jpg，02.jpg】两张图片，如图3-2-1、图3-2-2所示。

图3-2-1

图3-2-2

② 在工具箱中选择快速选择工具，在快速选择属性面板中将画笔的大小设为“40”，其他选项设为默认，如图3-2-3所示。

图3-2-3

③ 在01.jpg图像窗口中，按住鼠标左键在“老鹰”图案上连续拖动选中老鹰，如图3-2-4所示。

图 3-2-4

④ 在工具箱中选择移动工具，将选区的对象拖动至02.jpg文件内，适当调整图片的位置，此时效果如图3-2-5所示，至此本案例制作完成，按下Ctrl+S键保存文件。

图 3-2-5

案例 03　使用多边形套索工具更换背景

对原图片中洗衣机进行更换背景处理，左图是原图片，右图是更换背景后的效果。

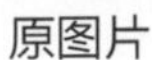
原图片　　更换背景后的效果

操作步骤

① 按Ctrl+O键，打开【素材\3-3文件夹\01.jpg，02.jpg】两张图片，如图3-3-1、图3-3-2所示。

图3-3-1

图3-3-2

② 在工具箱中选择多边形套索工具，在01.jpg图像窗口中，沿着洗衣机图案的几个角单击鼠标左键，直至回到起点，单击鼠标左键，完成对洗衣机的选择，如图3-3-3所示。

图 3-3-3

③ 在工具箱中选择移动工具，将选区的对象拖动至02.jpg文件内，适当调整图片的位置，此时效果如图3-3-4所示，继续使用移动工具，按住Alt键拖动复制洗衣机，按下Ctrl+T键对复制出的对象进行自由变换，适当调整大小后，如图3-3-5所示，至此本案例制作完成，按下Ctrl+S键保存文件。

图 3-3-4

图 3-3-5

案例 04　使用磁性套索工具更换背景

对原图片中的香蕉进行更换背景处理，左图是原图片，右图是更换背景后的效果。

原图片

更换背景后的效果

操作步骤

① 按 Ctrl+O 键，打开【素材\3-4 文件夹\01.jpg，02.jpg】两张图片，如图 3-4-1、图 3-4-2 所示。

图 3-4-1

图 3-4-2

② 在工具箱中选择磁性套索工具，在01.jpg图像窗口中，在香蕉边缘单击鼠标左键，然后沿着香蕉图案的边缘拖动鼠标，如图3-4-3所示，直至回到起点；回到起点后单击鼠标左键，完成对香蕉的选择，如图3-4-4所示。

图3-4-3　　图3-4-4

③ 在工具箱中选择移动工具，将选区的对象拖动至02.jpg文件内，适当调整图片的位置和大小，此时效果如图3-4-5所示，至此本案例制作完成，按下Ctrl+S键保存文件。

图3-4-5

案例05　使用钢笔工具更换背景

对原图片中的小汽车进行更换背景处理，左图是原图片，右图是更换背景后的效果。

原图片

更换背景后的效果

操作步骤

① 按Ctrl+O键，打开【素材\3-5文件夹\01.jpg，02.jpg】两张图片，如图3-5-1、图3-5-2所示。

图3-5-1

图3-5-2

② 在工具箱中选择钢笔工具，在01.jpg图像窗口中，沿着小车图案的边缘单击鼠标建立第1个锚点，用同样的方法，沿着小车的边缘多次单击建立锚点，直至回到起点；单击鼠标左键，形成一个封闭路径，如图3-5-3所示；选择转换点工具，对部分锚点进行转换，完成后如图3-5-4所示。

图 3-5-3

图 3-5-4

③ 打开路径面板，在路径面板上单击“将路径作为选区载入”图标，将刚才建立的路径转为选区，如图 3-5-5 所示；在工具箱中选择移动工具，将选区的对象拖动至 02.jpg 文件内，适当调整图片的位置；此时效果如图 3-5-6 所示，至此本案例制作完成，按下 Ctrl+S 键保存文件。

图 3-5-5

图 3-5-6

案例06　使用色彩范围命令更换背景

对原图片中的波浪进行更换背景处理，左图是原图片，右图是更换背景后的效果。

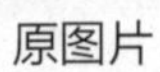

原图片

更换背景后的效果

操作步骤

① 按Ctrl+O键，打开【素材\3-6文件夹\01.jpg，02.jpg】两张图片，如图3-6-1、图3-6-2所示。

图3-6-1

图3-6-2

❷ 在 01.jpg 图像窗口中，执行“选择 / 色彩范围”命令，打开“色彩范围”对话框，在对话框中将颜色容差设为“ 96”， 其他选项参数设为默认。

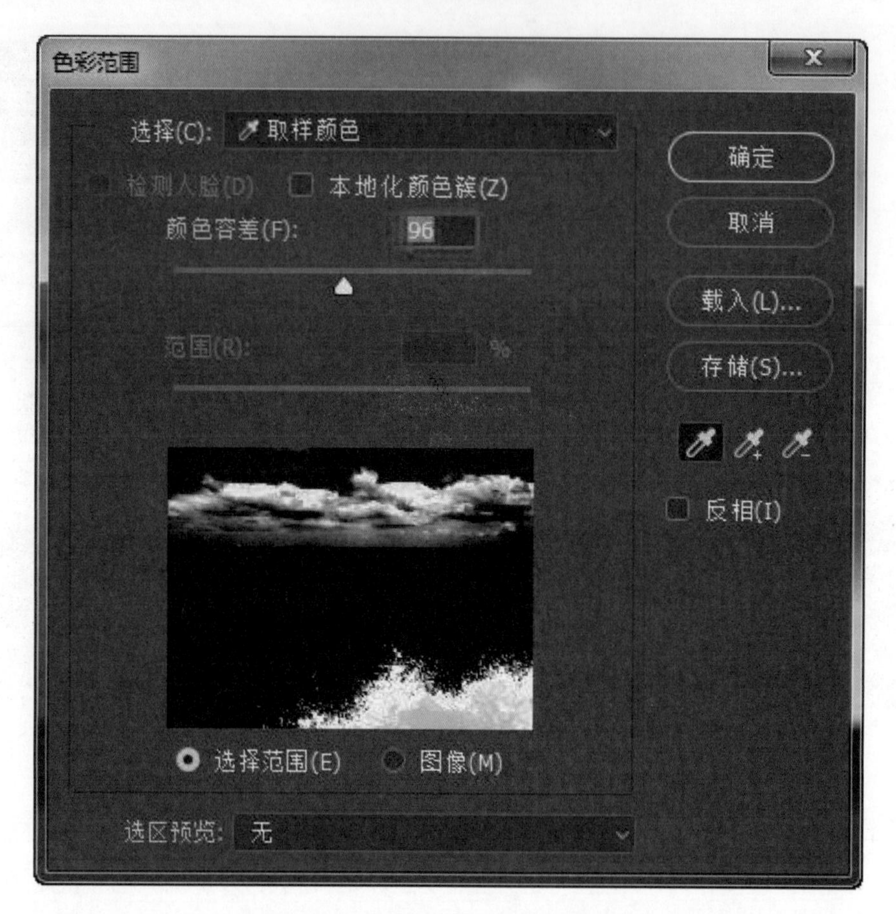

图 3-6-3

❸ “单击确定按钮”后如图3-6-4所示，此时不单只选中了浪花，还选中了白云，选择矩形选框工具，在矩形选框属性栏中单击“从选区减去”图标，框选选中白云减去框选的选区，如图3-6-5所示。

图 3-6-4

图 3-6-5

4 在工具箱中选择移动工具 ，将选区的对象拖动至 02.jpg 文件内，如图 3-6-6 所示；适当调整图片的位置和大小，此时效果如图 3-6-7 所示，至此本案例制作完成，按下 Ctrl+S 键保存文件。

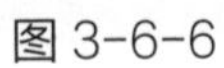

图 3-6-6

图 3-6-7

案例 07　使用快速蒙版模式更换背景

对原图片中的人物进行更换背景处理，左图是原图片，右图是更换背景后的效果。

原图片

更换背景后的效果

操作步骤

① 按 Ctrl+O 键，打开【素材\3-7 文件夹\01.jpg，02.jpg】两张图片，如图3-7-1、图3-7-2所示。

图 3-7-1

图 3-7-2

② 在工具箱中底部单击“以快速蒙版模式编辑”图标，选择画笔工具，适当调整画笔的大小，在01.jpg图像窗口的人物中涂抹，如图3-7-3所示，涂抹完成后如图3-7-4所示。

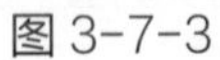

图 3-7-3

图 3-7-4

③ 在工具箱中底部单击“以标准模式编辑”图标，将没有被涂抹部分转为选区，如图3-7-5所示；按下“Ctrl+Shift+I”执行反选命令，选定人物；如图3-7-6所示。在工具箱中选择移动工具，将选区的对象拖动至02.jpg文件内，适当调整图片的位置和大小，此时效果如图3-7-7所示，至此本案例制作完成，按下Ctrl+S键保存文件。

图 3-7-5

图 3-7-6

图 3-7-7

3.5 学习评价

评价内容	评价标准	是否掌握	分值	得分
知识点	了解魔棒工具、快速选择工具、多边形套索工具、磁性套索工具、钢笔工具、橡皮擦工具、色彩范围命令以及快速蒙版模式的相关知识		20	
技能点	学会使用魔棒工具更换背景		10	
	学会使用快速选择工具更换背景		10	
	学会使用多边形套索工具更换背景		10	
	学会使用磁性套索工具更换背景		10	
	学会使用钢笔工具更换背景		10	
	学会使用色彩范围命令更换背景		10	
	学会使用快速蒙版模式更换背景		10	
职业素养	完成的案例操作是否符合审美要求		10	
	在完成本章案例操作过程中是否体验了精益求精的工匠精神		10	
合 计				

3.6 课后练习

练习 1：打开“课后练习素材 / 第 3 章 /lx1 文件夹”中的图片，使用多边形套索工具或钢笔工具给大楼更换背景。

练习 2：打开“课后练习素材 / 第 3 章 /lx2 文件夹”中的图片，使用橡皮擦工具擦除背景，保留狮子。

练习 3：打开“课后练习素材 / 第 3 章 /lx3 文件夹”中的图片，使用快速蒙版模式或钢笔工具给人物更换背景。

练习 4：打开“课后练习素材 / 第 3 章 /lx4 文件夹”中的图片，使用钢笔工具给人物更换背景。

练习 5：打开“课后练习素材 / 第 3 章 /lx5 文件夹”中的图片，给小孩更换背景。

练习 6：打开“课后练习素材 / 第 3 章 /lx6 文件夹”中的图片，给照片中的人物进行换头或换脸。

第 4 章　照片的修复与润饰

4.1 本章概述

在照相馆、影楼，乃至日常生活中，我们经常会用 Photoshop 来对原始照片进行各种各样的修图处理，包括对人物照片进行美容处理，比如去除人物照片脸部的青春痘、皱纹、眼袋，美白牙齿、肌肤，瘦脸、瘦身等；也包括对照片的修复处理，比如修复照片的折痕、污渍、残缺等。本章通过 13 个典型案例介绍常见的人物照片美容处理以及照片修复处理的方法和技巧。

4.2 学习导图

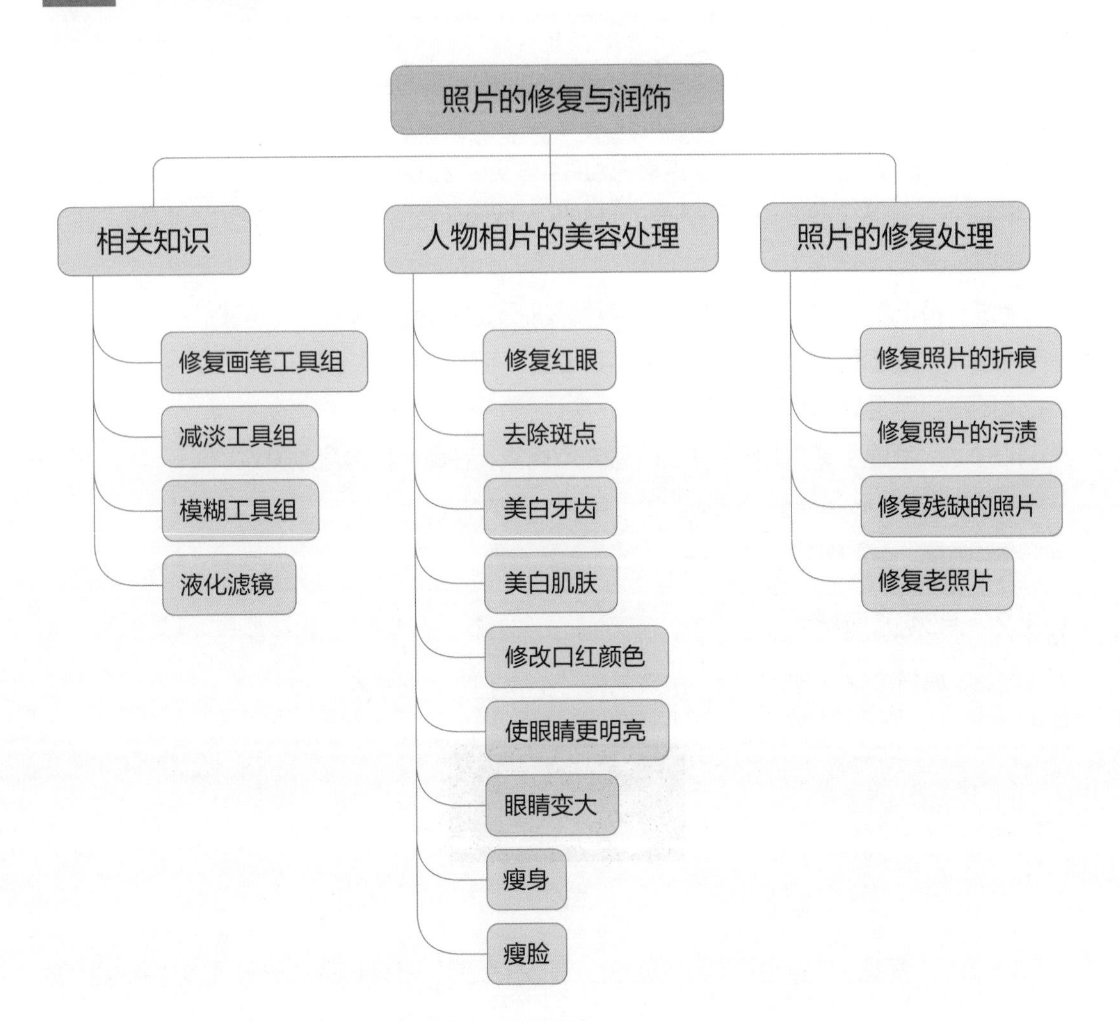

4.3 相关知识

4.3.1 修复画笔工具组

修复画笔工具组包含：污点修复画笔工具、修复画笔工具、修补工具、内容感知工具、红眼工具，如图1。

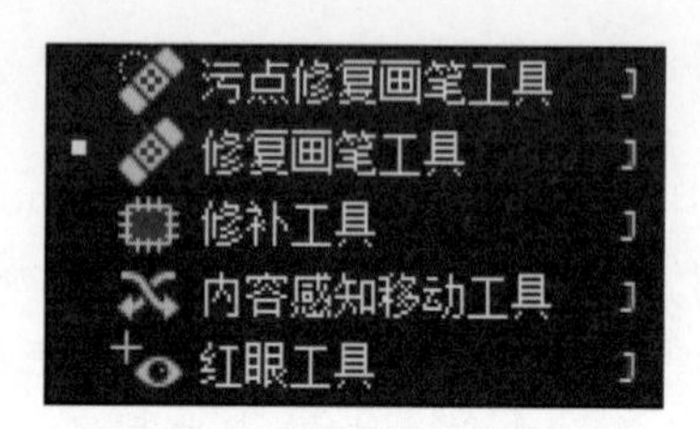

图1

4.3.1.1 修复画笔工具：修复图像中的缺陷，并使修复的结果自然融入周围图像。使用方法：按Alt键取样，到目标点单击或拖动。

4.3.1.2 污点修复画笔工具：污点修复画笔的工作方式与修复画笔类似：它使用图像或图案中的样本像素进行绘画，并将样本像素的纹理、光照、透明度和阴影与所修复的像素相匹配。与修复画笔不同的是，污点修复画笔不要求指定样本点。污点修复画笔自动从所修饰区域的周围取样，应用于快速移去照片中的污点和其他不理想部分。

4.4.1.3 修补工具：可以用图像的其他区域或使用图案来修补当前选中的区域。在属性栏中可以设置：

◆源：将源图像选区拖至目标区，则源区域图像将被目标区域的图像覆盖；

◆目标：将选定区域作为目标区，用其覆盖其他区域；

◆图案：用图案覆盖选定的区域。

4.3.1.4 红眼工具：对照片中的红眼进行修复，在属性栏中可以设置：

◆瞳孔大小：设置瞳孔（眼睛暗色的中心）的大小；

◆变暗量：设置瞳孔的暗度。

4.3.2 减淡工具组

减淡工具组包含：减淡工具、加深工具、海绵工具，如图2。

图2

4.3.2.1 减淡工具：也可以称为加亮工具，主要是对图像进行加光处理以达到对图像的颜色进行减淡的效果，其减淡的范围可以通过在右边的画笔选取笔头大小进行调整。

4.3.2.2　加深工具：与减淡工具相反，也可称为减暗工具，主要是对图像进行变暗以达到对图像颜色加深的效果，其减暗的范围可以通过在右边的画笔选取笔头大小进行调整。

4.3.2.3　海绵工具：它可以对图像的颜色进行加色或进行减色，可以在属性栏中选择加色或是减色，其加色或是减色的强烈程度可以在属性栏通过设置流量参数来控制，其作用范围可以通过调整画笔大小来控制。

4.3.3　模糊工具组

模糊工具组包含：模糊工具、锐化工具、涂抹工具，如图3。

图3

4.3.3.1　模糊工具：主要是对图像进行局部加模糊，按住鼠标左键不断拖动即可操作，一般用于颜色与颜色过渡比较生硬的地方。

4.3.3.2　锐化工具：与模糊工具相反，它是对图像进行清晰化，它是在作用的范围内使全部像素清晰化，如果作用太厉害，图像中每一种组成颜色都显示出来，会出现花花绿绿的颜色。作用了模糊工具后，再作用锐化工具，图像不能复原，因为模糊后颜色的组成已经改变。

4.3.3.3　涂抹工具：可以将颜色抹开，好像一幅画的颜料未干而用手去抹使颜色晕开一样，一般用在颜色与颜色之间过渡生硬或颜色与颜色之间衔接不好处，将过渡颜色柔和化，有时也会用在修复图像的操作中。涂抹的大小可以通过在右边画笔处选择一个合适的笔头调整。

4.3.4　液化滤镜

“液化”命令可用于通过交互方式拼凑、推、拉、旋转、反射、折叠和膨胀图像的任意区域，创建的扭曲可以是细微的或剧烈的，主要用于更改图片中的一些原始内容的位置，变换过程中可理解为将原图颜色视为“液体”然后通过操作对液体进行局部的修改。在实际应用中，我们可以使用液化滤镜对人物图像进行修饰，比如修饰人物脸型、身材等，让人物身材、脸型、五官结构变得更加完美。

选择菜单栏中“滤镜/液化”命令可以打开“液化”对话框，进行各种相关的修改操作。

液化滤镜工具箱中包含了12种运用工具：向前变形工具、重建工具、平滑工具、顺时针旋转扭曲工具、褶皱工具、膨胀工具、左推工具、冻结蒙版工具、解冻蒙版工具、脸部工具、抓手工具以及缩放工具，下面分别对这些工具进行简单的介绍。

◆向前变形工具：该工具可以移动图像中的像素，以达到变形的效果。

◆重建工具：运用该工具在变形的区域单击鼠标或拖动鼠标执行涂抹，可以使变形区域的图像恢复到原始状态。

◆平滑工具：可以使棱角比较分明的地方变得平滑。

◆顺时针旋转扭曲工具：运用该工具在图像中单击鼠标或移动鼠标时，图像会被顺时针旋转扭曲；同时按住 Alt 键单击鼠标时，图像则会被逆时针旋转扭曲。

◆褶皱工具：运用该工具在图像中单击鼠标或移动鼠标时，可以使像素向画笔中间区域的中心移动，使图像产生收缩的效果。

◆膨胀工具：运用该工具在图像中单击鼠标或移动鼠标时，可以使像素向画笔中心区域以外的方向移动，使图像产生膨胀的效果。

◆左推工具：该工具的运用可以使图像产生挤压变形的效果。运用该工具垂直向上拖动鼠标时，像素向左移动；向下拖动鼠标时，像素向右移动。当按住 Alt 键垂直向上拖动鼠标时，像素向右移动；向下拖动鼠标时，像素向左移动。若运用该工具围绕对象顺时针拖动鼠标，可增加其大小；若逆时针拖动鼠标，则减小其大小。

◆冻结蒙版工具：运用该工具可以在预览窗口打造出冻结区域，冻结区域内的图像不会受到变形工具的影响。

◆解冻蒙版工具：运用该工具涂抹冻结区域能够解除该区域的冻结。

◆脸部工具：脸部工具是 PS Cc2017 之后才有的一个工具，是非常实用、易用的一个修饰脸型的工具，使用这个工具可以自动识别人脸，并且可以手动调整修饰人物的脸部形状、嘴唇、鼻子、眼睛。

◆抓手工具：运用该工具可以调整正在编辑的图像的位置，可以使用“空格键”来快速选择该工具。

◆缩放工具：运用该工具在预览区域中单击可放大图像的显示比例；按下 Alt 键在该区域中单击，则会缩小图像的显示比例，也可使用快捷键 Ctrl+“+”来放大图像，使用 Ctrl+“-”来缩小图像。

液化工具虽然有 12 个之多，但实际使用最多的是向前变形工具和脸部工具，大家在学习液化滤镜时要重点掌握这两个工具的使用。

4.4 典型案例

案例 01 修复红眼

在拍摄照片时，照片中的人物有时可能会出现红眼的问题，利用 PS 中的红眼工具可以去除红眼。

原照片

处理后的效果

操作步骤

① 按 Ctrl+O 键，打开【素材\4-1 文件夹\01.jpg】图片，在工具箱中选择红眼工具，如图 4-1-1 所示；在图像窗口中拖动鼠标框选红眼，如图 4-1-2 所示，松开鼠标左键，此时红眼已修复，效果如图 4-1-3 所示，按下 Ctrl+S 键保存文件。

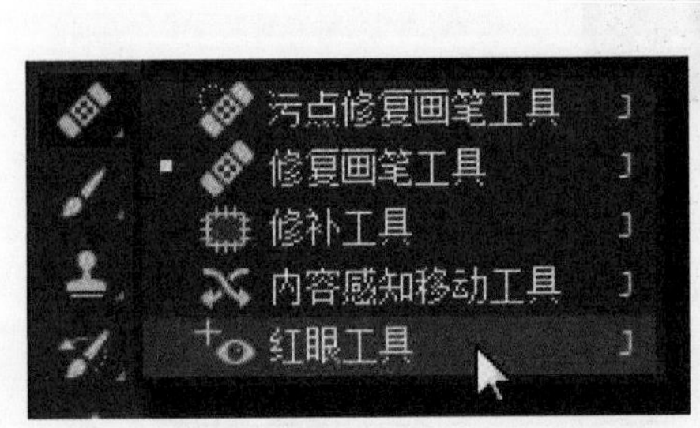

图 4-1-1

图 4-1-2

图 4-1-3

案例 02　去除斑点

原照片的人物脸部存在少许的斑点，影响了照片的美观，需要进行修饰。

原照片

处理后的效果

操作步骤

❶ 按 Ctrl+O 键，打开【素材\4-2 文件夹\01.jpg】图片，如图 4-2-1 所示。

图 4-2-1

❷ 选择修复画笔工具，在属性栏中将画笔大小设置为 30（在键盘上可按“[”缩小画笔，按“]”增大画笔），如图 4-2-2 所示，其他选项设为默认值。

图 4-2-2

③ 将鼠标指针移到如图 4-2-3 所示的位置，按住 Alt 键，单击鼠标，选择取样点。将鼠标指针移到斑点区域，单击鼠标，用取样点的图像替换斑点区域，如图 4-2-4 所示。

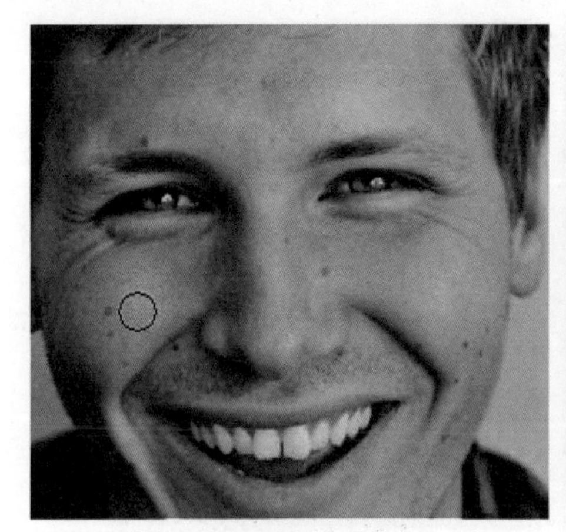

图 4-2-3

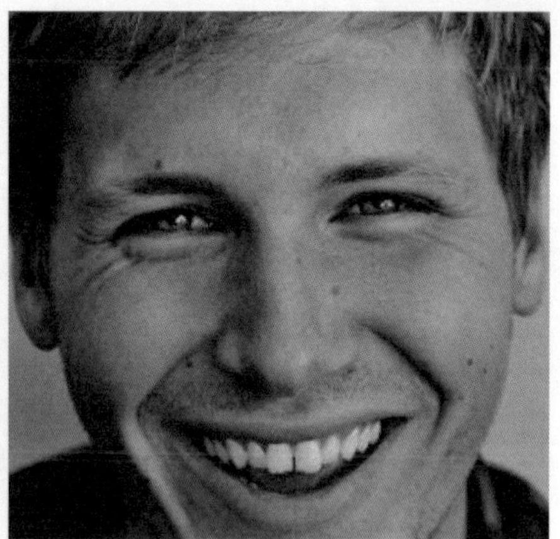

图 4-2-4

④ 将鼠标指针移到合适的位置，按住 Alt 键，单击鼠标，选择取样点，如图 4-2-5 所示，再将鼠标指针移到斑点区域，单击鼠标进行替换，反复执行取样、替换操作，最后效果如图 4-2-6 所示，按下 Ctrl+S 键保存文件。

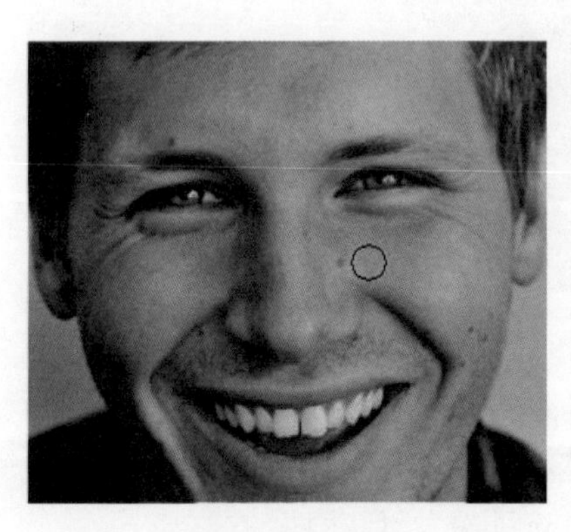

图 4-2-5

图 4-2-6

案例 03　美白牙齿

原照片的人物牙齿有点发黄发黑，影响了照片的美观，需要进行修饰。

原照片　　处理后的效果

操作步骤

① 按 Ctrl+O 键，打开【素材\4-3 文件夹\01.jpg】图片，如图 4-3-1 所示，按 Ctrl+“+”键适当放大图片以便进行更精细的操作，如图 4-3-2 所示。

图 4-3-1

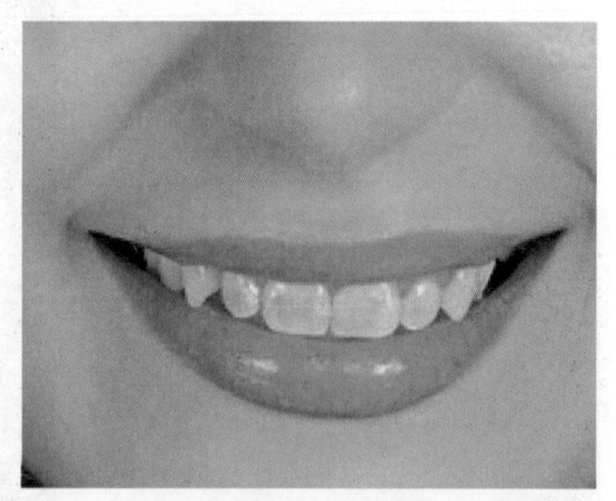

图 4-3-2

② 选择减淡工具，在属性栏中将画笔大小设置为 20（在键盘上可按“[”缩小画笔，按“]”增大画笔），如图 4-3-3 所示，其他选项设为默认值。

图 4-3-3

③ 将鼠标指针移到需要美白的牙齿上面，并根据牙齿的大小适当调整画笔的大小，多次单击鼠标，减淡牙齿的颜色，如图 4-3-4 所示用同样的方法将其他牙齿进行美白处理，完成后如图 4-3-5 所示，按下 Ctrl+S 键保存文件。

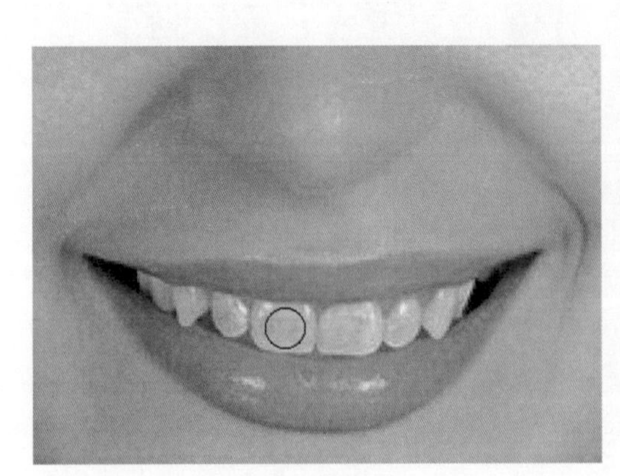

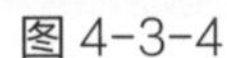

图 4-3-4

图 4-3-5

案例 04　美白肌肤

原照片人物的脸部有糙点，皮肤也不够洁白，需要加以修饰。

原照片

处理后的效果

操作步骤

① 按 Ctrl+O 键，打开【素材\4-4 文件夹\01.jpg】图片，效果如图 4-4-1 所示，按 Ctrl+“+”键适当放大图片以便进行更精细的操作，如图 4-4-2 所示。

图 4-4-1

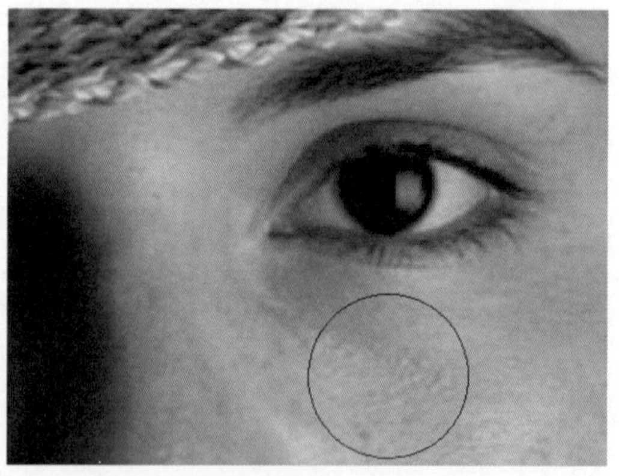

图 4-4-2

② 选择模糊工具，在属性栏中将画笔大小设置为 80（在键盘上可按“[”缩小画笔，按“]”增大画笔），如图 4-4-3 所示，其他选项设为默认值。

图 4-4-3

③ 将鼠标指针移到需要去除糙点的部位，多次单击鼠标可以平滑肌肤，完成后如图4-4-4所示。在图层控制面板中，将“背景”图层拖曳到“创建新图层”图标上，生成“背景拷贝”图层，如图4-4-5所示。

图4-4-4

图4-4-5

④ 执行“图像>调整>去色”命令，将“背景拷贝”图层作去色处理，在图层控制面板中将图层模式设置为“滤色”，并将不透明度设置为50%，如图4-4-6所示，此时图片效果，如图4-4-7所示。

图4-4-6

图4-4-7

案例 05　修改口红颜色

原照片人物嘴唇颜色比较暗淡，和脸部的肤色也不太协调，需要加以修饰。

原照片

上色后的效果

操作步骤

1 按 Ctrl+O 键，打开【素材\4-5 文件夹\01.jpg】图片，效果如图 4-5-1 所示，按 Ctrl+“+”键适当放大图片，以便进行更精细的操作，选择“磁性套索”工具，在图像窗口中，沿着人物的嘴唇拖曳鼠标，将嘴唇选中，如图 4-5-2 所示。

图 4-5-1

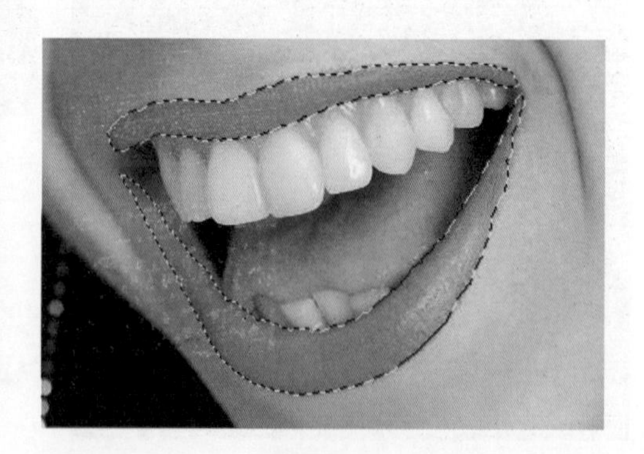
图 4-5-2

2 按 Ctrl+U 键，打开“色相 / 饱和度”对话框，将色相的值设为 -34，饱和度设为 +6，可在图像窗口预览效果，读者可根据自己喜好调整各参数，达到满意效果后保存文件。

案例 06　使眼睛更明亮

原照片眼睛的明亮度不够，缺少了点灵气，需要加以适当的修饰。

原照片

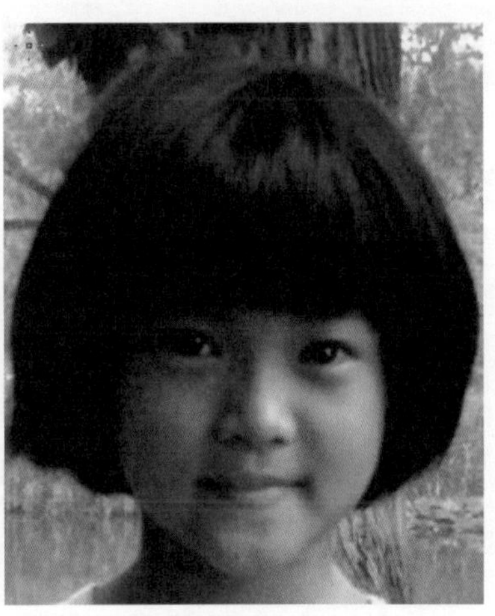

处理后的效果

操作步骤

① 按 Ctrl+O 键，打开【素材\4-6 文件夹\01.jpg】图片，效果如图 4-6-1 所示，按 Ctrl+“+”键适当放大图片以便进行更精细的操作，如图 4-6-2 所示。

图 4-6-1

图 4-6-2

② 将前景颜色设为白色，选择画笔工具，在属性栏中将画笔大小设置为 4，不透明度设为 58%，流量设为 54%，如图 4-6-3 所示。

图 4-6-3

③ 用鼠标分别在女孩左右眼瞳孔的适当位置进行单击，增加眼睛的明亮度，完成后按下 Ctrl+S 键保存文件。

案例 07　眼睛变大

适当增大眼睛，可以使人物照片更漂亮、更完美。

原照片

眼睛变大后的效果

操作步骤

① 按 Ctrl+O 键，打开【素材\4-7 文件夹\01.jpg】图片，效果如图 4-7-1 所示，选择“多边形套索”工具，在图像窗口中，沿着人物右眼多次单击鼠标，将人物右边的眼睛选中，如图 4-7-2 所示。

图 4-7-1

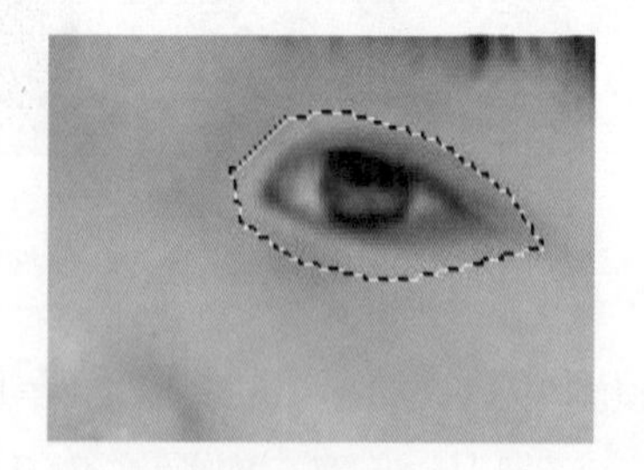
图 4-7-2

② 执行“选择 > 羽化”命令，将“羽化半径”设为 5，如图 4-7-3 所示，按下 Ctrl+C 键，将选区中的内容复制，按下 Ctrl+V 键，将选区中的内容粘贴，此时图层面板中生成了“图层 1”。

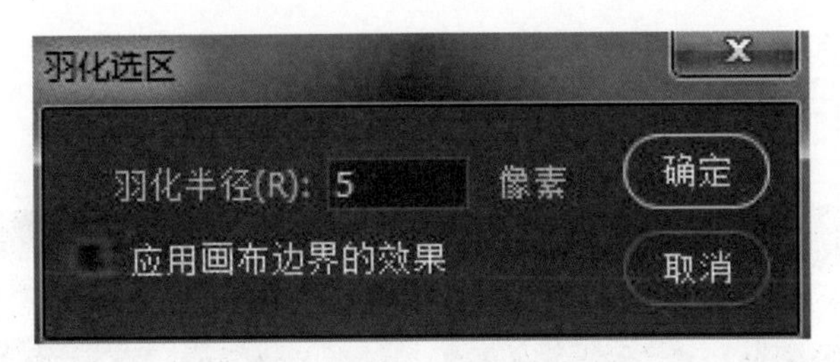

图 4-7-3

③ 执行“编辑 > 自由变换”命令（对应的快捷键是 Ctrl+T），“图层 1”中图像四周出现控制手柄，如图 4-7-4 所示，把鼠标移到控制手柄上，拖动鼠标，适当放大眼睛，放大后效果如图 4-7-5 所示。

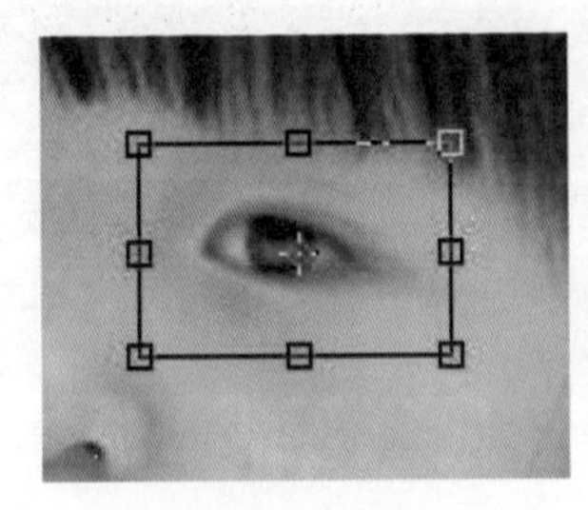

图 4-7-4

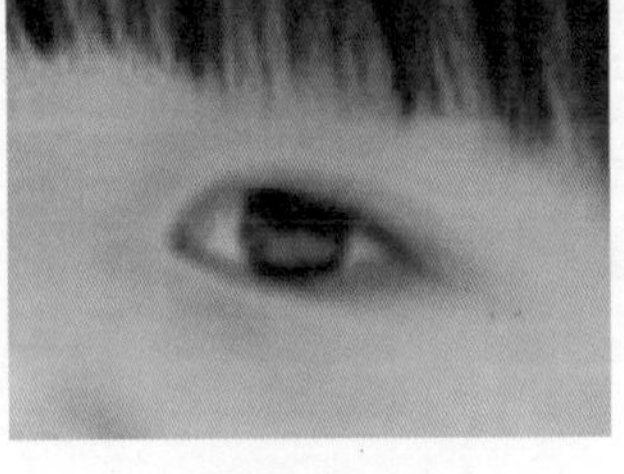

图 4-7-5

④ 单击选定背景图层，用同样的方式选定人物左眼，调整羽化半径为 5，复制粘贴选区对象，执行自由变换命令，适当放大左眼，放大后效果如图 4-7-6 所示，按下 Ctrl+S 键保存文件。

图 4-7-6

案例08　瘦身

原照片人物身材有点臃肿，可进行适当的瘦身处理。

原照片

瘦身处理后的效果

操作步骤

① 按Ctrl+O键，打开【素材\4-8文件夹\01.jpg】图片，效果如图4-8-1所示。将“背景”图层拖曳到“创建新图层”图标上，生成“背景拷贝”图层，如图4-8-2所示。

图4-8-1

图4-8-2

② 选择“滤镜 > 液化”命令，打开“液化”窗口，在液化窗口的左侧选择“向前变形”工具，在液化窗口的右侧将画笔的大小设为60，其余参数不变，如图4-8-3所示。将鼠标指针移到如图4-8-4所示的位置。

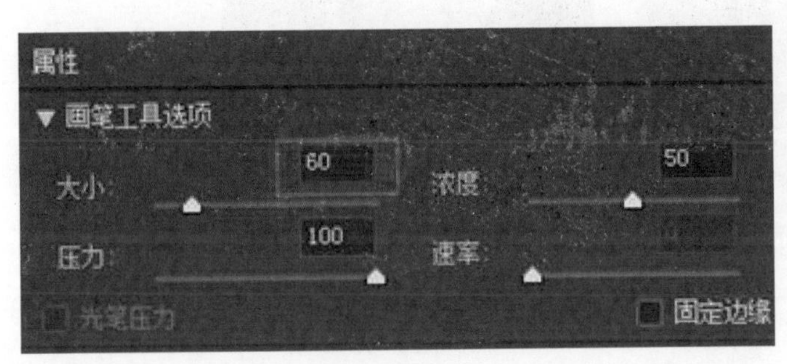

图 4-8-3

图 4-8-4

③ 按住左键沿着人物的腿，仔细地向内推，完成后如图4-8-5所示。使用同样的方法，调整修饰人物的腰部、手臂、脸，完成后效果如图4-8-6所示。

图 4-8-5

图 4-8-6

案例 09　瘦脸

原照片人物脸型微胖，可适当地进行瘦脸操作。

原照片

瘦脸后的效果

操作步骤

① 按 Ctrl+O 键，打开【素材\4-9文件夹\01.jpg】图片，如图 4-9-1 所示。将“背景”图层拖曳到“创建新图层”图标上，生成“背景拷贝”图层，如图 4-9-2 所示。

图 4-9-1

图 4-9-2

② 选择“滤镜 > 液化”命令，打开“液化”窗口，在液化窗口的左侧单击“脸部工具”图标，此时图像窗口中会自动识别人物脸部，如图4-9-3所示；在液化窗口的右侧单击人脸识别液化左侧的图标▶，展开人脸识别液化子选项，如图4-9-4所示。

图4-9-3

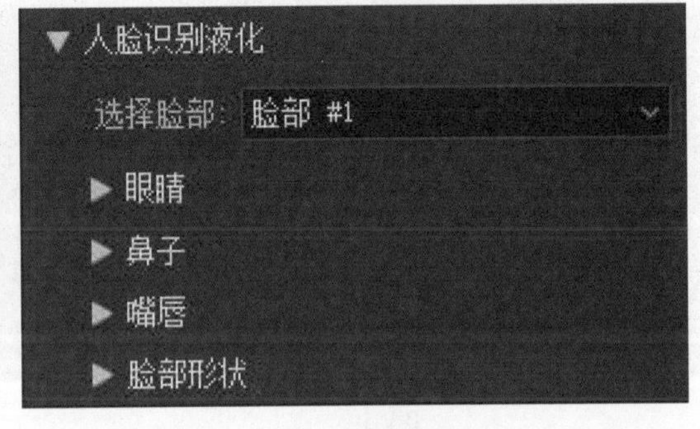

图4-9-4

③ 展开脸部形状子选项，并将前额参数设为30，下巴高度参数设为-30，下颌的参数设为-80，脸部的宽度参数设为-100，如图4-9-5所示；此时效果如图4-9-6所示。

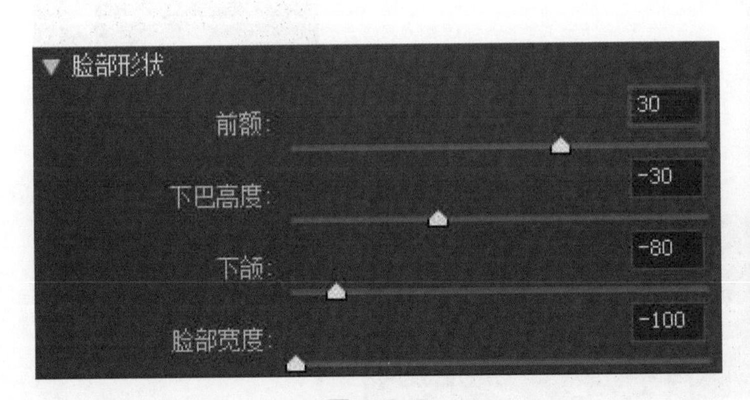

图4-9-5

图4-9-6

④ 单击嘴唇左侧的展开图标▶，在展开的子选项中，将微笑参数设为 50，下嘴唇参数设为 100，嘴唇宽度参数设为 60，其余参数不变，如图 4-9-7 所示；此时效果如图 4-9-8 所示。

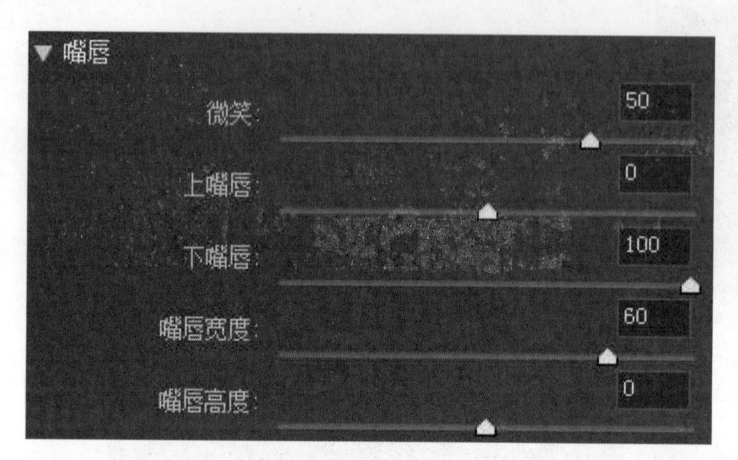

图 4-9-7

图 4-9-8

⑤ 单击鼻子左侧的展开图标▶，在展开的子选项中，将鼻子高度参数设为 -50，鼻子宽度参数为默认值 0，如图 4-9-9 所示，此时效果如图 4-9-10 所示，效果满意的话，按下 Ctrl+S 键保存文件。

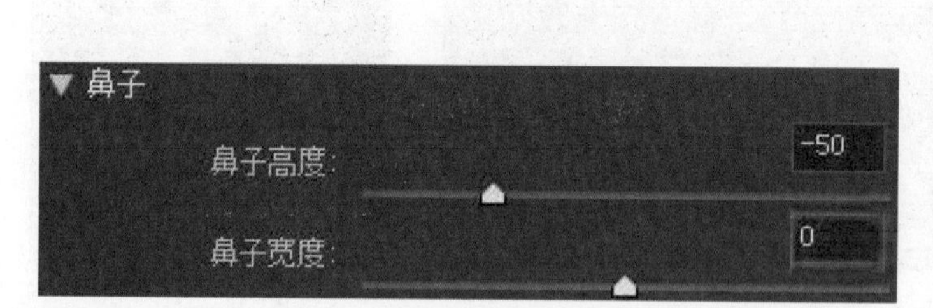

图 4-9-9

图 4-9-10

案例 10　修复照片的折痕

原照片有折痕，需要进行修复，右边的照片是修复后的效果，照片的质量得到明显的改善。

原照片

处理后的效果

操作步骤

1 按 Ctrl+O 键，打开【素材\4-10 文件夹\01.jpg】图片，效果如图 4-10-1 所示。

图 4-10-1

② 选择修复画笔工具，在属性栏中将画笔大小设置为30（在键盘上可按“[”缩小画笔，按“]”增大画笔），如图4-10-2所示，其他选项保留默认值。

图4-10-2

③ 将鼠标指针移到如图4-10-3所示的位置，按住Alt键，单击鼠标，选择取样点。将鼠标指针移到需要修复折痕的区域，单击鼠标，用取样点的图像替换帽子上的折痕区域，多次单击鼠标，去除帽子上的折痕，如图4-10-4所示。再分别吸取头发、鼻梁、嘴唇、下巴、颈部折痕附近的颜色块，取代相对应的折痕，如图4-10-5所示。

图4-10-3

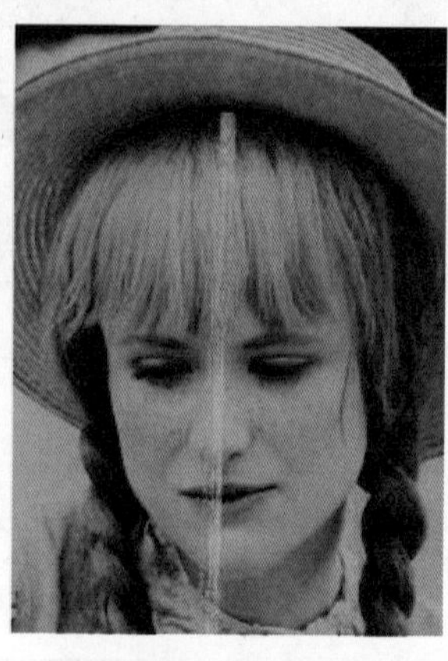

图4-10-4

图4-10-5

④ 继续使用修复画笔工具，用同样的方式，去除衣服上的折痕，效果如图4-10-6所示，按下Ctrl+S键保存文件。

图4-10-6

案例 11 修复照片的污渍

原照片有污渍，需要进行修复，右边的照片是修复后的效果，照片的质量得到明显的改善。

原照片 处理后的效果

操作步骤

① 按 Ctrl+O 键打开【素材\4-11 文件夹\01.jpg】图片，如图 4-11-1 所示，选择画笔工具，将前景色设置为白色，适当调整画笔大小，在图像背景的污渍处按住鼠标左键拖动涂抹，如图 4-11-2 所示；涂抹完成后如图 4-11-3 所示。

图 4-11-1

图 4-11-2

图 4-11-3

② 选择修复画笔工具，适当调整画笔大小（在键盘上可按“[”缩小画笔，按“]”增大画笔），将鼠标指针移至如图 4-11-4 所示的位置，按住 Alt 键单击鼠标，选择取样点。将鼠标指针移至需要修复污渍的皮肤区域，单击鼠标，用取样点的色块替换有污

渍的色块，如图4-11-5所示；多次取样、替换操作，去除皮肤上的所有污渍，效果如图4-11-6所示。

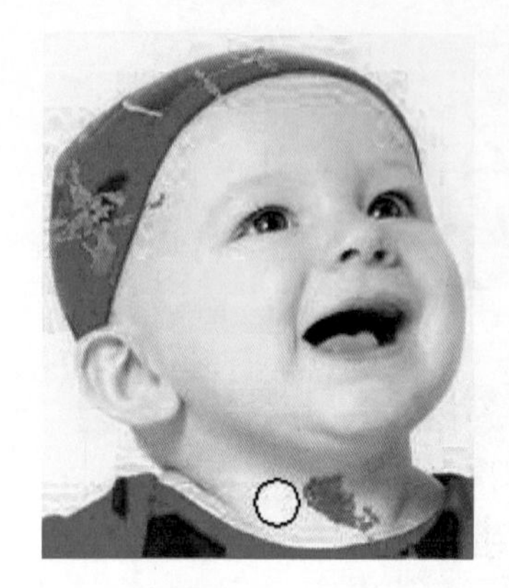

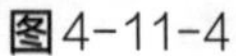

图4-11-4

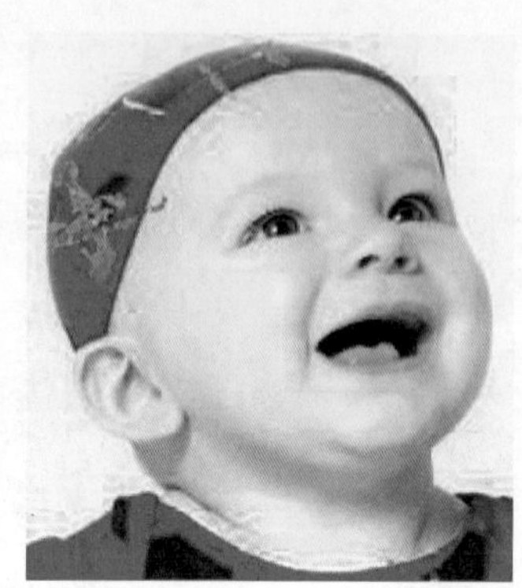

图4-11-5

图4-11-6

③ 按Ctrl+“+”键，适当放大图片，继续使用修复画笔工具，修复人物帽子上污渍（如图4-11-7所示）和衣服上污渍（如图4-11-8所示），完成后按下Ctrl+S键保存文件。

图4-11-7

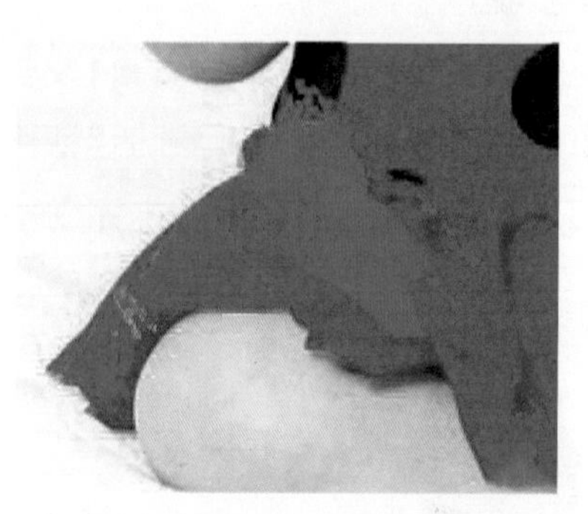

图4-11-8

案例12 修复残缺的照片

原照片是一张残缺的照片，需要进行修复，右边的照片是修复后的效果，照片的质量得到明显的改善。

原图片

处理后的效果

操作步骤

① 按Ctrl+O键，打开【素材\4-12文件夹\01.jpg】图片，选择修复画笔工具，适当调整修复画笔的大小，将鼠标指针移至如图4-12-1所示的位置，按住Alt键，单击鼠标，选择取样点，再将鼠标指针移至附近需要修复破损的位置，多次单击鼠标，修复破损的区域，如图4-12-2所示。

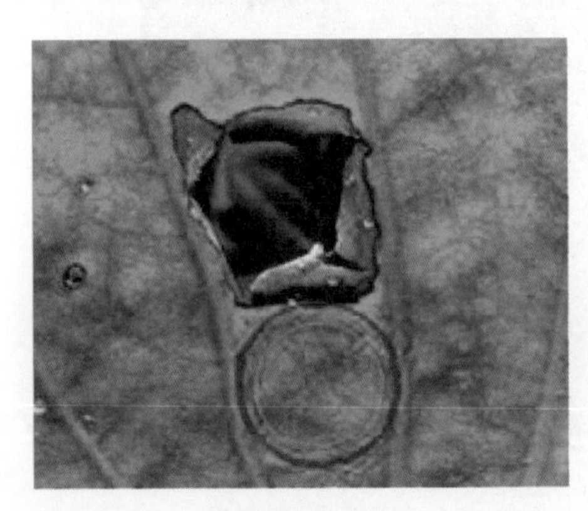
图4-12-1

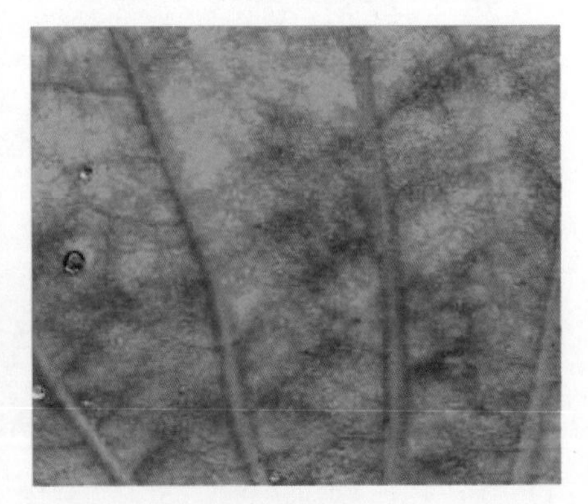
图4-12-2

② 继续使用修复画笔工具，在破损区域附近的正常色块取样，然后用取样的色块取代破损色块，反复多次操作，修复所有破损区域。

③ 选择多边形套索工具，选取荷叶的纹理，如图4-12-3所示；按下Ctrl+C键复制选区的对象，按下Ctrl+V键粘贴，按下Ctrl+T键对复制出的对象进行自由变换，调整角度以及位置，如图4-12-4所示。

图 4-12-3

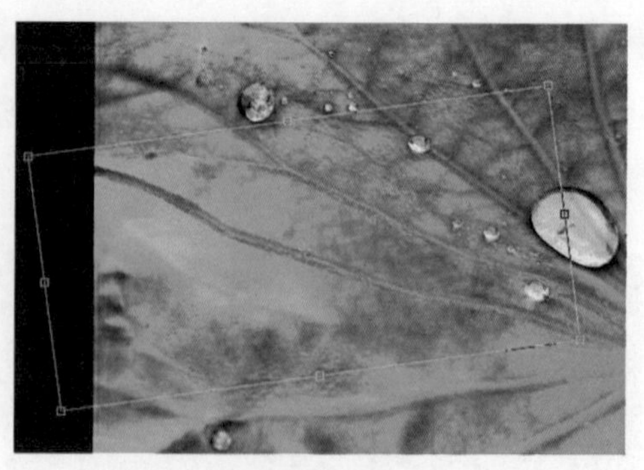
图 4-12-4

④ 选择橡皮擦工具，将橡皮擦大小设为 35，不透明度设为 50%，流量设为 50%，如图 4-12-5 所示；对选取出荷叶的纹理的边缘进行擦除操作，使得荷叶纹理的边缘更柔和，如图 4-12-6 所示，完成后按下 Ctrl+S 键保存文件。

图 4-12-5

图 4-12-6

案例 13 修复老照片

原照片为一张破损的黑白老照片，右图是通过修复、上色后的效果。

原照片

上色后的效果

操作步骤

① 按 Ctrl+O 键，打开【素材\4-13 文件夹\01.jpg】图片，如图 4-13-1 所示；选择修复画笔工具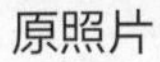，适当调整修复画笔的大小、模式，修复黑白照片破损、折痕区域，如图 4-13-2 所示。

图 4-13-1

图 4-13-2

② 选择“多边形套索”工具，在图像窗口中，选定人物脸部的皮肤，如图 4-13-3 所示；按下 Ctrl+U 键，打开“色相/饱和度”对话框，勾选“着色”复选框，将色相的值设为 40，饱和度的值设 28，其余参数不变，如图 4-13-4 所示；按下 Ctrl+D 键取消选区，此时图片效果如图 4-13-5 所示。

图 4-13-3

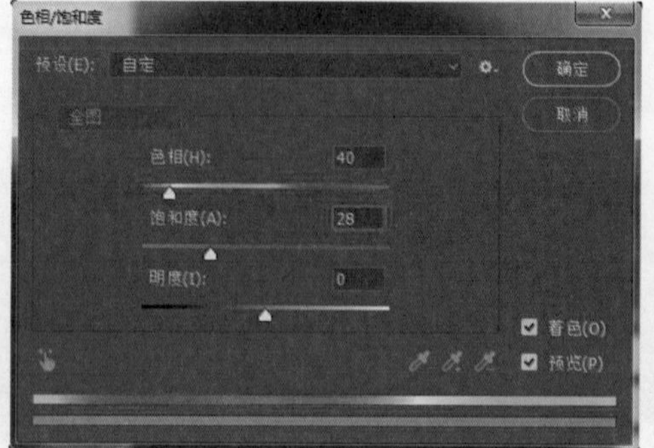

图 4-13-4

图 4-13-5

③ 按下 Ctrl+Shift+I 键执行反选操作，如图 4-13-6 所示；按下 Ctrl+U 键，打开“色相/ 饱和度”对话框，勾选“着色”复选框，将色相的值设为 237，饱和度的值设 69，其余参数不变，如图 4-13-7 所示；按下 Ctrl+D 键取消选区，此时图片效果如图 4-13-8 所示。

图 4-13-6

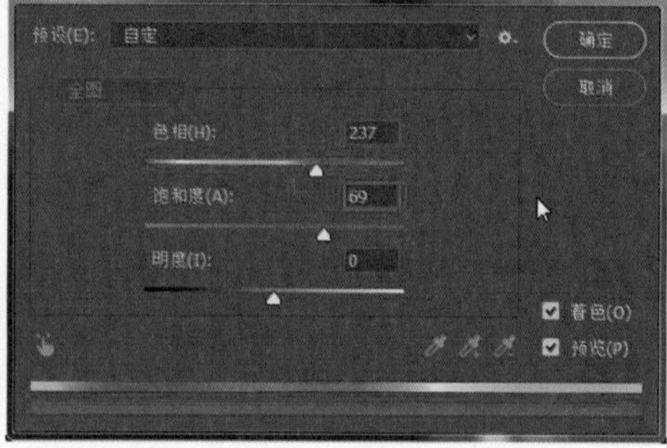

图 4-13-7

图 4-13-8

④ 选择“魔棒工具”，选定帽子上的星，如图 4-13-9 所示；按下 Ctrl+U 键，打开“色相/饱和度”对话框，勾选“着色”复选框，将色相的值设为 50，饱和度的值设 80，明度为 25，如图 4-13-10 所示；按下 Ctrl+D 键取消选区，此时图片效果如图 4-13-11 所示。

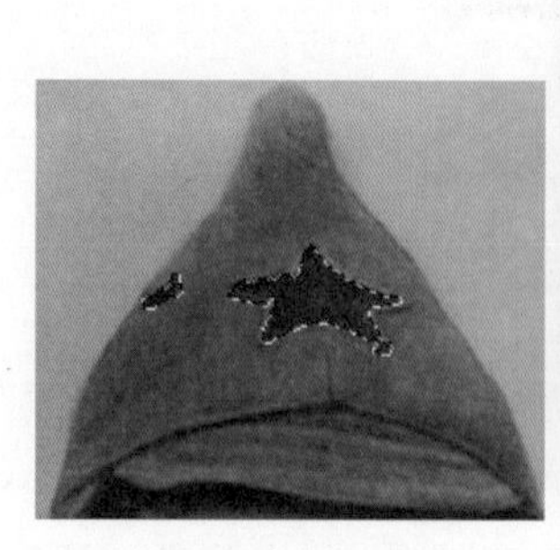

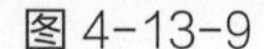

图 4-13-9

图 4-13-10

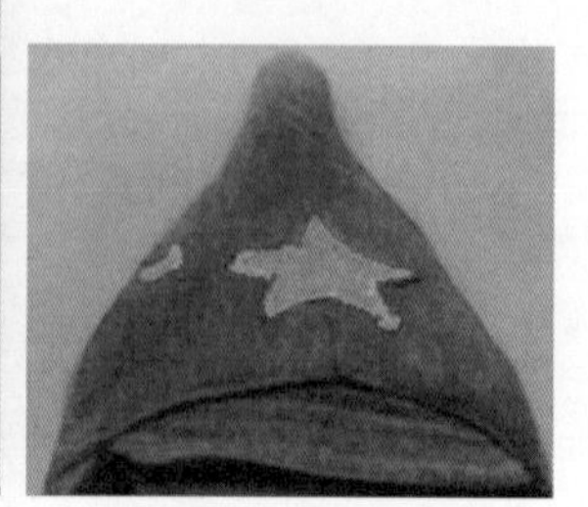

图 4-13-11

⑤ 选择“多边形套索工具”，在图像窗口中，选定嘴唇部分，如图4-13-12所示；按下Ctrl+U键，打开“色相/饱和度”对话框，勾选“着色”复选框，将色相的值设为5，饱和度的值设30，明度为5，如图4-13-13所示；按下Ctrl+D键取消选区，此时图片效果如图4-13-14所示。

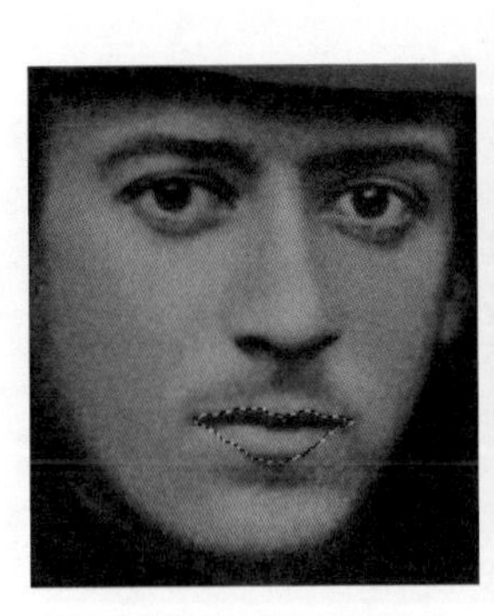

图4-13-12

图4-13-13

图4-13-14

⑥ 选择“磁性套索工具”，在图像窗口中，选定人物，如图4-13-15所示；按下Ctrl+Shift+I键执行反选操作，选定背景，如图4-13-16所示；使用渐变工具，自上往下建立浅灰－深灰的渐变，按下Ctrl+D键取消选区，此时图片效果，如图4-13-17所示。

图4-13-15

图4-13-16

图4-13-17

4.5 学习评价

评价内容	评价标准	是否掌握	分值	得分
知识点	了解修复画笔工具组、减淡工具组、模糊工具、液化滤镜的功能和用途，并了解这些工具的使用方法和相关注意事项		20	
技能点	学会处理人物照片中的红眼问题		5	
	学会处理人物照片中的斑点		5	
	学会给人物照片进行美白牙齿的处理		5	
	学会给人物照片进行美白肌肤的处理		5	
	学会修改人物照片中口红的颜色		5	
	学会给人物照片进行增大眼睛的处理		5	
	学会给人物照片进行瘦身的处理		5	
	学会给人物照片进行瘦脸的处理		5	
	学会修复照片的折痕		5	
	学会修复照片的污渍		5	
	学会修复残缺的照片		5	
	学会处理老照片		5	
职业素养	完成的案例操作是否符合审美要求		10	
	在完成本章案例操作过程中是否体现了精益求精的工匠精神		10	
合 计				

4.6 课后练习

练习1：在PS中打开“课后练习素材/第4章/lx1.jpg”文件，处理照片中红眼的问题。

练习2：在PS中打开“课后练习素材/第4章/lx2.jpg”文件，去除照片人物中的眼袋。

练习3：在PS中打开“课后练习素材/第4章/lx3.jpg”文件，去除照片人物中的皱纹。

练习4：在PS中打开“课后练习素材/第4章/lx4.jpg”文件，给照片中人物美白牙齿。

练习5：在PS中打开“课后练习素材/第4章/lx5.jpg”文件，给照片中人物修改口红颜色。

练习6：在PS中打开“课后练习素材/第4章/lx6.jpg”文件，给照片人物瘦脸并添加笑容。

练习7：在PS中打开“课后练习素材/第4章/lx7.jpg”文件，给照片中人物瘦身。

练习8：在PS中打开“课后练习素材/第4章/lx8.jpg”文件，去除照片中多余的人物。

练习9：在PS中打开“课后练习素材/第4章/lx9.jpg”文件，去除照片中的文字。

练习10：在PS中打开“课后练习素材/第4章/lx10.jpg”文件，修复照片中的折痕和污渍。

练习11：在PS中打开“课后练习素材/第4章/lx11.jpg”文件，修复老照片。

练习12：在PS中打开“课后练习素材/第4章/lx12.jpg”文件，修复残缺的照片。

第 5 章　图形图像的特效处理

5.1 本章概述

在图形图像的实际应用中，有时候我们需要对图片进行各种各样的特效处理，来满足特定的用途。本章主要介绍滤镜、图层样式、图层混合模式的相关知识，并通过16个典型案例讲解介绍如何运用这些知识制作下雨效果、下雪效果、闪电效果、大雾效果、彩虹效果、水波效果、光晕效果、彩霞效果、倒影效果、素描效果、运动特效、邮票效果等常见特效的处理的方法和技巧。

5.2 学习导图

5.3 相关知识

5.3.1 常见特效滤镜的介绍

5.3.1.1 模糊滤镜组

包含11种滤镜。它们可削弱相邻像素的对比度并柔化图像，使图像产生模糊效果。在去除图像的杂色，或者创建特殊效果时经常用到此类滤镜。

◆表面模糊：能够在保留边缘的同时模糊图像，可用来创建特殊效果并消除杂色或颗粒，用它为人像照片进行磨皮，效果非常好。

◆动感模糊：可以根据制作效果的需要沿指定方向（-360°～+360°）以指定强度（1～999）模糊图像，产生的效果类似于以固定的曝光时间给一个移动的图像拍照。在表现对象的速度感时经常用到该滤镜。

◆方框模糊：可以基于相邻像素的平均颜色值来模糊图像，生成类似于方块的特殊模糊效果。

◆高斯模糊：可以添加低频细节，使图像产生一种朦胧效果。

◆模糊和进一步模糊：都是对图像进行轻微模糊的滤镜，他们可以在图像中有显著颜色变化的地方消除杂色。其中，“模糊”滤镜对于边缘过于清晰，对比度过于强烈的区域进行光滑处理，生成极轻微的模糊效果；“进一步模糊”滤镜所产生的效果要比“模糊”滤镜强3～4倍。这两个滤镜均没有对话框。

◆径向模糊：模拟缩放或旋转的相机所产生的模糊效果。需要进行大量的计算，如果图像尺寸较大，可以先设置较低的“品质”来观察效果，在确认最终效果后，再提高“品质”。

◆镜头模糊：可以向图像中添加模糊以产生更窄的景深效果，使图像中的一些对象在焦点内，另一些区域变模糊。用它来处理照片，可以创建景深效果。但需要用Alpha通道或图层蒙版的深度值来映射图像中像素的位置。

◆平均：可以查找图像的平均颜色，然后以该颜色填充图像，创建平滑的外观。

◆特殊模糊：提供了半径、阈值和模糊品质等设置选项，可以精确地模糊图像。

◆形状模糊：可以使用指定的形状创建特殊的模糊效果。

5.3.1.2 扭曲滤镜组

包含12种滤镜。它们可以对图像进行几何扭曲，创建3D或其他整形效果。

◆波浪：可以在图像上创建波状起伏的图案，生成波浪效果。

◆波纹：波纹与波浪的工作方式相同，但提供的选项较少，只能控制波纹的数量和波纹大小。

◆玻璃：可以制作细小的纹理，使图像看起来像是透过不同类型的玻璃观察的。

◆海洋波纹：可以将随机分隔的波纹添加到图像表面，它产生的波纹细小，边缘有较多抖动，图像看起来就像是在水下面。

◆极坐标：可以将图像从平面坐标转换为极坐标，或者从极坐标转换为平面坐标。使用该滤镜可以创建18世纪流行的曲面扭曲效果。

◆挤压：可以将整个图像或选区内的图像向内或外挤压。

◆扩散亮光：可以在图像中添加白色杂色，并从图像中心向外渐隐亮光，使其产生一种光芒漫射的效果。使用该滤镜可以将照片处理为柔光照，亮光的颜色由背景色决定，选择不同的背景颜色，可以产生不同的视觉效果。

◆切变：是比较灵活的滤镜，可以按照自己设定的曲线来扭曲图像。打开“切变”对话框以后，在曲线上单击可以添加控制点，通过拖动控制点改变曲线的形状即可扭曲图像。如果要删除某个控制点，将它拖至对话框外即可。单击“默认”图标，则可将曲线恢复到初始状态。

◆球面化：通过将选区折成球形，扭曲图像以及伸展图像以适合选中的曲线，使图像产生3D效果。

◆水波：模拟水池中的波纹，在图像中产生类似于向水池中投入小石子后水面的变化形态。

◆旋转扭曲：可以使图像产生旋转的风轮效果，旋转会围绕图像中心进行，中心旋转的程度比边缘大。

◆置换：可以根据另一张图片的亮度值使现有图像的像素重新排列并产生位移。在使用该滤镜前需要准备好一张用于置换的PSD格式图像。

5.3.1.3　像素化滤镜组

包含7种滤镜。它们可以通过使单元格中颜色值相近的像素结成块来清晰地定义一个选区，可用于创建彩块、点状、晶格和马赛克等特殊效果。

◆彩块化：可以使纯色或相近颜色的像素结成像素块。使用该滤镜处理扫描的图像时，可以使其看起来像是手绘的图像，也可以使现实主义图像产生类似抽象派的绘画效果。

◆彩色半调：可以使图像变为网点状效果。它先将图像的每一个通道划分出矩形区域，再以和矩形区域亮度成比例的圆形替代这些矩形，圆形的大小与矩形的亮度成比例，高光部分生成的网点较小，阴影部分生成的网点较大。

◆点状化：可以将图像中的颜色分散为随机分布的网点，如同点状绘画效果，背景色将作为网点之间的画布区域。使用该滤镜时，可通过“单元格大小”来控制网点的大小。

◆晶格化：可以使图像中相近的像素集中到多边形色块中，产生类似结晶的颗粒效果。使用该滤镜时，可通过“单元格大小”来控制多边形色块的大小。

◆马赛克：可以使像素结为方形块，再给块中的像素应用平均的颜色，创建出马赛克效果。使用该滤镜时，可通过“单元格大小”调整马赛克的大小。

◆碎片：可以对图像的像素进行4次复制，再将它们平均，并使其相互偏移，使图像产生一种类似于相机没有对准焦距所拍摄出的效果模糊的照片。

◆铜版雕刻：可以在图像中随机产生各种不规则的直线、曲线和斑点，使图像产生年代久远的金属板效果。

5.3.1.4　渲染滤镜组

包含分层云彩、云彩、光照效果、镜头光晕、纤维等滤镜，是非常重要的特效制作滤镜。

◆云彩：可以使用介于前景色与背景色之间的随机值生成柔和的云彩图案。如果按住Alt键，然后执行云彩命令，则可生成色彩更加鲜明的云彩图案。

◆分层云彩：可以将云彩数据和现有的像素混合，其方式与“差值”模式混合的方式相同。第一次使用该滤镜时，图像的某些部分被反相为云彩图案，多次应用滤镜之后，就会创建出与大理石纹理相似的凸缘与叶脉图案。

◆光照效果：是一个强大的灯光效果制作滤镜，它包含17种光照样式、3种光照类型和4套光照属性，可以在RGB图像上产生无数种光照效果，还可以使用灰度文件的纹理（成为凹凸图）产生类似3D效果。

◆镜头光晕：可以模拟亮光照射到相机镜头所产生的折射，常用来表现玻璃、金属等反射的光，或用来增强日光和灯光效果。

◆纤维：可以使用前景色和背景色随机创建变质纤维效果。

5.3.2　图层混合模式

图层的混合模式就是指一个层与其下图层的色彩叠加的方式。通常情况下，新建图层的混合模式为“正常”，除此之外，还有很多种混合模式，它们可以产生不同的合成效果。

在面板中选择一个图层，单击面板顶部的混合模式下拉图标 正常 ，在弹出的下拉列表中可以选择一种混合模式，如图1所示。

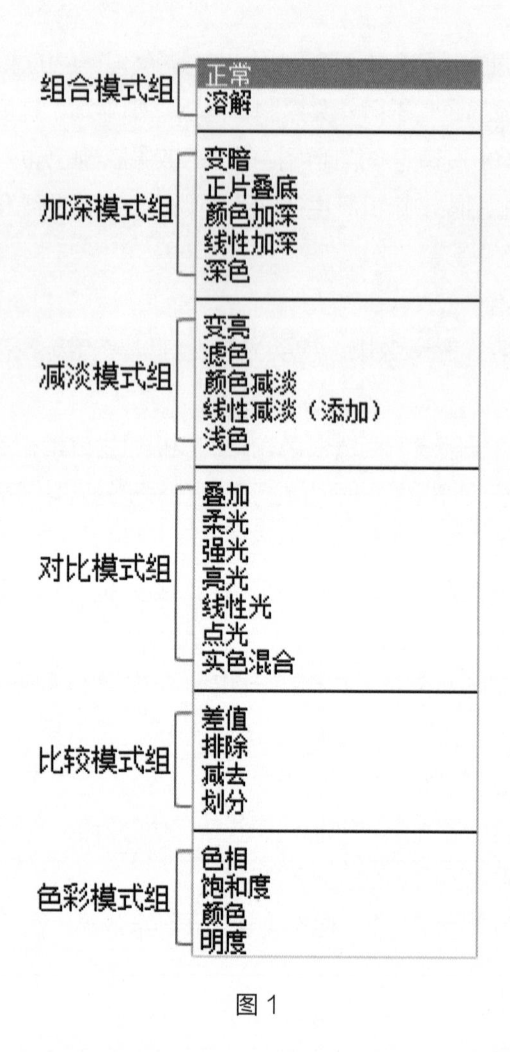

图 1

◆组合模式组

该组中的混合模式需要降低图层的“不透明度”或“填充”数值才起作用，这两个参数的数值越低，就越能看到下层的图像。

◆加深模式组

该组中的混合模式可以使图像变暗。在混合过程中，当前图层的白色像素会被下层较暗的像素替代。

◆减淡模式组

该组中的混合模式可以使图像变亮。在混合过程中，当前图层的黑色像素会被下层较亮的像素替代。

◆对比模式组

该组中的混合模式可以加强图像的差异。在混合时， 50% 的灰色会完全消失，任何亮度值高于 50% 灰色的像素都可能提亮下层图像，相反，低于 50% 灰色的像素则可能使下层图像变暗。

◆比较模式组

该组中的混合模式可以比较当前图像与下层图像，将相同的区域显示为黑色，不同的区域显示为灰色或者彩色。如果当前图层中包含白色，那么白色区域会使下层图像反相，而黑色不会对下层图像产生影响。

◆色彩模式组

使用该组混合模式时，Photoshop会将色彩分为色相、饱和度和亮度3种成分，然后再将其中的一种或者两种应用在混合后的图像中。

5.3.3 图层样式

图层样式是PS中一个用于制作各种效果的强大功能，利用图层样式功能，可以简单快捷地制作出各种立体投影、各种质感以及光景效果的图像特效。与不用图层样式的传统操作方法相比较，图层样式具有速度更快、效果更精确、更强的可编辑性等无法比拟的优势。

5.3.3.1 图层样式的优点

◆应用的图层效果与图层紧密结合，即如果移动或变换图层对象文本或形状，图层效果就会自动随着图层对象文本或形状移动或变换。

◆图层效果可以应用于标准图层、形状图层和文本图层。

◆可以对一个图层应用多种效果。

◆可以从一个图层复制效果，然后粘贴到另一个图层。

5.3.3.2 图层样式的种类

◆投影：对图层上的对象、文本或形状后方添加阴影效果。投影参数由“混合模式”“不透明度”“角度”“距离”“扩展”“大小”等各种选项组成，通过对这些选项的设置可以得到需要的效果。

◆内阴影：对图层对象（文本或形状）的内边缘添加阴影，让图层产生一种凹陷外观，内阴影效果对文本对象效果更佳。

◆外发光：对图层对象（文本或形状）的边缘向外添加发光效果。设施参数可以让对象更精美。

◆内发光：对图层对象（文本或形状）的边缘向内添加发光效果。

◆斜面和浮雕：“样式”下拉菜单将为图层添加高亮显示和阴影的各种组合效果。“斜面和浮雕”对话框样式参数解释如下。

●外斜面：沿对象、文本或形状的外边缘创建三维斜面。

●内斜面：沿对象、文本或形状的内边缘创建三维斜面。

●浮雕效果：创建外斜面和内斜面的组合效果。

●枕状浮雕：创建内斜面的反相效果，其中对象（文本或形状）看起来下沉。

●描边浮雕：只适用于描边对象，即在应用描边浮雕效果时才打开描边效果。

◆光泽：将对图层对象内部应用阴影，与对象的形状互相作用，通常创建规则波浪形状，产生光滑的磨光及金属效果。

◆颜色叠加：在图层对象上叠加一种颜色，即采用一层纯色填充到应用样式的对象上。从“设置叠加颜色”选项可以通过“选取叠加颜色”对话框选择任意颜色。

◆渐变叠加：对图层对象上叠加一种渐变颜色，即用一层渐变颜色填充到应用样式的对象上。通过“渐变编辑器”还可以选择使用其他的渐变颜色。

◆图案叠加：在图层对象上叠加图案，即使用一致的重复图案填充对象。从“图案拾色器”还可以选择其他的图案。

◆描边：使用颜色、渐变颜色或图案描绘当前图层上的对象（文本或形状）的轮廓，对于边缘清晰的形状（如文本），这种效果尤其有用。

5.3.3.3　图层样式的应用

◆选中要添加样式的图层。

◆单击图层调板上的“添加图层样式”图标。

◆从列表中选择图层样式，然后根据需要修改参数。

5.3.4　画笔工具

画笔工具，顾名思义就是用来绘制图画的工具。画笔工具是手绘时最常用的工具，它可以用来上色、画线等。画笔工具画出的线条边缘比较柔和流畅，可以绘制出各种漂亮的图案。

5.3.4.1　使用方法：画笔工具的快捷键是 B，默认使用前景色去绘图，通过设置后可以使用多种色彩同时绘制，调节画笔快捷键：调整大小——按：“[”键调小，按“]”键调大；调小硬度：shift+[；调大硬度：shift+]；画笔硬度可以理解为笔触画在纸上的力度。如力度大，颜色深，则笔迹与周围的对比会更加明显，更加凸显笔迹。

5.3.4.2　画笔面板中各参数的意义：画笔笔尖形状：可以改变画笔的角度以及圆度。还可以设置间距，调整过的笔刷将比默认的笔刷更好用些，也容易达到自己想要的效果。

◆形状动态：形状动态主要是微调笔刷的尺寸、角度和圆度。如果有绘图板，可以调节倾斜。而如果使用鼠标绘图，可以试试渐隐。角度抖动和圆度抖动都可以自动调节。

◆传递：可以改变笔刷的可见度（流量和不透明度），改变流量及不透明度的抖动数值。

◆散布：可以修改笔尖的布置，并且将它们散布到画笔经过路径的四周。

◆纹理：可以改变笔刷的绘制效果，增加路径绘制的纹理感觉，通过调整深度、高度、对比度和抖动的数值来调整纹理效果。

◆双重画笔：就是在原有笔刷基础上叠加一个笔刷，弄出新的画笔。

5.3.4.3　外部画笔下载与载入：选择画笔工具，在选项栏中展开“画笔选项 > 右上角设置图标 > 导入画笔”。

5.3.4.4　自定义画笔：在使用 PS 时，我们常常会需要用到一些特殊形状，并且是需要大量使用的形状，其制作一般会花大量时间。这时我们可以通过将这个形状自定义成画笔来进行绘制，然后批量画，这样能够节约大量时间。也可以通过网络搜索到很多好用的自定义画笔，下载 *.ABR 格式文件，选择导入画笔—选择下载好的画笔。画笔导入后，就会自动显示在画笔样式中。

5.3.5 自定义图案

自定义图案的方法：打开一幅图像，用矩形选框工具选取一块区域，然后通过“编辑”“自定义图案”就会出现设定框，输入图案的名称，确定后图案就存储了。需要注意的是：必须用矩形选框工具选取，并且不能带有羽化（无论是选取前还是选取后），否则自定义图案的功能就无法使用。另外如果不创建选区直接自定义图案，将把整幅图像作为图案。

图案的应用：图案图章工具、修补工具、油漆桶工具在公共栏中均有关于图案的选项及图案列表。另外在图层样式设定的“图案填充”项目中也可以调用图案。

5.4 典型案例

案例 01 水波效果

原始照片没有水波，通过滤镜可以为图片添加水波的效果。

原图片

处理后的效果

操作步骤

① 按 Ctrl+O 键，打开【素材\5-1 文件夹\01.jpg】图片，如图 5-1-1 所示。将“背景”图层拖曳到“创建新图层”图标上，生成“背景拷贝”图层，如图 5-1-2 所示。

图 5-1-1

图 5-1-2

② 选择椭圆选框工具，建立如图 5-1-3 所示选区，执行“滤镜 > 扭曲 > 水波”命令，打开“水波”对话框，并在对话框中将数量参数设为“ 69”， 起伏的参数设为“ 8”， 如图 5-1-4 所示。

图 5-1-3

图 5-1-4

③ 单击“确定”按钮，效果如图 5-1-5 所示，水波效果制作完成，按下 Ctrl+S 键，对文件进行保存。

图 5-1-5

案例 02　大雾效果

为原照片制作大雾天的效果。

原图片

处理后的效果

操作步骤

① 按 Ctrl+O 键，打开【素材\5-2 文件夹\01.jpg】图片，如图 5-2-1 所示；选择渐变工具，在渐变属性栏中打开渐变编辑器，如图 5-2-2 所示。

图 5-2-1

图 5-2-2

② 在渐变编辑器中建立三个色标和三个不透明度色标，如图 5-2-3 所示，将三个色标的颜色都设为白色，左边不透明度的色标设为“30”，中间不透明度的色标设为“80”，右边的不透明度的色标设为“30”，如图 5-2-4 所示。

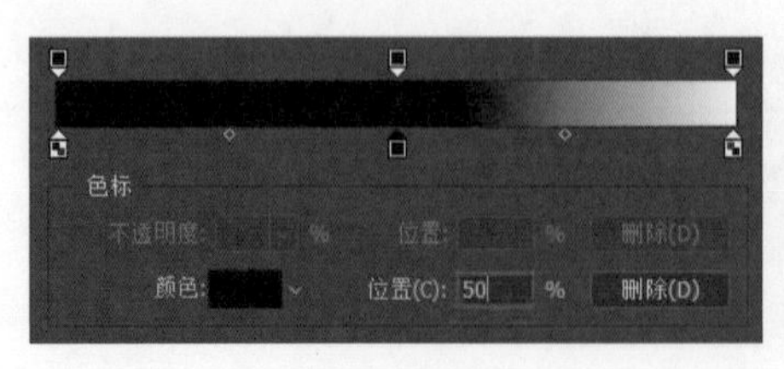

图 5-2-3

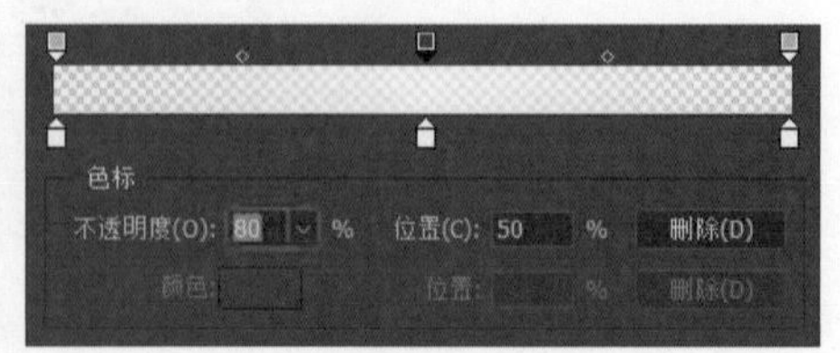

图 5-2-4

③ 新建图层 1，选择矩形选框工具，建立如图 5-2-5 所示选区；执行“选择 > 修改 > 羽化”命令，打开“羽化”对话框，将羽化半径设为“50”，如图 5-2-6 所示，单击“确定”按钮。

图 5-2-5

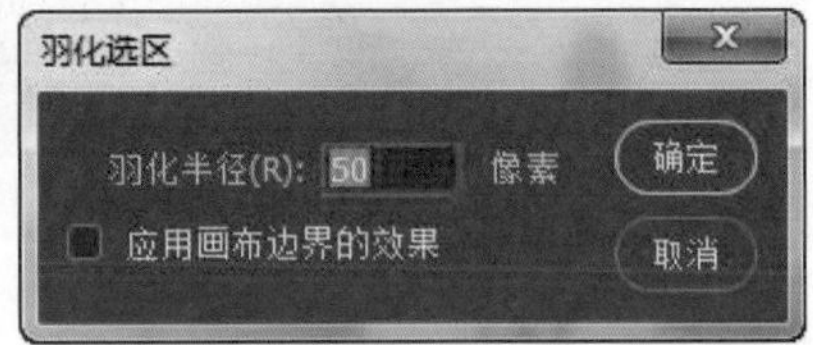

图 5-2-6

④ 选择渐变工具，按住 Shift 键，在选区中由上至下拖动出一条渐变线，如图 5-2-7 所示；释放鼠标，按下 Ctrl+D 键取消选区，效果如图 5-2-8 所示。

图 5-2-7

图 5-2-8

⑤ 大雾天效果制作完成，按下 Ctrl+S 键，对文件进行保存。

案例03　下雨效果

为原照片制作下雨的效果。

原图片

处理后的效果

操作步骤

① 按Ctrl+O键，打开【素材\5-3文件夹\01.jpg】图片，在图层面板单击创建新图层图标，新建图层1，将前景颜色设为黑色，按下Alt+Del键，用前景颜色填充图层1。

② 执行“滤镜＞像素化＞点状化”命令，打开“点状化”对话框，并在对话框中将单元格大小参数设为“5”，如图5-3-1所示；执行“图像＞调整＞阈值”命令，打开“阈值”对话框，调整阈值的参数，减少白色点，如图5-3-2所示。

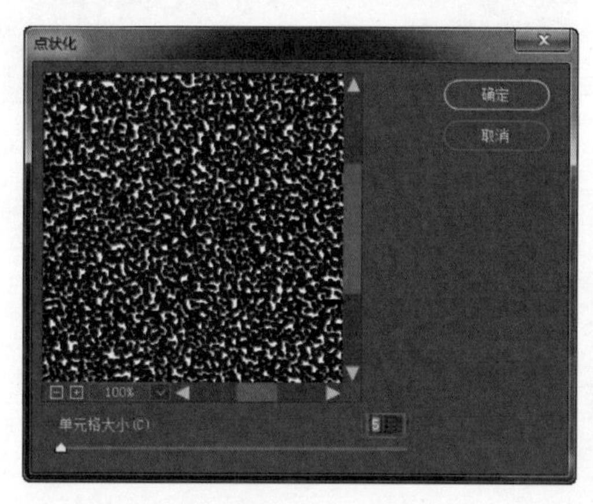

图5-3-1

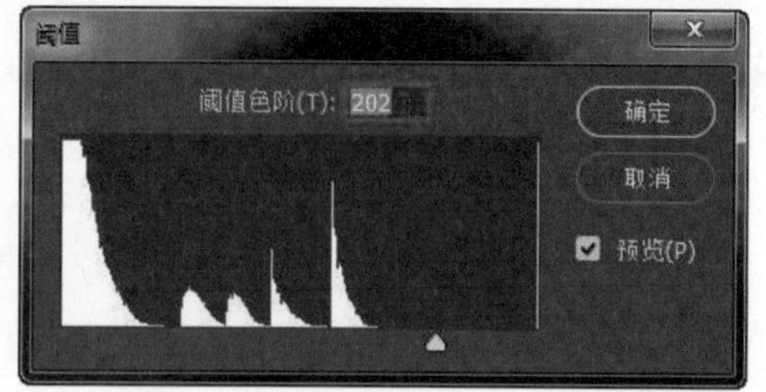

图5-3-2

③ 执行“滤镜＞模糊＞动感模糊”命令，打开“动感模糊”对话框，并在对话框中将角度参数设为“75”，距离的参数设为“20”，如图5-3-3所示；单击“确定”按钮，效果如图5-3-4所示。

图 5-3-3

图 5-3-4

❹ 在图层面板中，将图层 1 的混合模式设为“滤色”，图层 1 的不透明度设为“33%”，如图 5-3-5 所示；此时效果如图 5-3-6 所示。

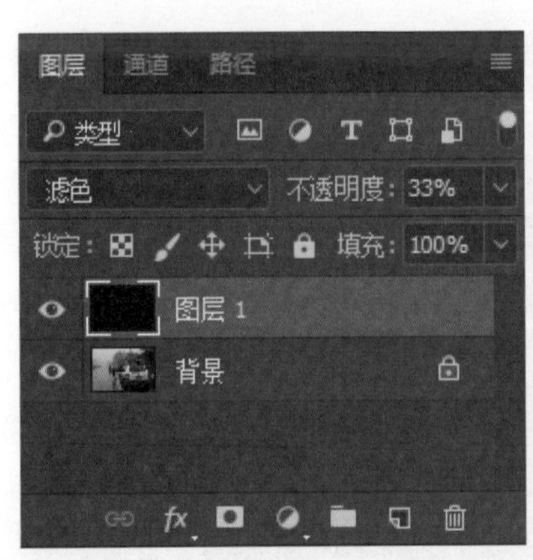

图 5-3-5

图 5-3-6

❺ 下雨效果制作完成，按下 Ctrl+S 键，对文件进行保存。

案例 04　下雪效果

为原照片制作下雪的效果。

原图片

处理后的效果

操作步骤

❶ 按 Ctrl+O 键，打开【素材\5-4 文件夹\01.jpg】图片，在图层面板单击创建新图层图标，新建图层 1，将前景颜色设为黑色，按下 Alt+Del 键，用前景颜色填充图层 1。

❷ 执行“滤镜 > 像素化 > 点状化”命令，打开“点状化”对话框，并在对话框中将单元格大小参数设为“7”，如图 5-4-1 所示；执行“图像 > 调整 > 阈值”命令，打开“阈值”对话框，调整阈值的参数，减少白色点，如图 5-4-2 所示。

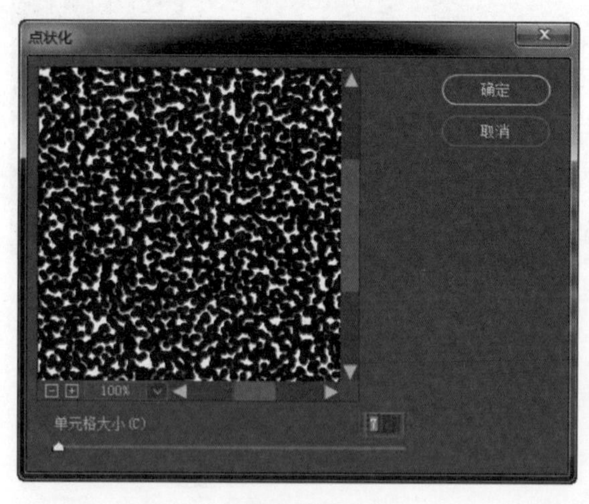

图 5-4-1

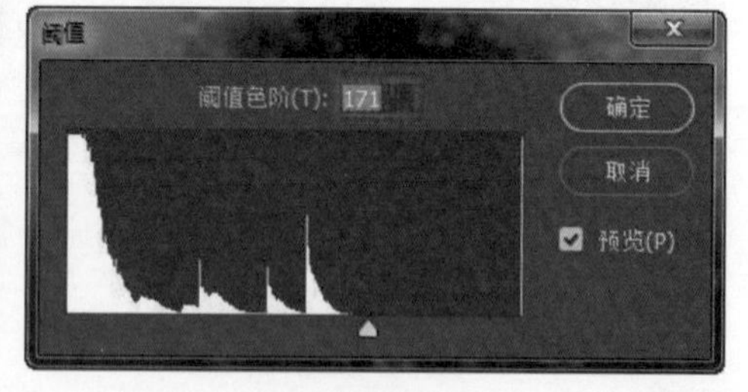

图 5-4-2

❸ 执行“滤镜 > 模糊 > 动感模糊”命令，打开“动感模糊”对话框，并在对话框中将角度参数设为“75”，距离的参数设为“6”，如图 5-4-3 所示；单击“确定”按钮，效果如图 5-4-4 所示。

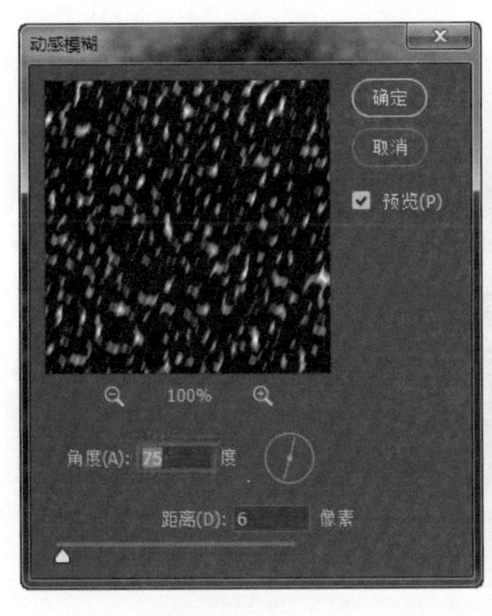

图 5-4-3

图 5-4-4

④ 在图层面板中，将图层 1 的混合模式设为“滤色”，图层 1 的不透明度设为“90%”，如图 5-4-5 所示；此时效果如图 5-4-6 所示。

图 5-4-5

图 5-4-6

⑤ 下雪效果制作完成，按下 Ctrl+S 键，对文件进行保存。

案例 05　彩虹效果

为原照片制作彩虹的效果。

原图片

处理后的效果

操作步骤

① 按 Ctrl+O 键打开【素材\5-5 文件夹\01.jpg】图片，如图 5-5-1 所示；在图层面板单击创建新图层图标，新建图层 1，选择矩形选框工具，建立如图 5-5-2 所示的矩形选区。

图 5-5-1

图 5-5-2

② 选择渐变工具，在渐变工具的属性面板中点击打开“渐变”拾色器，选择“色谱”渐变，如图 5-5-3 所示；在选区中按住 Shift 键，由上往下拖动出一条渐变线，释放鼠标，效果如图 5-5-4 所示。

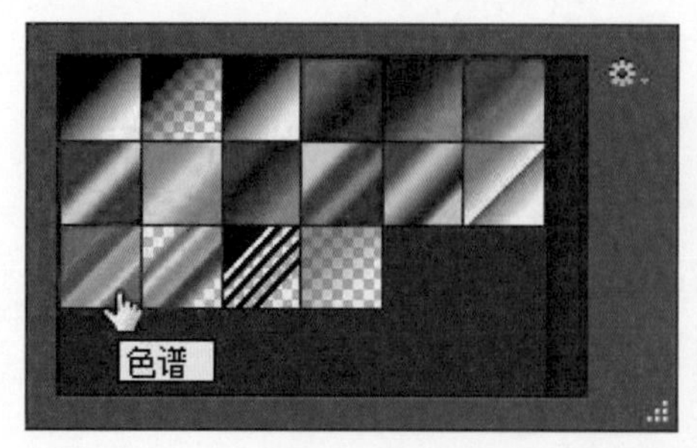

图 5-5-3

图 5-5-4

③ 按下 Ctrl+D 键取消选区，按下 Ctrl+T 键对图层的对象进行自由变换，在自由变换属性栏中单击变形图标，如图 5-5-5 所示，然后在自定义变形中选择“扇形”，如图 5-5-6 所示，并将扇形的弯曲度设为 45 度，如图 5-5-7 所示。

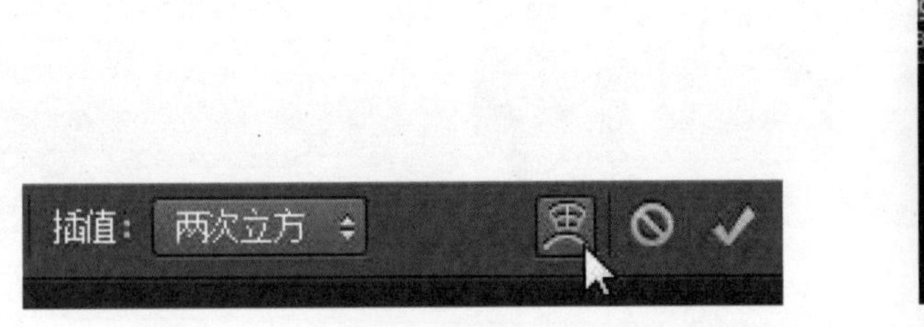

图 5-5-5

图 5-5-6

图 5-5-7

④ 在图层面板中，将图层 1 的混合模式设为“柔光”，图层 1 的不透明度设为“36%”，如图5-5-8所示，适当调整彩虹的位置，此时效果如图5-5-9所示。

图 5-5-8

图 5-5-9

⑤ 选定图层1，按下Ctrl+J键复制图层1，选定图层1拷贝，按下Ctrl+T键进行自由变换，右击自由变换的对象，在弹出的快捷菜单中选择垂直翻转命令，并适当调整变换后彩虹的位置，制作彩虹在水中倒影的效果，如图5-5-10所示；在图层面板中，降低图层1拷贝的不透明度至“20%”，如图5-5-11所示。

图 5-5-10

图 5-5-11

⑥ 选定图层 1 拷贝，执行“滤镜 > 扭曲 > 波纹”命令，打开“波纹”对话框，并在对话框中将数量参数设为“239”，大小的参数设为“中”，如图 5-5-12 所示；单击“确定”按钮，效果如图 5-5-13 所示。

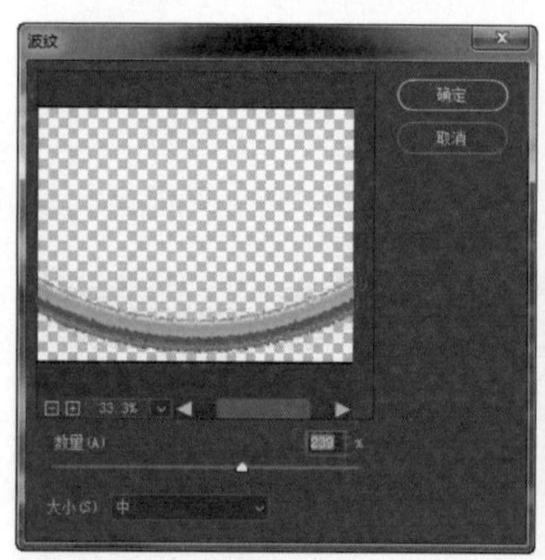

图 5-5-12

图 5-5-13

⑦ 彩虹效果制作完成，按下 Ctrl+S 键，对文件进行保存。

案例 06 彩霞效果

为原照片制作彩霞的效果。

原图片

处理后的效果

操作步骤

① 按 Ctrl+O 键，打开【素材\5-6 文件夹\01.jpg】图片，按下 Ctrl+J 键，复制背景图层。在图层属性面板中，单击图层添加样式图标，在弹出的快捷菜单中选择“渐变叠加”命令，如图 5-6-1 所示；在弹出的“图层样式”对话框中选择“橙、黄、橙渐变”，并将混合模式设为“叠加”，如图 5-6-2 所示。

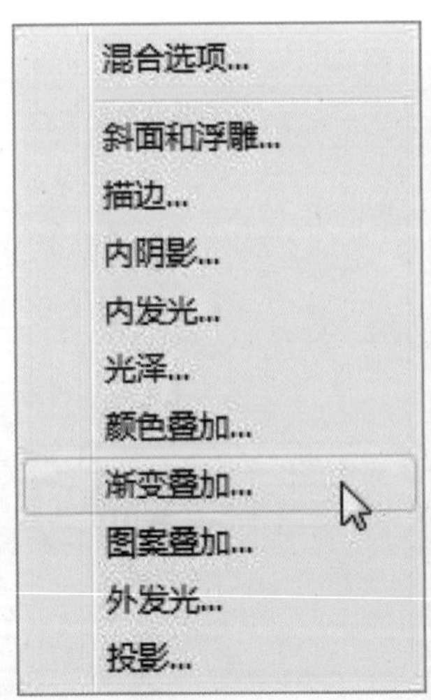

图 5-6-1

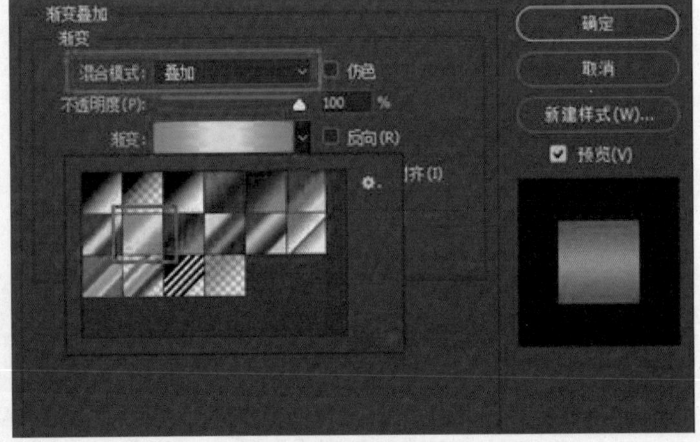

图 5-6-2

② 单击“确定”按钮，彩霞效果制作完成，按下 Ctrl+S 键，对文件进行保存。

案例 07　光晕效果

为原照片制作光晕的效果。

原图片

处理后的效果

操作步骤

① 按 Ctrl+O 键，打开【素材\5-7 文件夹\01.jpg】图片，按下 Ctrl+J 键，复制背景图层。执行“滤镜 > 渲染 > 镜头光晕”命令，打开“镜头光晕”对话框，如图 5-7-1 所示；并在预览框中通过鼠标拖动的方式将光晕的位置调整至左上角，如图 5-7-2 所示，其余的参数不变。

图 5-7-1

图 5-7-2

② 单击“确定”按钮，镜头光晕效果制作完成，按下 Ctrl+S 键，对文件进行保存。

案例 08　闪电效果

为原照片添加闪电效果。

原照片

添加后的效果

操作步骤

① 按 Ctrl+O 键，打开【素材\5-8 文件夹\01.jpg】图片，在图层面板单击创建新图层图标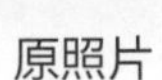，新建图层 1。

② 将前景颜色设为黑色，背景颜色设为白色，选择渐变工具，在图层 1 上按住鼠标左键自左向右拖动，建立由黑到白的渐变，效果如图 5-8-1 所示；执行“滤镜 > 渲染 > 分层云彩”命令，效果如图 5-8-2 所示。

图 5-8-1

图 5-8-2

③ 执行“图像 > 调整 > 反相”命令，效果如图 5-8-3 所示，执行“图像 > 调整 > 色阶”命令，打开“色阶”对话框，将阴影色阶设为 244， 如图 5-8-4 所示。

图 5-8-3

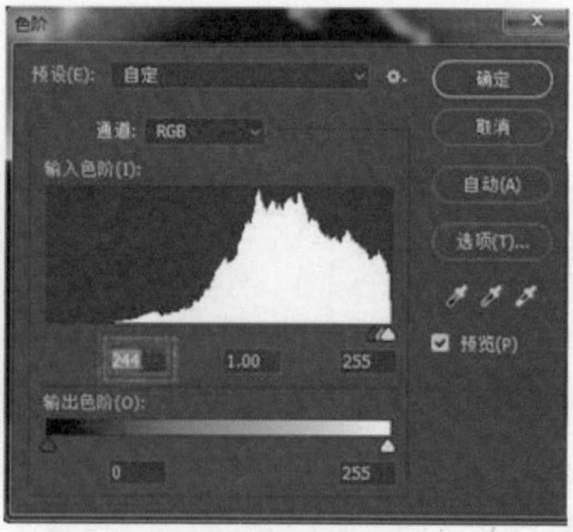

图 5-8-4

④ 单击“确定”按钮，效果如图 5-8-5 所示；选择画笔工具，将前景颜色设为黑色，在图层 1 上，涂抹掉一些多余的白色块，如图 5-8-6 所示。

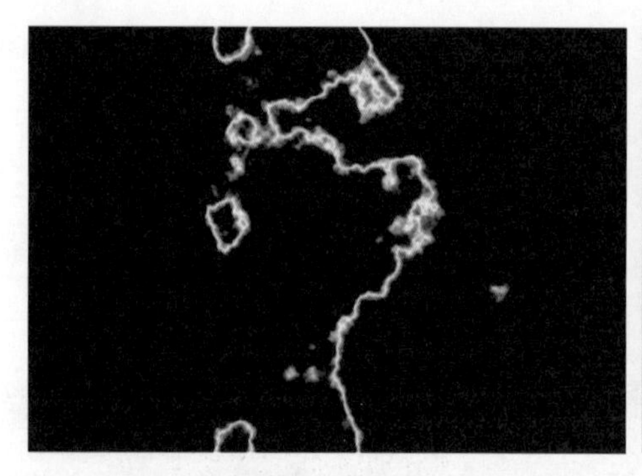

图 5-8-5

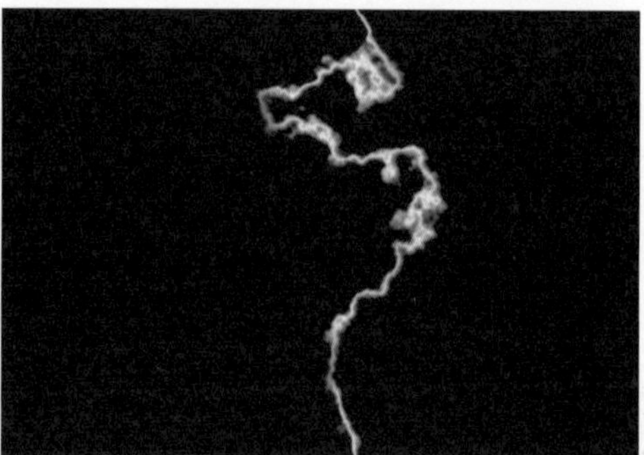

图 5-8-6

⑤ 在图层面板中，将图层 1 的混合模式设为“滤色”。按下 Ctrl+U 键，在“色相/饱和度”对话框中，勾选着色，并将色相的参数设为 229，饱和度的参数设为 87，如图 5-8-7 所示；此时效果如图 5-8-8 所示，按下 Ctrl+S 键，对文件进行保存。

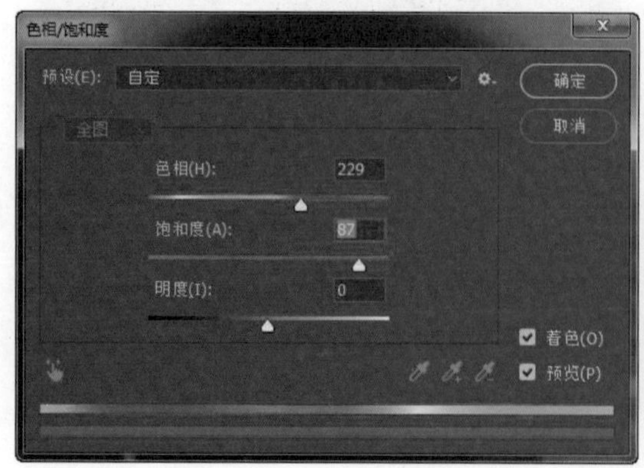

图 5-8-7

图 5-8-8

案例 09　倒影效果

为原照片制作倒影效果。

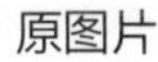

原图片

处理后的效果

操作步骤

① 按 Ctrl+O 键，打开【素材\5-9 文件夹\01.jpg】图片，按下 Ctrl+J 键，复制背景图层。

② 将背景颜色设为蓝色（#5e75ff），执行“图像 > 画布大小”命令，在“画布大小”对话框中，将画布的高度设为 24，定位设为向下扩展，如图 5-9-1 所示；单击“确定”按钮，效果如图 5-9-2 所示。

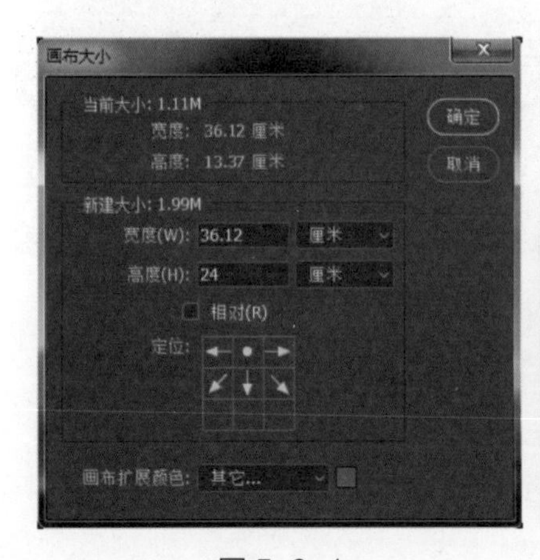

图 5-9-1

图 5-9-2

③ 选定图层 1，按下 Ctrl+T 键，对图层 1 的对象进行自由变换，右击自由变换的对象，在弹出的快捷菜单中选择“垂直翻转”命令，如图 5-9-3 所示；将图层 1 对象的位置调整至下方，如图 5-9-4 所示。

图 5-9-3

图 5-9-4

④ 将前景颜色设为白色（#ffffff），背景颜色设为深灰色（#2e2e2f），选定图层1，在图层属性面板中单击添加图层蒙版图标，选择渐变工具，在图层1上按住鼠标左键从上往下拖出如图5-9-5所示的渐变线。此时效果如图5-9-6所示，按下Ctrl+S键，对文件进行保存。

图 5-9-5

图 5-9-6

案例 10　剪影效果

为原照片制作剪影效果。

原图片　　处理后的效果

操作步骤

1 按 Ctrl+O 键，打开【素材\5-10 文件夹\01.jpg】图片，如图 5-10-1 所示；按下 Ctrl+J 键，复制背景图层，如图 5-10-2 所示。

图 5-10-1

图 5-10-2

2 执行“图像 > 调整 > 阈值”命令，打开“阈值”对话框，将阈值色阶设为 243，如图 5-10-3 所示；单击“确定”按钮，效果如图 5-10-4 所示，至此，本案例完成，按下 Ctrl+S 键保存文件。

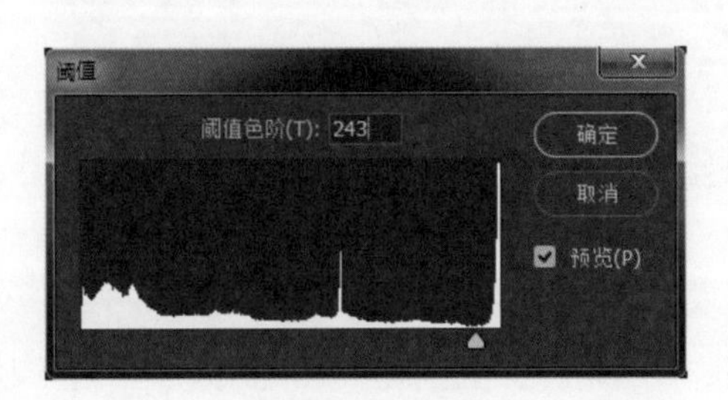

图 5-10-3

图 5-10-4

案例 11　素描效果

为照片制作素描效果。

原图片　　　　处理后的效果

操作步骤

① 按Ctrl+O键，打开【素材\5-11文件夹\01.jpg，02.jpg】图片，如图5-11-1、图5-11-2所示。

图 5-11-1

图 5-11-2

② 选择移动工具，将图片 01 拖曳到图片 02 中，图层控制面板中生成图层 1，如图 5-11-3 所示，此时图片 02 的效果如图 5-11-4 所示。

图 5-11-3

图 5-11-4

3 按下 Ctrl+T 键，对图层 1 对象进行自由变换，缩小图层 1 的对象，并调整图像的角度和位置，如图 5-11-5 所示；隐藏图层 1， 选择多边形套索工具，建立如图 5-11-6 所示选区。

图 5-11-5

图 5-11-6

4 显示图层 1， 按下 Ctrl+Shift+I 键，执行反选操作，如图 5-11-7 所示；按下 Del 键，删除选区对象，效果如图 5-11-8 所示。

图 5-11-7

图 5-11-8

⑤ 选定图层 1，执行“图像 > 调整 > 去色”命令，如图 5-11-9 所示；按下 Ctrl+J 键，复制图层 1，选定图层 1 拷贝，执行“图像 > 调整 > 反相”命令，如图 5-11-10 所示。

图 5-11-9

图 5-11-10

⑥ 选定图层 1 拷贝，并将图层 1 拷贝的混合模式设为“颜色减淡”，此时图层面板如图 5-11-11 所示，执行“滤镜 > 模糊 > 高斯模糊”命令，在“高斯模糊”对话框中将半径的参数设为 1，单击“确定”按钮，效果如图 5-11-12 所示，至此，本案例制作完成，按下 Ctrl+S 键保存文件。

图 5-11-11

图 5-11-12

案例 12　运动效果

为原照片制作运动效果。

原图片

处理后的效果

操作步骤

① 按 Ctrl+O 键，打开【素材\5-12 文件夹\01.jpg】图片，按下 Ctrl+J 键，复制背景图层。

② 选择多边形套索工具，建立如图 5-12-1 所示选区；执行“选择 > 修改 > 羽化”命令，打开“羽化”对话框，将羽化半径设为“30”，如图 5-12-2 所示。

图 5-12-1

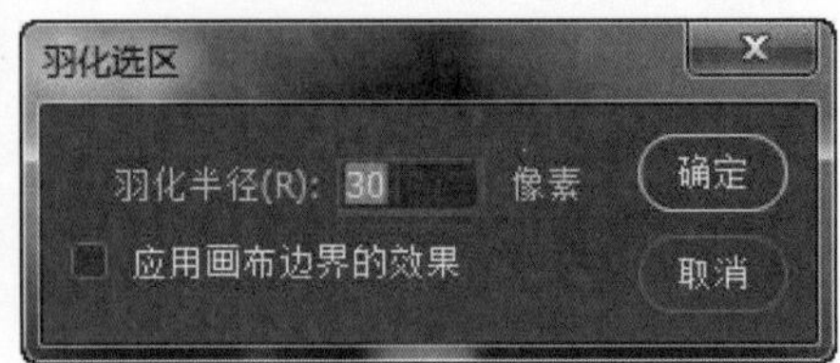

图 5-12-2

③ 单击“确定”按钮，此时选区如图 5-12-3 所示；按下 Ctrl+Shift+I 键对选区进行反选操作，如图 5-12-4 所示。

图 5-12-3

图 5-12-4

④ 执行“滤镜 > 模糊 > 径向模糊”命令，打开“径向模糊”对话框，将模糊方法设为缩放，将数量设为 25，如图 5-12-5 所示；单击“确定”按钮，效果如图 5-12-6 所示，本案例制作完成，按下 Ctrl+S 键保存文件。

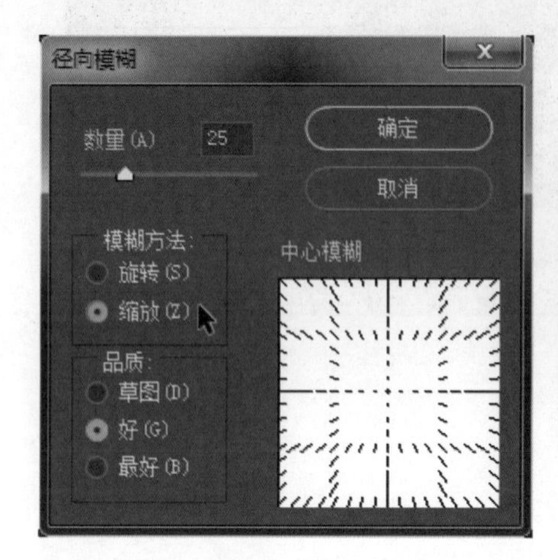

图 5-12-5

图 5-12-6

案例 13 百叶窗效果

为照片添加百叶窗效果。

原图片

处理后的效果

操作步骤

① 按 Ctrl+O 键，打开【素材\5-13 文件夹\01.jpg】图片，如图 5-13-1 所示，选择矩形选框工具，建立如图 5-13-2 所示选区。

图 5-13-1

图 5-13-2

② 新建图层 1，将前景颜色设为黑色，选择渐变工具，在渐变工具属性栏的“渐变”拾色器中选择由前景色到透明的渐变，如图 5-13-3 所示；在图层 1 选区的位置从上至下拖动出一条渐变线，释放鼠标，效果如图 5-13-4 所示。

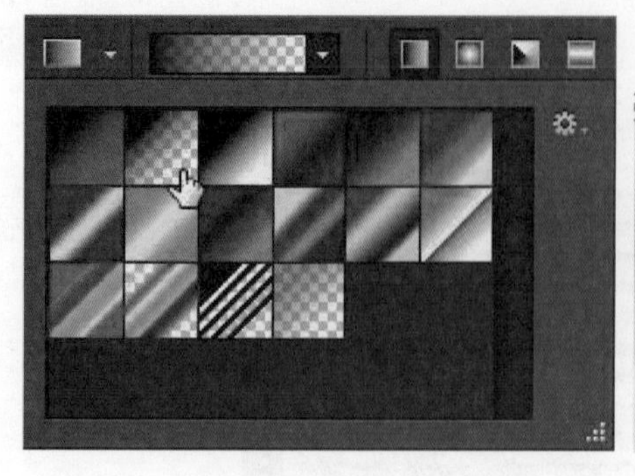

图 5-13-3

图 5-13-4

③ 按下 Ctrl+D 键取消选区，选择移动工具，按住鼠标左键以及键盘的 Alt 键，向下拖动复制图层 1 的对象，如图 5-13-5 所示；重复以上方式，拖动复制出 20 个渐变形状，如图 5-13-6 所示。

图 5-13-5

图 5-13-6

④ 选定图层 1 至图层拷贝 19 共 20 个图层，选定移动工具，并在移动工具属性面板中单击垂直居中分布图标，在垂直方向上均匀分布图层 1 至图层拷贝 19 的对象，至此本案例制作完成，按下 Ctrl+S 键保存文件。

案例 14　抽线效果

为照片添加抽线效果。

原图片

处理后的效果

操作步骤

1 按 Ctrl+N 键，打开“新建”对话框，新建一个宽度 100 像素、高度 20 像素、分辨率 72 像素 / 英寸、透明背景的文件。

2 按 Ctrl+A 键，建立全选的选区，执行“选择 > 变换选区”命令，将选区在垂直方向上缩小为原来的 50%，并将选区调整至上方，如图 5-14-1 所示；将前景颜色设为白色，按 Alt+Del 键用前景颜色填充选区，按下 Ctrl+D 键取消选区，效果如图 5-14-2 所示。

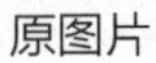

图 5-14-1

图 5-14-2

3 执行“编辑 > 自定义图案”命令，打开“图案名称”对话框，将图案命名为抽线，如图 5-14-3 所示。

图 5-14-3

④ 按下Ctrl+O键，打开【素材\5-14文件夹\01.jpg】图片，如图5-14-4所示；在图层属性面板中单击调整图层图标，在弹出的快捷菜单中选择"图案"命令，在"图案填充"对话框中，选择刚才定义的"抽线"图案，并把缩放设为30%，如图5-14-5所示。

图5-14-4

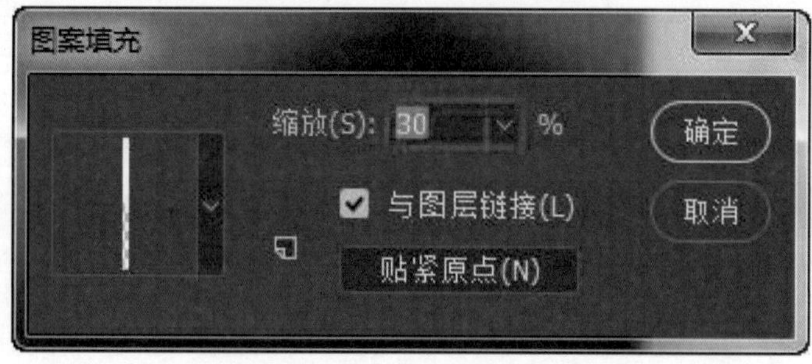

图5-14-5

⑤ 单击"确定"按钮，在图层面板中将不透明度设为80%，如图5-14-6所示；此时效果如图5-14-7所示，至此本案例制作完成，按下Ctrl+S键保存文件。

图5-14-6

图5-14-7

案例 15　照片堆叠效果

为照片制作堆叠效果。

原图片

处理后的效果

操作步骤

① 按 Ctrl+O 键，打开【素材\5-15 文件夹\01.jpg】图片，如图 5-15-1 所示；按下 Ctrl+J 键，将背景图层复制到图层 1，用黑色填充背景图层，如图 5-15-2 所示。

图 5-15-1

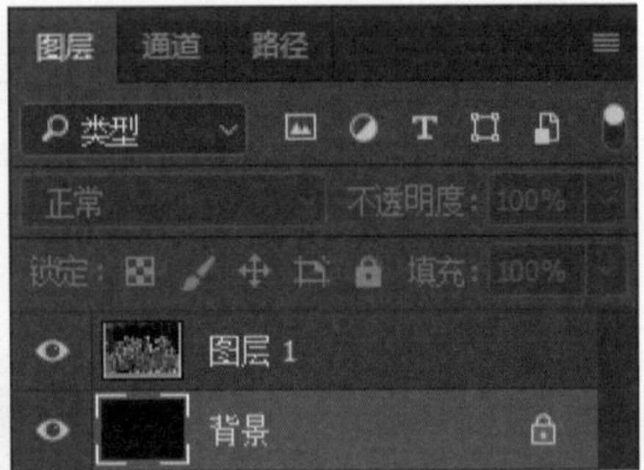

图 5-15-2

② 选择矩形选框工具，建立矩形选区，并用白色填充选区，如图 5-15-3 所示；执行“选择 > 修改 > 变换选区”命令，对选区进行适当缩小，如图 5-15-4 所示。完成后按下 Enter 键确认变换操作。

图 5-15-3

图 5-15-4

③ 按下 Ctrl+X 键剪切选区的对象，如图 5-15-5 所示；按下 Ctrl+Shift+V 键将剪切的对象粘贴回原来的位置，此时图层面板如图 5-15-6 所示。

图 5-15-5

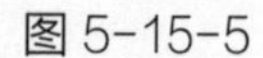

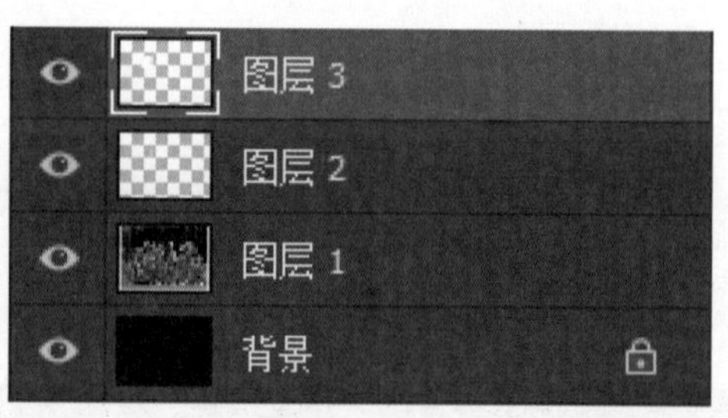

图 5-15-6

④ 将图层 1 拖动至图层 3 上方，将光标放在图层 1 和图层 3 之间，按下 Alt 键，单击鼠标左键，建立图层 1 和图层 3 的遮罩关系，此时图层面板如图 5-15-7 所示，效果如图 5-15-8 所示。

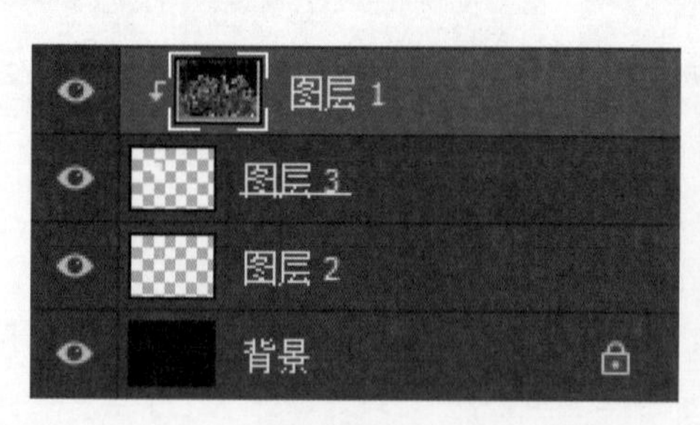

图 5-15-7

图 5-15-8

⑤ 在图层面板上单击创建新组图标，选定图层 1、图层 2、图层 3 并将这三个图层拖动到新建的组中，如图 5-15-9 所示；选定组 1，按下 Ctrl+J 键复制组 1，此时图层面板如图 5-15-10 所示。

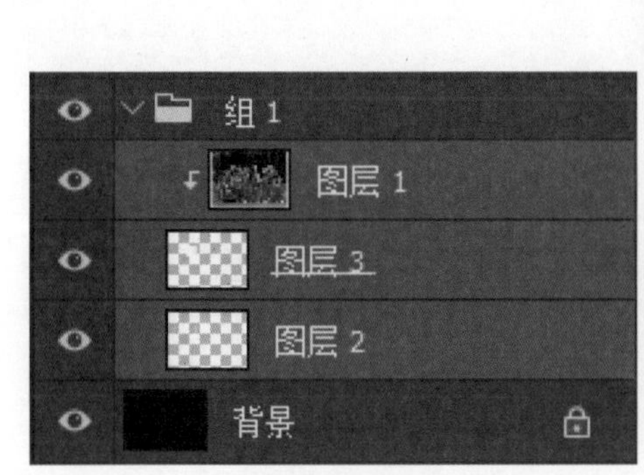

图 5-15-9

图 5-15-10

⑥ 选定组 1 拷贝中的图层 2、图层 3，如图 5-15-11 所示；按下 Ctrl+T 键对选定的图层对象进行自由变换操作，适当调整变换对象的角度和位置，如图 5-15-12 所示。

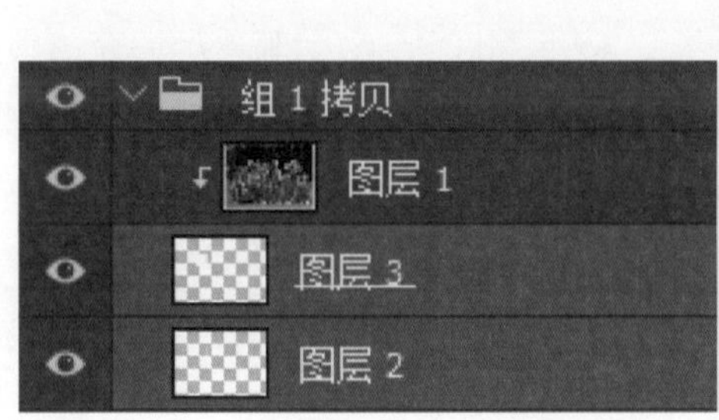

图 5-15-11

图 5-15-12

⑦ 反复多次执行复制组 1，并对复制出来组的图层 2、图层 3 进行自由变换操作，调整变换对象的角度和位置，最后效果如图 5-15-13 所示，至此本案例制作完成，按下 Ctrl+S 键保存文件。

图 5-15-13

案例 16　邮票效果

为照片制作邮票效果。

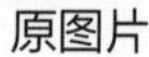
原图片　　处理后的效果

操作步骤

1 按 Ctrl+N 键，打开“新建”对话框，新建一个宽度 600 像素、高度 400 像素、分辨率 72 像素 / 英寸、背景颜色为白色的文件。

2 将前景颜色设为浅蓝色（ #8acfd2 ），按下 Alt+Del 键用前景色填充背景层，选择矩形选框工具，建立如图 5-16-1 所示选区；新建图层 1，用白色填充选区，如图 5-16-2 所示。

图 5-16-1

图 5-16-2

3 新建图层 2，选择多边形工具，在属性栏中选择像素，将边数设为 3，在图层 2 上绘制出一个三角形，如图 5-16-3 所示；按住 Ctrl 键单击图层 2，选定图层 2 的三角形，执行“编辑 / 定义画笔预设”命令，把画笔的名称定义为“三角形”，如图 5-16-4 所示。

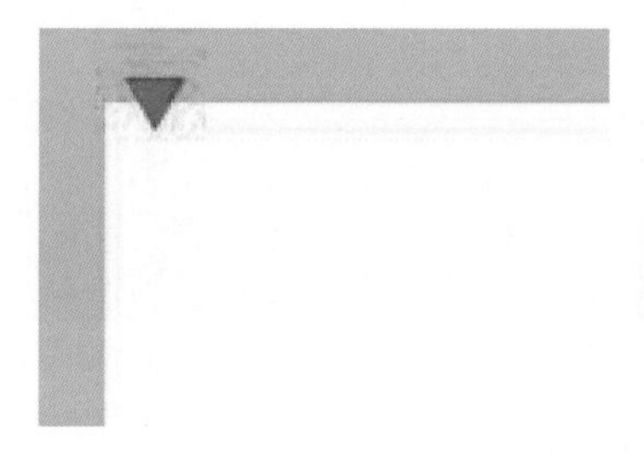

图 5-16-3

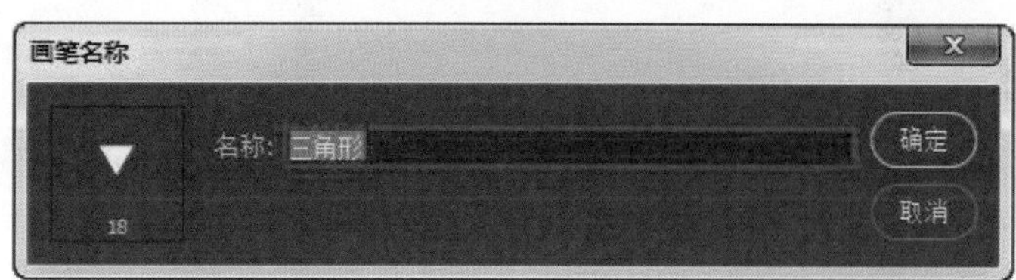

图 5-16-4

④ 清除图层 2 上的对象，选择画笔工具，在属性栏中单击图标，打开画笔面板，在画笔面板上选择刚才定义的“三角形”画笔，并把间距设为 60%，如图 5-16-5 所示；选择“形状动态”，并把角度抖动下的控制设为“方向”，如图 5-16-6 所示。

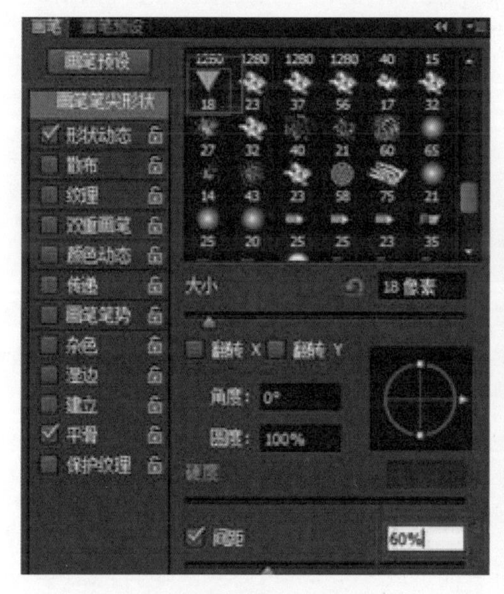

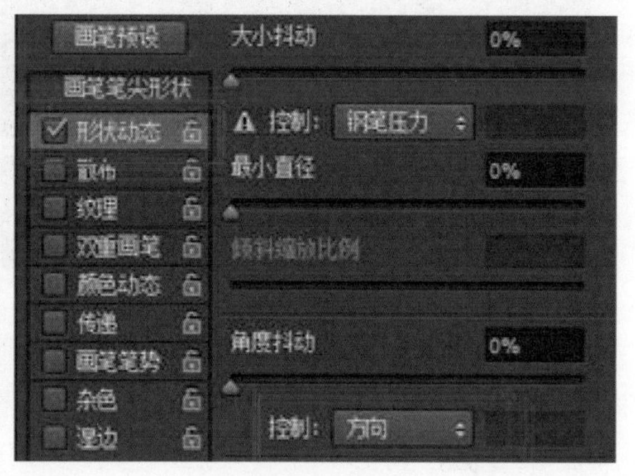

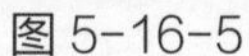

图 5-16-5

图 5-16-6

⑤ 按住 Ctrl 键单击图层 1，选定图层 1 的矩形，在路径面板上单击，从选区生成路径图标，将选区转成路径。回到图层面板选定图层 2，再次回到路径面板，单击用画笔描边图标，如图 5-16-7 所示；按住 Ctrl 键单击图层 2，将图层 2 的对象转为选区，并单击图层 2 上的图标，隐藏图层 2，选定图层 1，按下 Del 键，删除图层 1 选区中的对象，如图 5-16-8 所示。

图 5-16-7

图 5-16-8

⑥ 选定图层1，在图层面板上单击fx图标，在弹出的菜单中选择“投影”命令，在“投影”对话框中，将角度设为120，距离设为5，大小设为5，其余参数不变，如图5-16-9所示，完成后效果如图5-16-10所示。

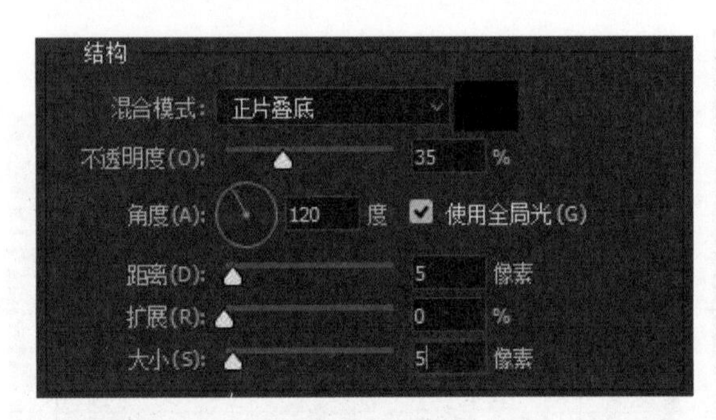

图 5-16-9

图 5-16-10

⑦ 按Ctrl+O键，打开【素材\5-16文件夹\01.jpg】图片，如图5-16-11所示；选择移动工具，将相片01.jpg拖至“未标题-1”文件中，产生图层3，调整图层3对象的大小和位置，如图5-16-12所示；选择文本工具，在左上角录入“中国邮政”，右下角录入“80分”，如图5-16-13所示，至此本案例制作完成，按下Ctrl+S键保存文件。

图 5-16-11

图 5-16-12

图 5-16-13

5.5 学习评价

评价内容	评价标准	是否掌握	分值	得分
知识点	了解扭曲滤镜组、模糊滤镜组、像素化滤镜组、渲染滤镜组常见滤镜的功能和用途 了解图层混合模式的功能和用途		20	
技能点	掌握水波效果的制作方法		5	
	掌握下雨、下雪效果的制作方法		5	
	掌握彩虹效果的制作方法		5	
	掌握彩霞效果的制作方法		5	
	掌握光晕效果的制作方法		5	
	掌握闪电效果的制作方法		5	
	掌握倒影效果的制作方法		5	
	掌握百叶窗、抽线效果的制作方法		5	
	掌握剪影效果的制作方法		5	
	掌握素描效果的制作方法		5	
	掌握运动效果的制作方法		5	
	掌握邮票效果的制作方法		5	
职业素养	完成的案例操作是否符合审美要求		10	
	在完成本章案例操作过程中是否体现了精益求精的工匠精神		10	
合 计				

5.6 课后练习

练习1：打开“课后练习素材/第5章/5-练习1.jpg”文件，给图片制作下雨效果。

练习2：打开“课后练习素材/第5章/5-练习2.jpg”文件，给图片制作大雾效果。

练习3：打开“课后练习素材/第5章/5-练习3.jpg”文件，给图片制作闪电效果。

练习4：打开“课后练习素材/第5章/5-练习4.jpg”文件，给图片制作光晕效果。

练习5：打开“课后练习素材/第5章/5-练习5.jpg”文件，给图片制作彩霞效果。

练习6：打开“课后练习素材/第5章/5-练习6.jpg”文件，给图片制作照片堆叠效果。

练习7：打开“课后练习素材/第5章/5-练习7.jpg”文件，给图片制作邮票效果。

练习8：打开“课后练习素材/第5章/5-练习8.jpg”文件，给图片制作运动效果。

第 6 章　文字效果的制作和处理

6.1 本章概述

在平面设计或广告设计中，文字效果的制作和设计是非常重要的一个环节，好的文字设计，除了可以突出作品的主题，还可以增加设计作品的美感，甚至在整个设计中起到画龙点睛的作用。本章主要介绍文字工具、路径文字、字体设计的相关知识，并通过 12 个典型案例介绍讲解特效文字（包括电流文字、渐变字、发光字、霓虹灯文字等）的制作、路径文字的制作和字体的艺术设计的方法与技巧。通过学习，让读者可以掌握文字制作和处理的基本方法，也为之后的综合作品设计打下基础。

6.2 学习导图

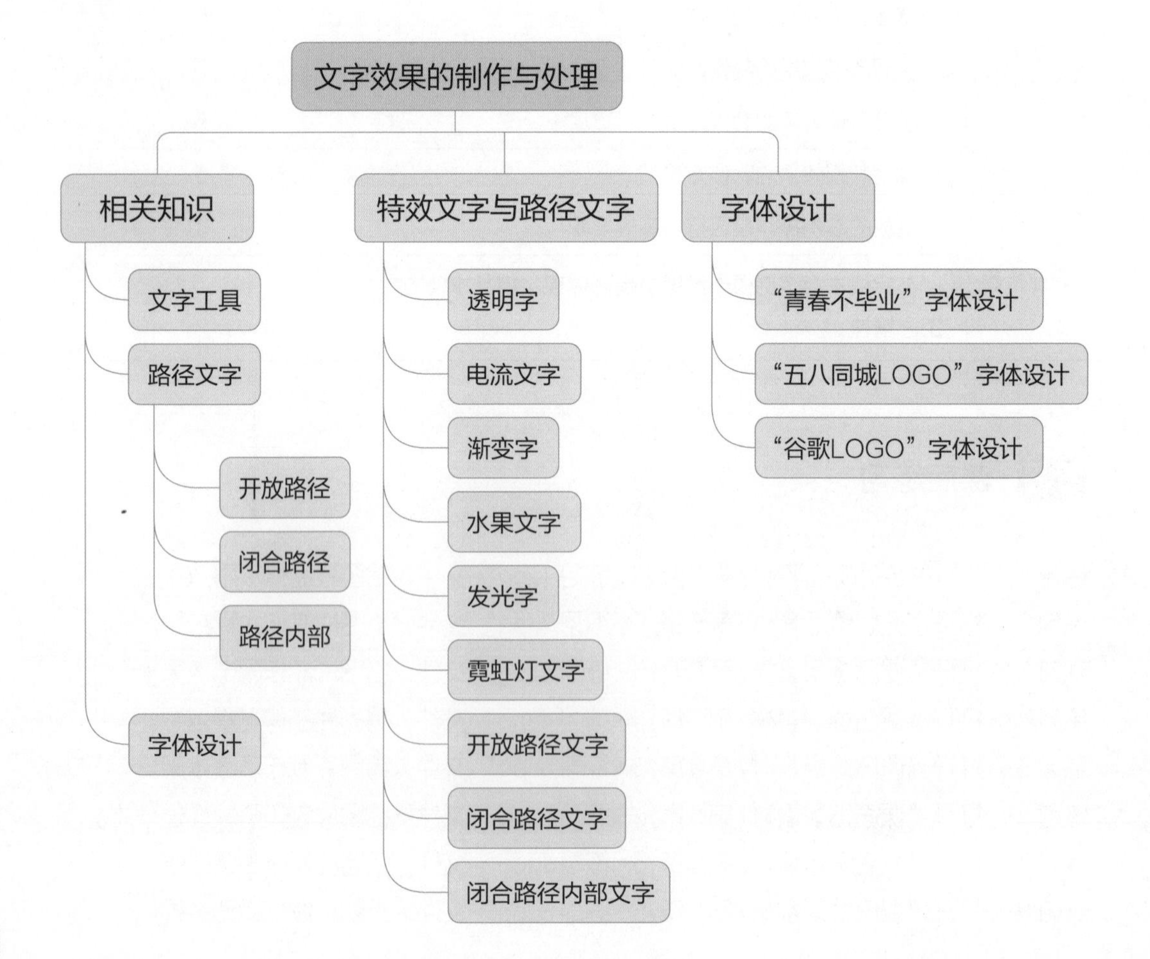

6.3 相关知识

6.3.1 文本工具

PS的文本工具内含四个工具，它们分别是横排文本工具、直排文本工具、横排文本蒙版工具、直排文本蒙版工具，如图1所示，这个工具的快捷键是字母T。

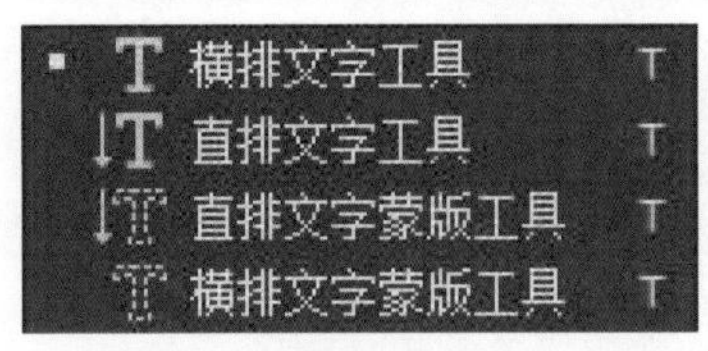

图1

选择横排文本工具和直排文本工具可以在文档里直接输入文本，并会在图层面板上建立一个文本图层，而选择横排文本蒙版工具、直排文本蒙版工具，则会得到具有文字外形的选区，不具有文字的属性，也不会生成一个独立的文字层。

选择文本工具后，在菜单栏下方将出现文本属性栏，如下图所示，在文字属性栏中不但可以设置文字的方向、字体、字号、对齐方式、颜色，还可以对文字进行变形操作。

选定文字后，单击创建文字变形图标后，可以打开“变形文字”对话框，如图2所示，变形的样式包括扇形、下弧、上弧、拱形、凸起、贝壳、花冠、旗帜、波浪、鱼形石、膨胀、挤压和扭转，在对话框中可以通过修改弯曲的参数来改变弯曲的方向，通过修改水平扭曲和垂直扭曲的参数来控制弯曲的程度。

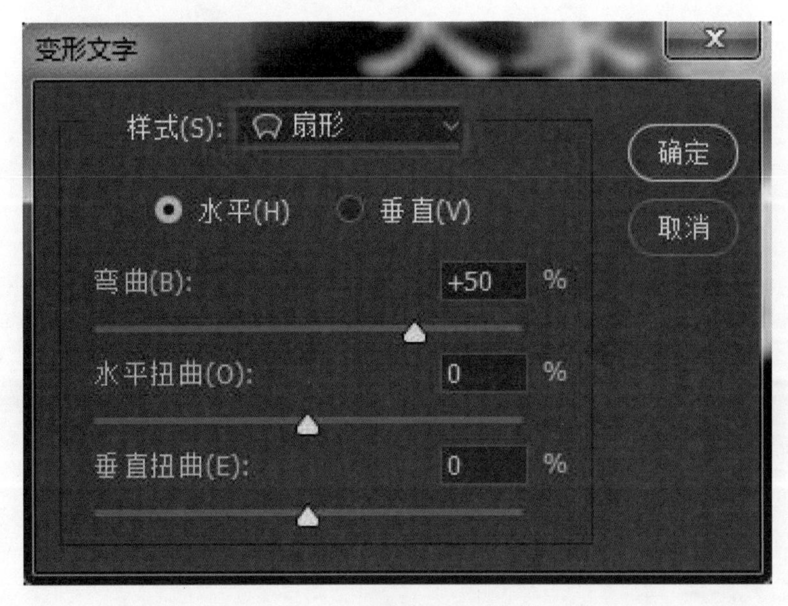

图2

6.3.2 路径文字

6.3.2.1　路径文字可以在开放路径中实现，下面我们使用钢笔工具的路径方式画一条开放的路径，然后选用文字工具，注意将光标放到路径上时光标产生了变化，在路径上需要开始输入文字的地方点击即可输入文字，在输入过程中文字将按照路径的走向排列，如图3所示。

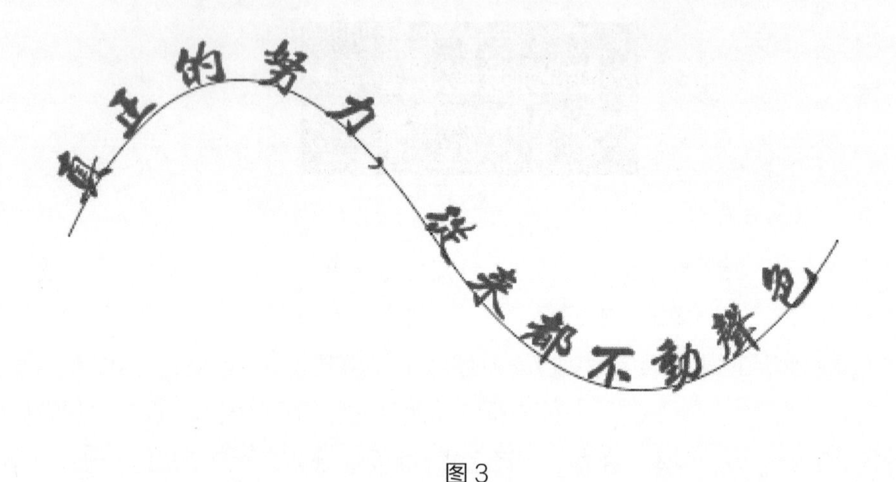

图3

6.3.2.2　路径文字除了可以在开放的路径实现之外，也可以在闭合路径上实现，如图4，利用自定义形状工具绘制了心形路径，然后我们可以让文字沿着心形路径的走向排列。

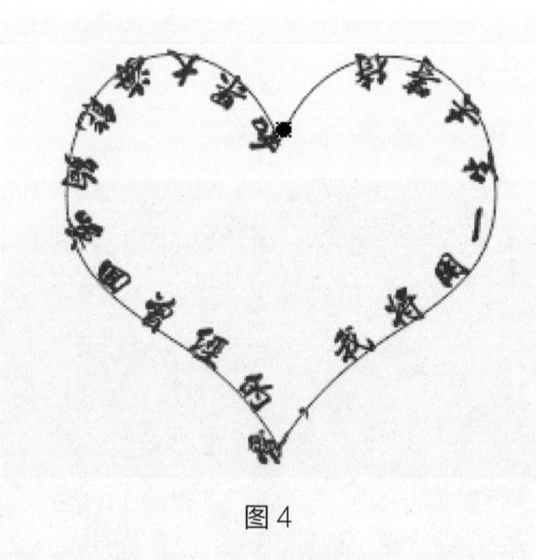

图4

6.3.2.3　路径文字除了能够将文字沿着路径排列以外，还可以将文字放置到封闭的路径之内，如图5所示，我们将文字放置在了“页面”路径内部。

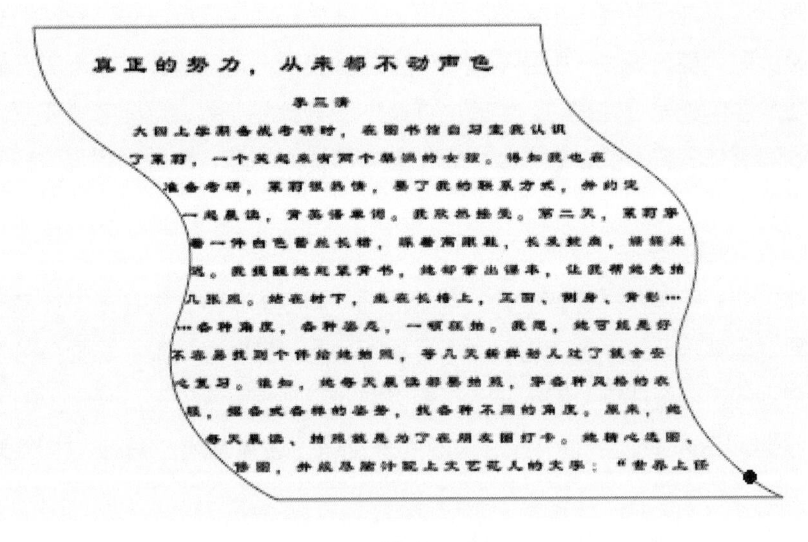

图 5

6.3.3 字体设计

6.3.3.1　整体风格的统一

在进行设计时必须对字体作统一的形态规范，这是字体设计最重要的准则。文字在组合时，只有在字的外部形态上具有了鲜明的统一感，才能在视觉传达上保证字体的可认性和注目度，从而清晰准确地表达文字的含义。如在字体设计时对笔画的装饰变化必须以统一的变化来处理，不能在一组字中每个字的笔画变化都不同、各自为政，否则必将破坏文字的整体美感，让人感觉杂乱无章、不成体系，这样就难以得到良好的传达效果。

6.3.3.2　笔画的统一

字体笔画的粗细要有一定的规格和比例，在进行文字设计时，同一字内和不同字间的相同笔画的粗细、形式应该统一，不能使字体因变化过多而丧失了整体的均齐感，使人在视觉上感到不适。

字体笔画的粗细是构成字体整齐均衡的一个重要因素，也是使字体在统一与变化中产生美感的必要条件，初学文字设计的人只有认真掌握这条准则，才能从根本上保证文字设计取得成功。

字体笔画的粗细一致与字体大小的一致不是绝对的，因为其中尚有一个视觉修正问题。例如汉字中的全包围结构的字，就不能绝对四边顶格，否则会感到它比周围其他的字大，若往里适当地收一下，在视觉上就会感到与周围的字一样大小了。一组字中，横笔画多的字，要作必要的笔画粗细的调整才会均齐美观，与其他字统一。

6.3.3.3　方向的统一

方向的统一在字体设计中有两层含义：一是指字体自身的斜笔画处理，每个字的斜笔画都要处理成统一的斜度，不论是向左或向右斜的笔画都要以一定的倾斜度来统一，以加强其整体感。二是为了营造一组字体的动感，往往将一组字体统一有方向性地斜置处理。在作这种设计时，首先要使一组字中的每一个字都按同一方向倾斜，以形成流畅的线条；其次是对每个字中的笔画处理时，也要尽可能地使其斜度一致，这样才能在变化中保持相似元素增强其整体的统一感，而不致因变化显得零乱而松散，缺乏均齐统一的美感，失去良好的视觉吸引力。

6.3.3.4 空间的统一

对字体的统一不能仅关注其形式、笔画粗细、斜度的一致，往往还需要考虑字体笔画空隙的均衡，也就是要对笔画中的空间作均衡的分配。文字有简繁，笔画有多少，因此一组字字距空间的大小在视觉上的统一，不能以绝对空间相等来处理。笔画少的字内部空间大，在设计时应注意要适当缩小。空间的统一是保持字体紧凑、有力、形态美观的重要因素。

6.4 典型案例

案例 01 透明文字的制作

操作步骤

① 按 Ctrl+O 键，打开【素材\6-1 文件夹\01.jpg】图片，如图 6-1-1 所示；在工具箱中选择文本工具T，在文字属性栏中将字体设为华文琥珀，字号设为 110 点，录入文字“透明文字”，并调整至适当的位置，如图 6-1-2 所示。

图 6-1-1

图 6-1-2

② 按下 Ctrl 键单击文本图层，将文本变为选区，如图 6-1-3 所示；选定背景图层，按下 Ctrl+C 键，复制选区的背景，按下 Ctrl+V 键，将选区里的背景复制到图层 1，并隐藏文字图层，如图 6-1-4 所示。

图 6-1-3

图 6-1-4

③ 选定图层 1，单击图层面板中添加图层样式图标 fx，选择斜面与浮雕命令，将“斜面与浮雕”对话框中的大小参数设置为“6”，如图 6-1-5 所示，单击“确定”按钮。

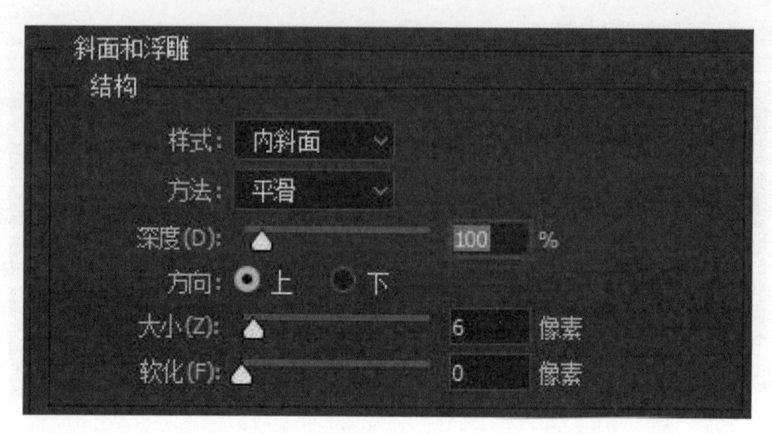

图 6-1-5

④ 在图层面板中，将图层的混合模式设为叠加，如图 6-1-6 所示；此时效果如图 6-1-7 所示，至此本案例制作完成，按下 Ctrl+S 键保存文件。

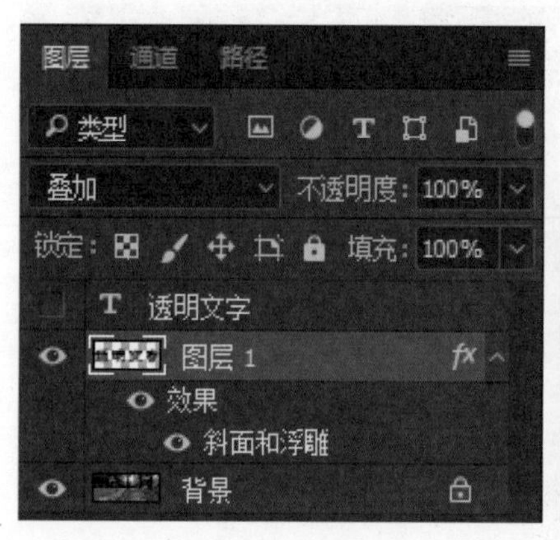

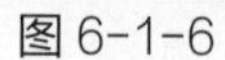

图 6-1-6　　图 6-1-7

案例 02　电流文字的制作

操作步骤

① 按 Ctrl+N 键，新建一个 560×290 像素、分辨率为 100 像素 / 英寸 、RGB 色彩模式的文件，将前景颜色设为黑色，按下 Alt+Del 键，用前景色填充背景。

② 在工具箱中选择文本工具T，在文字属性栏中将字体设为华文中宋，字号设为 72 点，如图 6-2-1 所示。

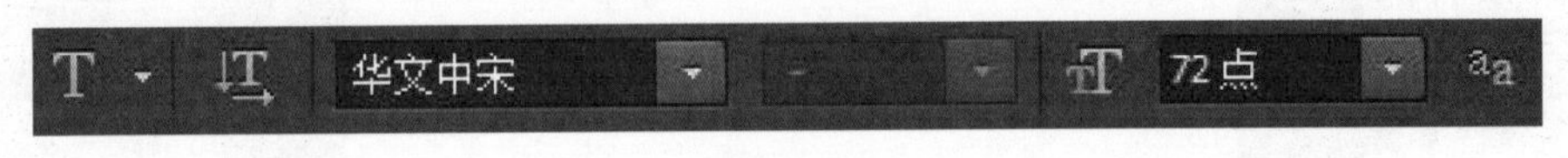

图 6-2-1

③ 在画布上录入文本“电流文字”，适当调整文本的位置如图 6-2-2 所示，按下 Ctrl+J 键复制文字图层，得到“电流文字 拷贝”图层，暂时隐藏该图层。

图 6-2-2

④ 右击“电流文字”图层，在弹出的对话框中选择“栅格化文字”命令，执行“滤镜 > 风格化 > 风”命令，打开“风”对话框，各参数保留默认设置，单击“确定”按钮，如图6-2-3，按下Ctrl+F键重复执行“风”命令，效果如图6-2-4所示。

图6-2-3

图6-2-4

⑤ 继续执行“图像 > 图像旋转 >90°（顺时针）”命令，连续按下两次Ctrl+F键，重复执行“风”命令，效果如图6-2-5所示；继续执行“图像 > 图像旋转 >90°（顺时针）”命令，连续按下两次Ctrl+F键，效果如图6-2-6；继续执行“图像 > 图像旋转 > 90°（顺时针）”命令，连续按下两次Ctrl+F键，效果如图6-2-7所示。

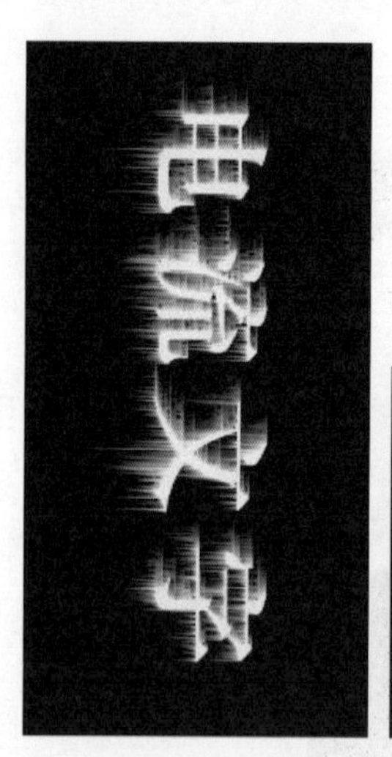
图6-2-5

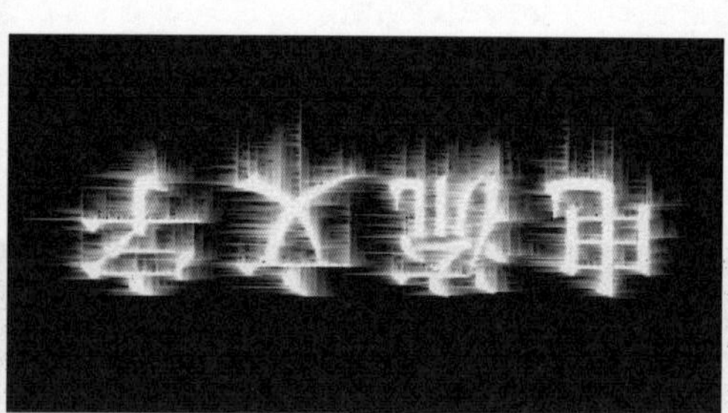
图6-2-6

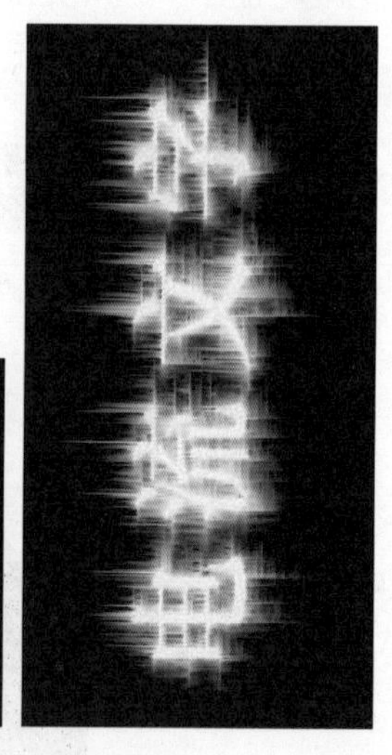
图6-2-7

⑥ 继续执行“图像 > 图像旋转 >90°（顺时针）”命令，如图6-2-8所示；执行“滤镜 > 扭曲 > 波纹”命令，打开“波纹”对话框，各参数保持默认设置，单击“确定”按钮，如图6-2-9所示。

图6-2-8

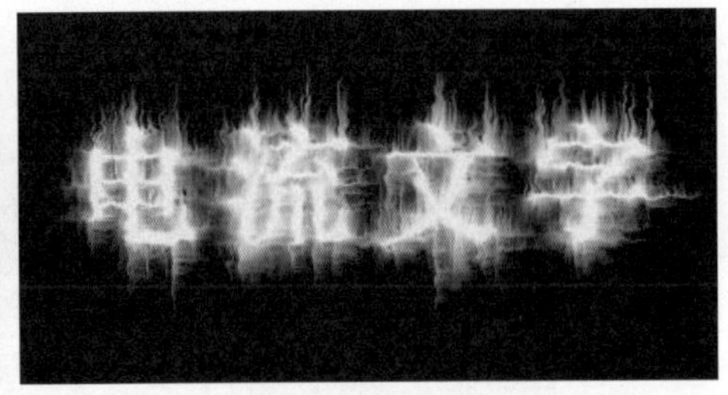

图6-2-9

⑦ 在电流文字图层上新建图层1，在该图层填充蓝色，并将图层混合模式设为叠加，如图6-2-10所示。此时效果如图6-2-11所示。

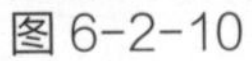

图6-2-10

图6-2-11

⑧ 显示刚才隐藏的“电流文字 拷贝”图层，按住Ctrl键并单击该图层，将文字转为选区，执行“选择＞修改＞收缩”命令，打开“收缩选区”对话框，将收缩量设为“1”，如图6-2-12所示；单击“确定”按钮，隐藏“电流文字 拷贝”图层，新建图层2，将前景颜色设为黑色，按下Alt+Del键，用前景色填充选区，效果如图6-2-13所示，至此本案例制作完成，按下Ctrl+S键保存文件。

图6-2-12

图6-2-13

案例 03　渐变文字的制作

操作步骤

① 按 Ctrl+N 键，新建一个 600×300 像素、分辨率为 100 像素 / 英寸、RGB 色彩模式的文件。在工具箱中选择渐变工具，在渐变属性栏中将渐变设为“绿色—深绿色”的径向渐变，如图 6-3-1 所示。

图 6-3-1

② 按住鼠标左键，在画布自“中央—右下角”拖动出一条渐变线，释放鼠标，效果如图 6-3-2 所示；在工具箱中选择文本工具，在文字属性栏中将字体设为“ Edwandian Script TC”，字号设为 180 点，录入文本“ Candy”，并适当调整文字的大小和位置，如图 6-3-3 所示。

图 6-3-2

图 6-3-3

3 单击图层面板中添加图层样式图标fx，选择描边命令，打开“描边”对话框，将描边大小设为“ 2”， 描边的颜色设为“白色”，如图 6-3-4 所示；选择渐变叠加选项，打开“渐变叠加”对话框，单击渐变色带，打开渐变编辑器，在渐变编辑器中，对渐变进行图 6-3-5 所示的编辑。

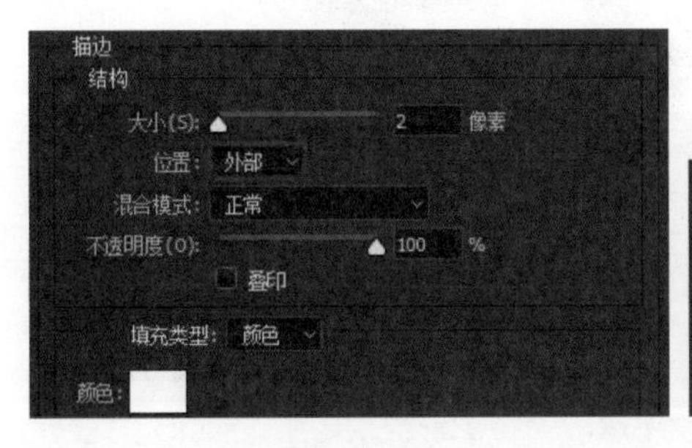

图 6-3-4

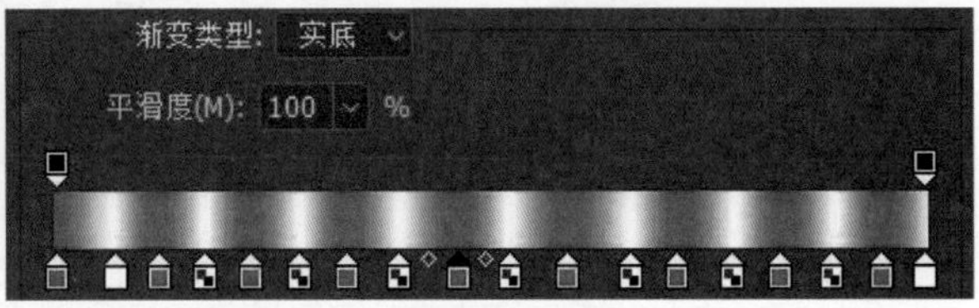

渐变类型: 实底
平滑度(M): 100 %

图 6-3-5

4 编辑好渐变效果后，单击“确定”按钮，回到“渐变叠加”对话框，将渐变的角度设为“ 180”， 如图6-3-6 所示；此时效果如图6-3-7 所示，至此本案例制作完成，按下 Ctrl+S 键保存文件。

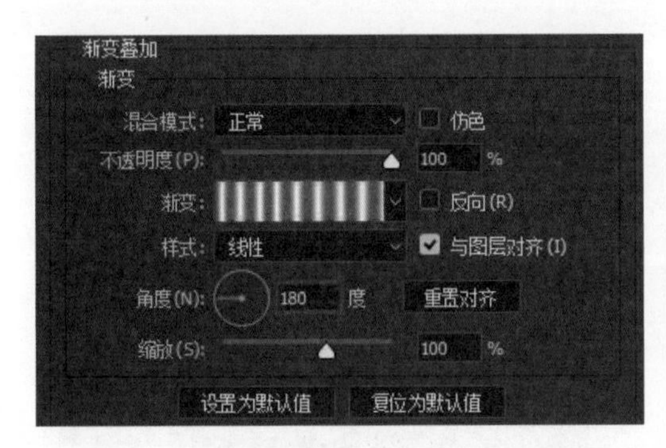

图 6-3-6

图 6-3-7

案例 04　水果文字的制作

操作步骤

① 按 Ctrl+N 键，新建一个 800 × 300 像素、分辨率为 100 像素 / 英寸、RGB 色彩模式的文件。在工具箱中选择文本工具T，在文字属性栏中将字体设为微软雅黑，字号设为 160 点，如图 6-4-1 所示。

图 6-4-1

② 录入文本“水果文字”，如图 6-4-2 所示；按住 Ctrl 键，单击文本图层，将文本转为选区，执行“选择 > 修改 > 扩展”命令，打开“扩展选区”对话框，将扩展量设为 3，如图 6-4-3 所示。

水果文字

图 6-4-2

图 6-4-3

③ 单击“确定”按钮，此时选区如图 6-4-4 所示；新建图层 1， 按下 Alt+Del 键，用前景色填充选区，按下 Ctrl+D 键取消选区，按下 Ctrl+T 键对图层 1 的对象进行自由变换，适当放大图层 1 的对象，效果如图 6-4-5 所示。

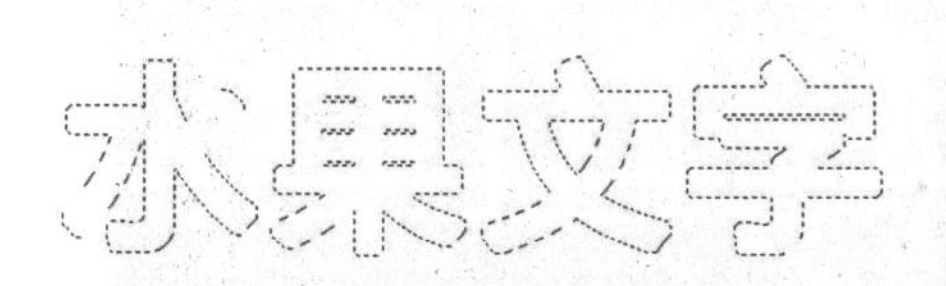

图 6-4-4

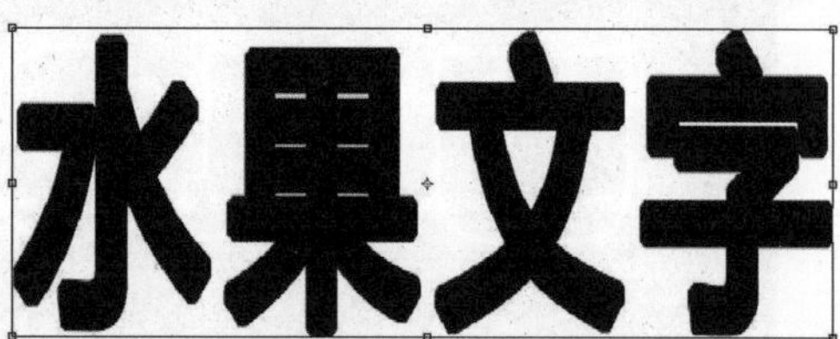

图 6-4-5

④ 按 Ctrl+O 键，打开【素材\6-4 文件夹\01.jpg】图片，如图 6-4-6 所示；选择移动工具，将图片拖动至“水果文字”文件，调整图层的位置，如图 6-4-7 所示。

图 6-4-6

图 6-4-7

⑤ 将光标移至在图层 1 和图层 2 之间，按住 Alt 键，单击鼠标左键，此时图层结构如图 6-4-8 所示；此时效果如图 6-4-9 所示，至此本案例制作完成，按下 Ctrl+S 键保存文件。

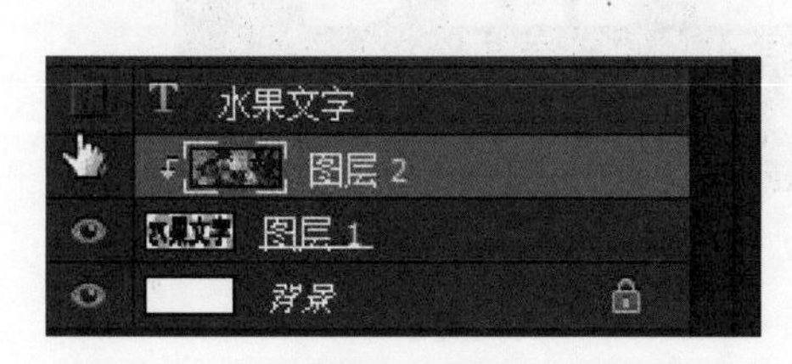

图 6-4-8

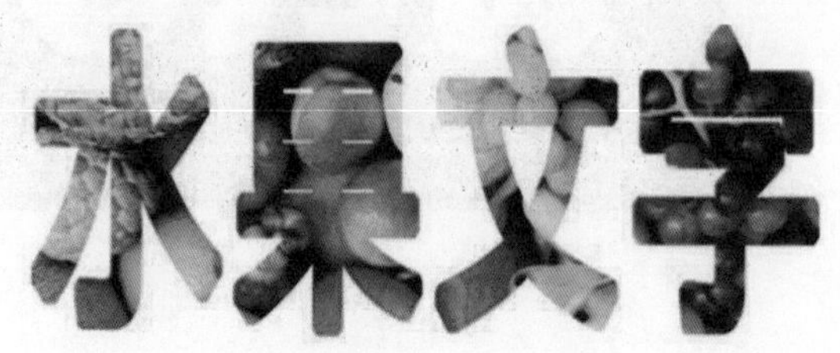

图 6-4-9

案例05　发光文字的制作

操作步骤

① 按Ctrl+N键，新建一个15 cm × 5 cm、分辨率为100像素/英寸、RGB色彩模式的文件，将前景颜色设为黑色，按下Alt+Del键，用前景色填充背景。

② 在工具箱中选择文本工具T，在文字属性栏中将字体设为华文琥珀，字号设为72点，如图6-5-1所示。

图6-5-1

③ 在画布上录入文本"WELCOME"，适当调整文本的位置如图6-5-2所示。

图6-5-2

4 在图层属性面板中，单击图层样式图标，并选择“描边”命令，在描边对话框中将描边的大小设为3，描边的颜色设为白色，如图6-5-3所示；在“图层样式”对话框中单击外发光，并在“外发光”对话框中，将发光颜色设为蓝色，发光大小设为35，如图6-5-4所示。

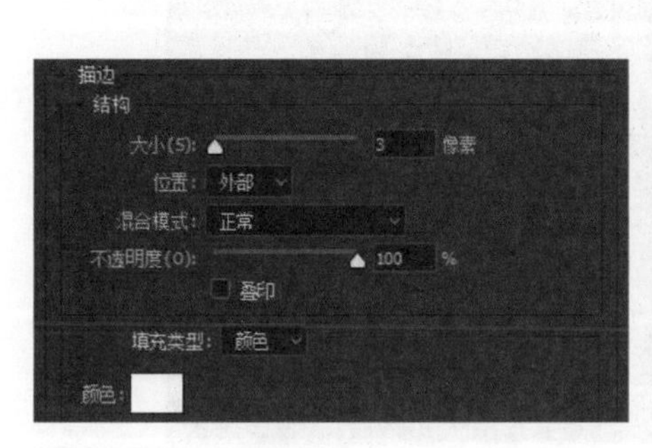

图6-5-3

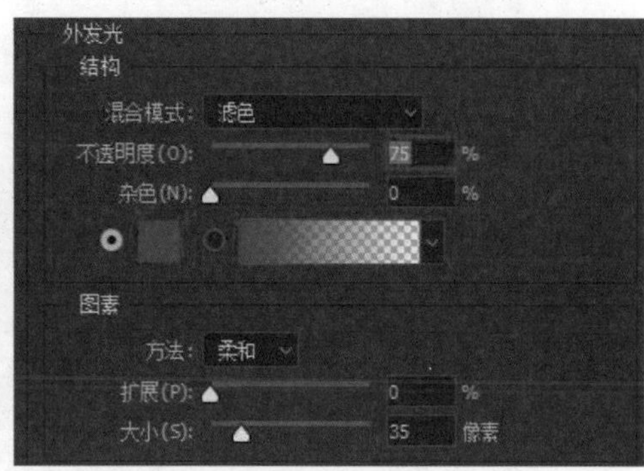

图6-5-4

5 单击“确定”按钮，并将文本的颜色设为黑色，效果如图6-5-5所示，至此本案例制作完成。

图6-5-5

案例 06　霓虹灯效果文字的制作

操作步骤

① 按 Ctrl+O 键，打开【素材\6-6 文件夹\01.jpg】图片，如图 6-6-1 所示，选择矩形选框工具，建立如图 6-6-2 所示选区。

图 6-6-1

图 6-6-2

② 将前景颜色设为黑色，按下 Alt+Del 键用前景颜色填充选区，按下 Ctrl+D 键取消选区，在工具箱中选择文本工具，在文字属性栏中将字体设为华文彩云，字号设为 24 点，如图 6-6-3 所示。

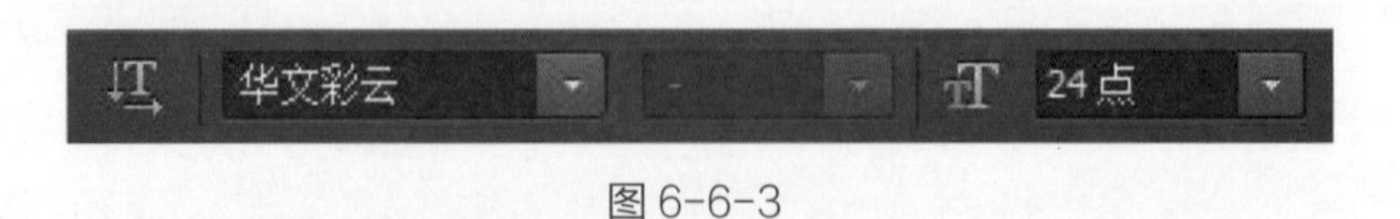

图 6-6-3

③ 在画布上单击鼠标，并在文本属性栏中将文本方向修改为竖排，录入文本“彭记盆菜馆”，如图6-6-4所示。

图 6-6-4

④ 在工具箱中选择渐变工具，在渐变属性栏中选择色谱渐变，如图6-6-5所示；按住Ctrl键并单击文字图层，将文字转为选区，隐藏文字图层，新建图层1，在选区上方按住鼠标左键自上而下拖动出一条渐变线，释放鼠标左键，按下Ctrl+D键取消选区，效果如图6-6-6所示，至此本案例制作完成，按下Ctrl+S键保存文件。

图 6-6-5

图 6-6-6

案例 07　开放路径文字

操作步骤

① 按Ctrl+O键，打开【素材\6-7文件夹\01.jpg】图片，如图6-7-1所示。在工具箱中选择文本工具T，将字体设计“华文行楷”，字号设为400，输入“冰”字，适当调整文字的角度，在图层面板中将文本所在图层的透明度设为25%，效果如图6-7-2所示。

图 6-7-1

图 6-7-2

② 在工具箱中选择钢笔工具，绘制如图6-7-3所示的路径，将字体设为“方正舒体”，字号设为“20点”，字符距离设为“200”，字体颜色为“白色”，将光标定位在图6-7-4所示的位置，此时光标的形状变为，录入文字“原叶浸取，保留纯正独特的茶涩味”，如图6-7-5所示。

图6-7-3

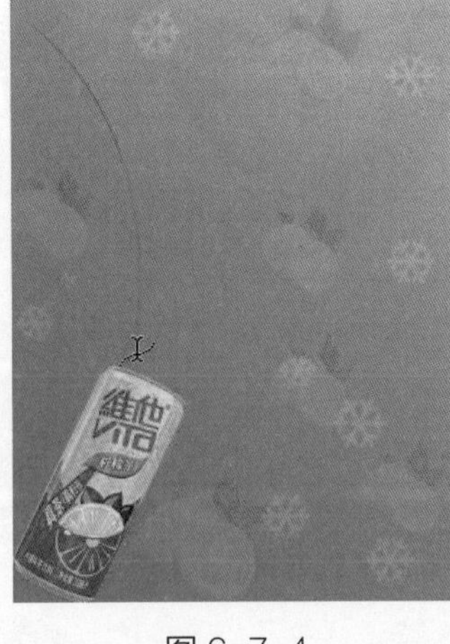

图6-7-4

图6-7-5

③ 用同样的方法使用钢笔工具，绘制出其余三条文字路径，如图6-7-6所示；分别在三条文字路径上输入“源自传统港式茶餐厅柠檬茶风味”“真茶＋真柠檬！柠味清新激爽怡神”和“冰镇饮用风味更佳”，如图6-7-7所示。打开路径面板，单击路径面板的空白处，隐藏路径，如图6-7-8所示，至此本案例制作完成，按下Ctrl+S键保存文件。

图6-7-6

图6-7-7

图6-7-8

案例08　闭合路径文字

操作步骤

① 按Ctrl+O键，打开【素材\6-8文件夹\01.jpg】图片，如图6-8-1所示。在工具箱中选择椭圆工具，在椭圆属性栏选择路径选项，绘制图6-8-2所示路径。

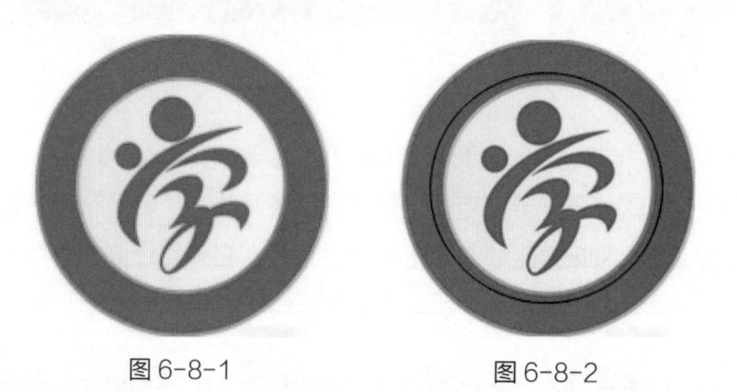

图6-8-1　　图6-8-2

② 在工具箱中选择文本工具，在文本属性栏中单击图标，打开“字符”对话框，将字体设为“黑体”，字号设为“45点”，字符距离设为“900”，字体颜色为“白色”，如图6-8-3所示；将光标定位在图6-8-4所示的位置，此时光标的形状变为，录入文字“惠州市江南学校”，并调整至适当的位置，如图6-8-5所示。

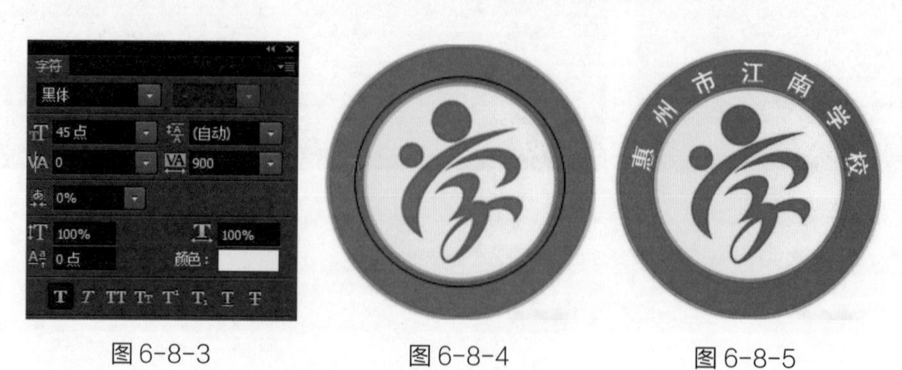

图6-8-3　　图6-8-4　　图6-8-5

③ 暂时隐藏“惠州市江南学校”文字图层，在工具箱中选择文本工具，在文本属性栏中单击图标，打开“字符”对话框，将字体设为“Arial”，字号设为“38点”，字符距离设为“50”，字符偏移量设为“-36”，如图6-8-6所示；将光标定位在路径上，此时光标的形状变为，录入文字“HUIZHOU JIANGNAN SCHOOL”，并调整至适当的位置，如图6-8-7所示。显示刚才隐藏的文本图层，效果如图6-8-8所示。至此本案例制作完成，按下Ctrl+S键保存文件。

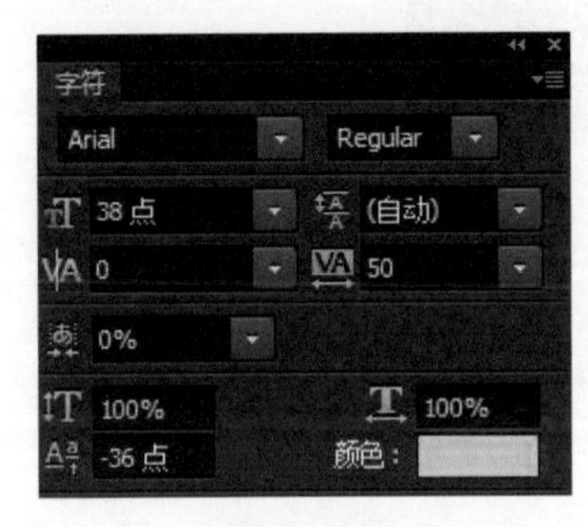

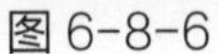
图6-8-6

图6-8-7

图6-8-8

案例 09　闭合路径内部文字

操作步骤

1 按Ctrl+O键，打开【素材\6-9文件夹\01.jpg】图片，如图6-9-1所示。在工具箱中选择文本工具，在文字属性栏中将字体设为方正姚体，字号设为30点，录入文字“阳台上的生命”，并调整至适当的位置，如图6-9-2所示。

图 6-9-1

图 6-9-2

2 在工具箱中选择钢笔工具，绘制如图6-9-3所示的路径，选择文本工具，在文字属性栏中将字体设为方正姚体，字号设为14点，复制准备好的文本，将光标定位在刚才绘制路径的左上角，此时光标的形状变为Ⓘ，单击鼠标，按下Ctrl+V键执行粘贴命令，此时效果如图6-9-4所示。

图 6-9-3

图 6-9-4

案例 10 “青春不毕业”字体设计

操作步骤

1 按 Ctrl+N 键，新建一个 20 cm × 8 cm、分辨率为 72 像素 / 英寸、RGB 色彩模式的文件，在工具箱中选择文本工具，在文字属性栏中将字体设为幼圆，字号设为 90 点，字体颜色设为绿色（#2e823a）如图 6-10-1 所示，在画布上录入文本“青春”。

图 6-10-1

2 选择形状工具组中的直线工具，并在属性栏中将工具模式设为像素，粗细设为 3 像素，如图 6-10-2 所示。将前景颜色设为绿色（#2e823a），新建图层 1，在画布上绘制一条 45 度的直线（配合 Shift 键，上下移动鼠标可以绘制 45 度倍数角度的直线），如图 6-10-3 所示。

图 6-10-2

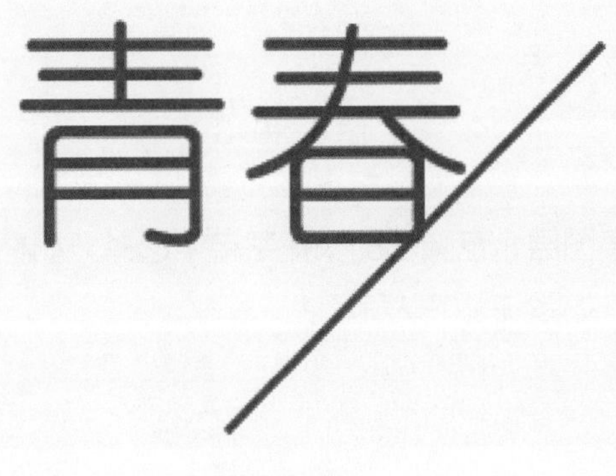

图 6-10-3

③ 选择形状工具组中的自定义形状工具，在工具属性栏中将工具模式设为像素，形状选择窄边圆，如图 6-10-4 所示；新建图层 2，在画布上绘制出窄边圆形；按住 Alt 键，拖动鼠标复制出另外两个窄边圆形如图 6-10-5 所示。

图 6-10-4

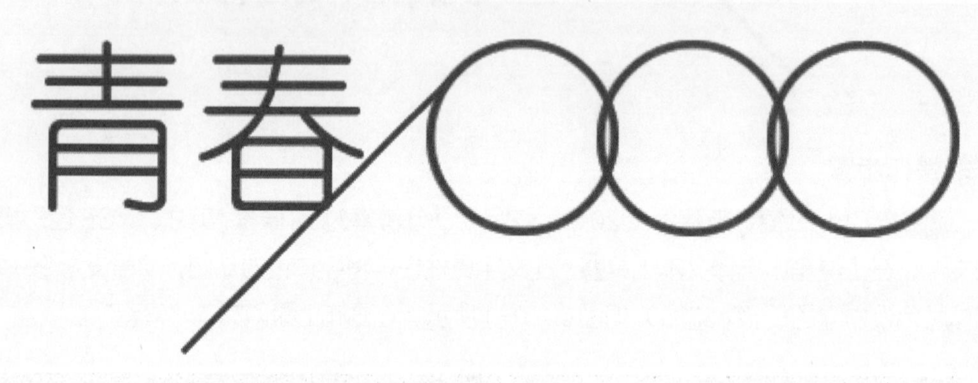

图 6-10-5

④ 在工具箱中选择文本工具，在文字属性栏中将字体设为幼圆，字号设为 66 点，字体颜色设为绿色（#2e823a），在画布上录入文本“不毕业”，在字符属性面板中适当调整文字间距，适当调整文本的位置，如图 6-10-6 所示。

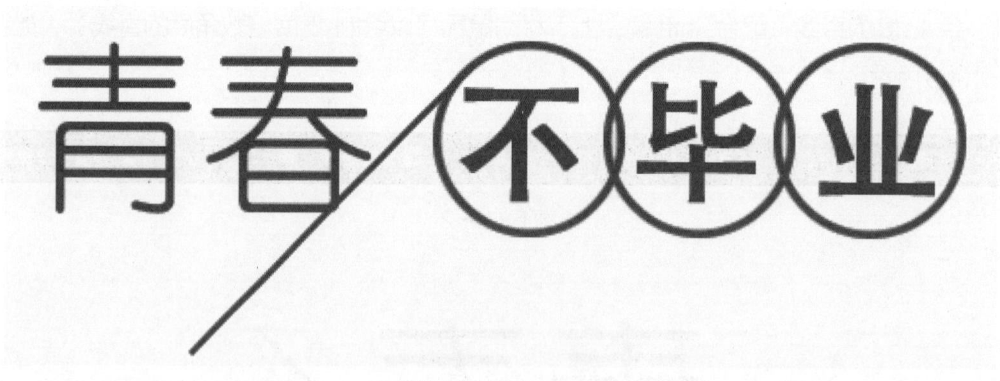

图 6-10-6

⑤ 右击不毕业文字图层，在弹出的快捷菜单中选择“栅格化文字”命令，利用橡皮擦工具擦除字体的部分，如图 6-10-7 所示。

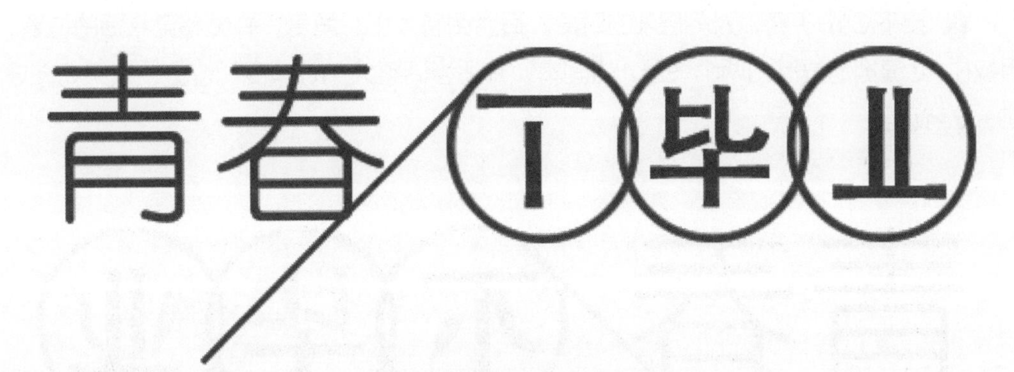

图 6-10-7

⑥ 选择形状工具组中的自定义形状工具，并在属性栏中选择红心形状，并将工具模式设为像素，新建图层3，在画布上绘制出心形，如图6-10-8所示；按下Ctrl+T键，适当调整大小、角度，并调整至合适的位置；用同样的方式绘制出另外一个心形，并适当调整大小、角度和位置，效果如图6-10-9所示。

图 6-10-8　　图 6-10-9

⑦ 选择钢笔工具，绘制出如图6-10-10所示路径，在路径面板上，按住Ctrl键单击路径所在的图层将路径转为选区，将前景颜色设为绿色（#2e823a），新建图层4，按下Alt+Del键用前景色填充选区。如图6-10-11所示。

图 6-10-10　　图 6-10-11

⑧ 按下 Ctrl+T 键，对图层 4 的对象，适当调整大小、角度，并调整至合适的位置，用按住 Alt 键拖动复制出两个图层 4 的副本，并适当调整大小、角度和位置，效果如图 6-10-12 所示。

图 6-10-12

⑨ 选择文本工具，在文字属性栏中将字体设为 Bradley Hand ITC，字号设为 18 点，字体颜色设为绿色（#2e823a），在画布上录入文本“DO NOT GRADUATE”，并调整至合适的位置，如图 6-10-13 所示。至此本案例制作完成，按下 Ctrl+S 键，保存文件。

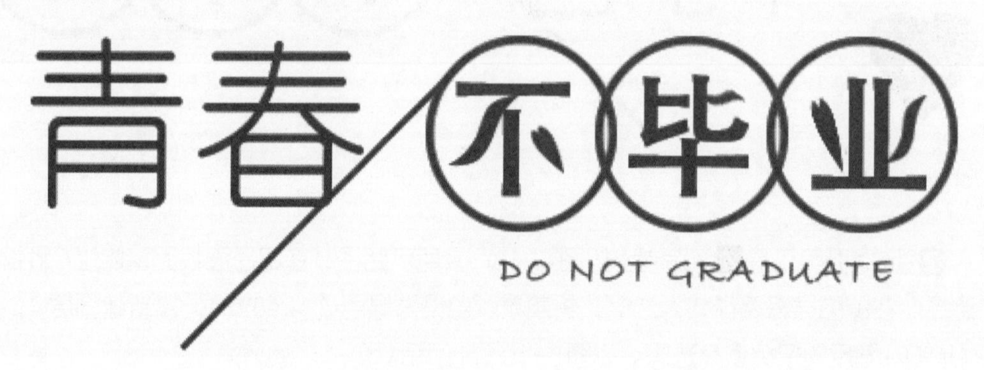

图 6-10-13

案例11 “五八同城”LOGO文字设计

操作步骤

① 按Ctrl+N键，新建一个530×280像素、分辨率为100像素/英寸、背景颜色为白色的RGB色彩模式的文件。

② 在工具箱中选择文本工具T，在文字属性栏中将字体设为“Arial”，字号设为150点，字体颜色为#d61341，录入文本“5”，并适当调整文字位置，如图6-11-1所示；继续选择文本工具，将字号设为100点，字体颜色为#76438e，录入文本“8”，并适当调整文字位置，如图6-11-2所示。

图6-11-1

图6-11-2

③ 继续使用文本工具T，在文字属性栏中将字体设为“黑体”，字号设为72点，字体颜色为#a3c41d，分别录入文本“同”“城”并适当调整文字位置，如图6-11-3所示；继续使用文本工具，将字号设为40点，字体颜色为#f5c51f，录入文本“.com”，适当调整文字位置，如图6-11-4所示；继续使用文本工具，将字号设为20点，字体颜色设为#e08932，录入文本“一个神奇的网站”，并适当调整文字位置，如图6-11-4所示。

图6-11-3

图6-11-4

❹ 选定“同”文字图层，按下Ctrl+J键复制该图层，右击复制出来的文字图层，在弹出的菜单中选择“栅格化文字”命令，隐藏“同”文字图层；在工具箱中选择多边形套索工具，建立如图6-11-5所示的选区；按下Del键，删除选区内的对象，如图6-11-6所示；在工具箱中选择椭圆工具，新建图层1，绘制出如图6-11-7所示的形状。

图6-11-5 　　图6-11-6 　　图6-11-7

❺ 新建图层2，在新建的图层中，继续使用椭圆工具，绘制出如图6-11-8所示的眼睛；选择移动工具，按住Alt键，拖动复制眼睛如图6-11-9所示；在工具箱中选择钢笔工具绘制出图6-11-10所示的路径；选择画笔工具，在画笔属性栏中将画笔的大小设为2，新建图层3，打开路径面板，在路径面板中单击用画笔描边路径的图标，效果如图6-11-11所示。

图6-11-8　　图6-11-9　　图6-11-10　　图6-11-11

❻ 按住“Ctrl”单击选定图层2、图层2副本、图层3，按下Ctrl+E键，合并选定的图层，在图层面板中单击添加图层样式图标，在弹出的菜单中选择描边命令，在“描边”对话框中将描边的大小设为“5”，描边的颜色设为#a3c41d，单击“确定”按钮，效果如图6-11-12所示，至此本案例制作完成，按下Ctrl+S键保存文件。

图6-11-12

案例12 “谷歌”LOGO文字设计

操作步骤

❶ 按Ctrl+N键，新建一个650×220像素、分辨率为100像素/英寸、RGB色彩模式的文件，在工具箱中选择文本工具T，在文字属性栏中将字体设为华文中宋，字号设为130点，如图6-12-1所示。

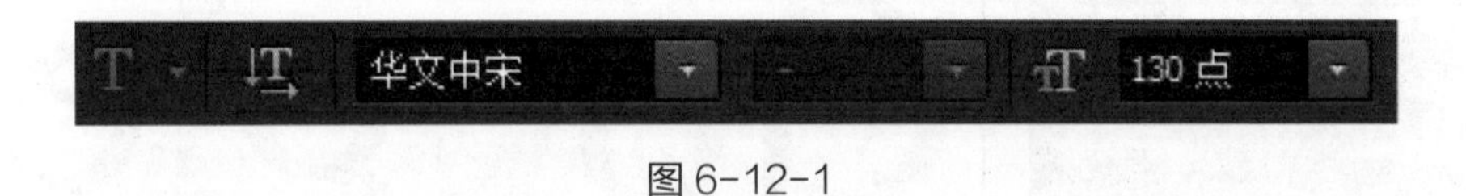

图6-12-1

❷ 在画布上录入文本“Google”，如图6-12-2所示；选定第一个文本“G”，把文本的颜色修改为蓝色，选定第二个文本“o”，把文本的颜色修改为红色，选定第三个文本“o”，把文本的颜色修改为黄色，选定第四个文本“g”，把文本的颜色修改为蓝色，选定第五个文本“l”，把文本的颜色修改为绿色，选定第六个文本“e”，把文本的颜色修改为红色，如图6-12-3所示。

图6-12-2 　　图6-12-3

❸ 选定第四个文本“g”，按下Ctrl+X键剪切文本，新建文本图层，按下Ctrl+V键粘贴文本，此时图层面板如图6-12-4所示；适当调整文本的位置和大小，如图6-12-5所示。

图 6-12-4

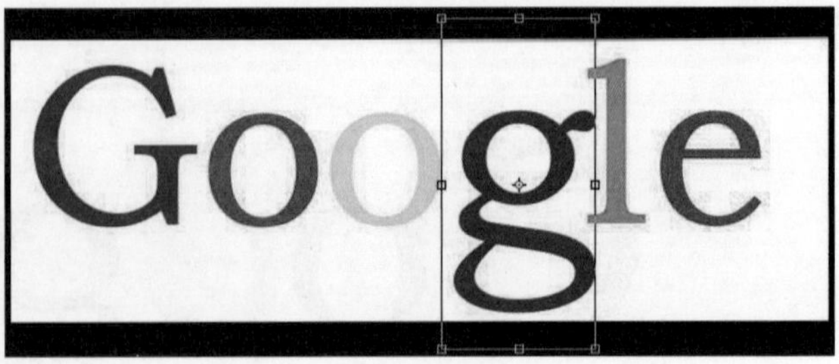

图 6-12-5

④ 选定第六个文本“e”，按下 Ctrl+X 键剪切文本，新建文本图层，按下 Ctrl+V 键粘贴文本，此时图层面板如图 6-12-6 所示；适当调整文本的位置和角度，如图 6-12-7 所示。

图 6-12-6

图 6-12-7

⑤ 继续使用文本工具T，新建文本图层，在右下角录入文本“谷歌”，新建文本图层，在右上角录入文本“TM”，此时图层面板如图 6-12-8 所示；适当调整文本的大小和颜色，效果如图 6-12-9 所示。

图 6-12-8

图 6-12-9

6.5 学习评价

评价内容	评价标准	是否掌握	分值	得分
知识点	了解文字工具、路径文字、字体设计的相关知识，并掌握文字工具的使用方法		20	
技能点	掌握透明文字的制作方法		5	
	掌握电流文字的制作方法		5	
	掌握渐变文字的制作方法		5	
	掌握水果文字的制作方法		5	
	掌握发光文字的制作方法		5	
	掌握霓虹灯文字的制作方法		5	
	掌握开放路径文字的制作方法		5	
	掌握闭合路径文字的制作方法		5	
	掌握闭合路径内部文字制作方法		5	
	掌握字体设计的方法		15	
职业素养	完成的案例操作是否符合审美要求		10	
	在完成本章案例操作过程中是否体现了精益求精的工匠精神		10	
合 计				

6.6 课后练习

练习 1：打开“课后练习素材/第 6 章/lx1.jpg”文件，运用所学知识与技术将左图处理成右边效果。

练习 2：运用所学知识与技术制作如下效果的路径文字。

练习 3：运用所学知识与技术制作如下文字效果。

第 7 章　标志的绘制

7.1 本章概述

绘图是 Photoshop 软件中一个重要的功能，通过使用不同的图形绘制工具，用户能够轻松绘制出自己想要的图案，再选择各种各样的色彩进行填充，可以让绘制的图案表现出不同的效果。本章主要介绍形状工具组中的矩形工具、圆角矩形工具、椭圆工具、多边形工具、直线工具、自定义形状工具，以及钢笔工具，并通过 7 个典型案例介绍如何使用这些工具绘制各种标志。

7.2 学习导图

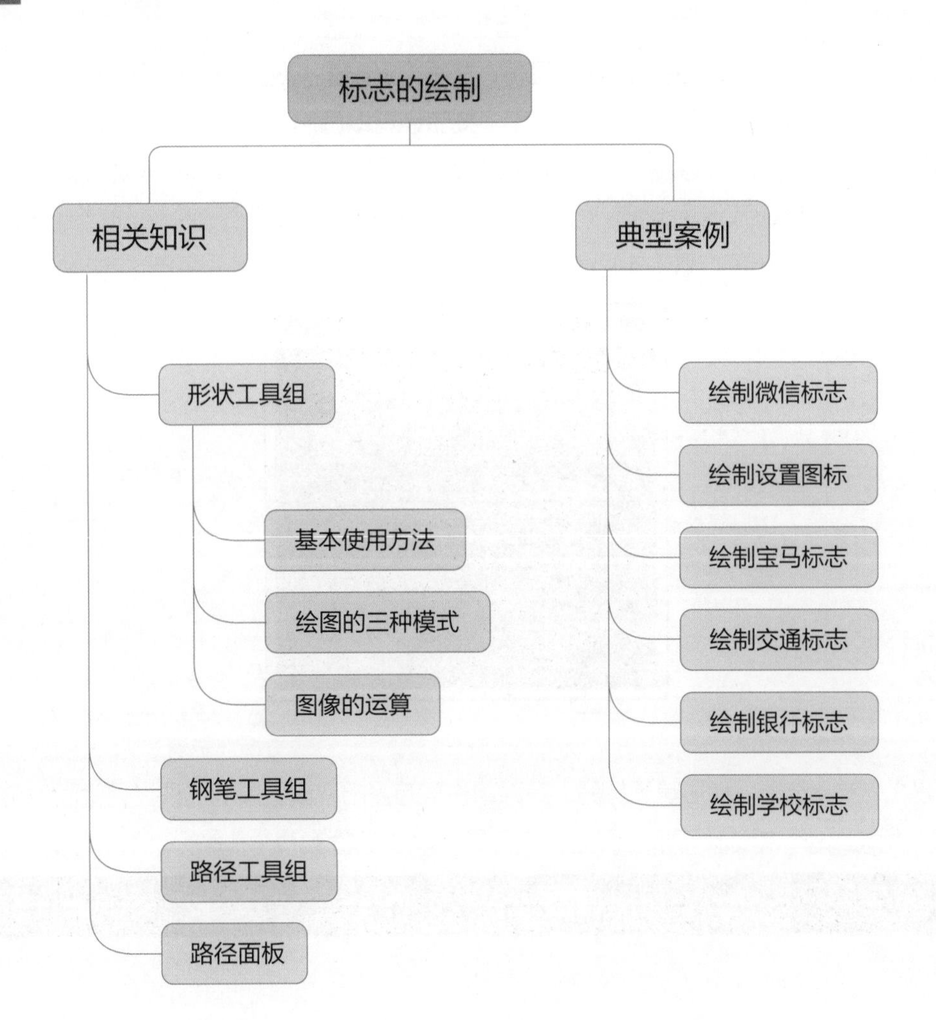

7.3 相关知识

7.3.1 形状工具组

形状工具组包含了矩形工具、圆角矩形工具、椭圆工具、多边形工具、直线工具以及自定义形状工具，如图1。

图1

7.3.1.1 形状工具的基本使用

形状工具组包含了矩形、圆角矩形、椭圆、多边形、直线、自定义形状工具，如图2，选择对应的工具，拖动鼠标就可以画出相应的几何图形。

另外还可以在选择相关的形状工具后，在画布上单击，这时会出现该工具的对话框，在对话框中设置好各个参数，单击“确定”按钮也可以画出相应的几何图形。下面以圆角矩形工具为例，选择该工具后在画布上单击鼠标，这时出现“创建圆角矩形”对话框，在对话框里可以设置圆角矩形的宽度、高度以及圆角的半径，另外还可以勾选“从中心”选项，表示以鼠标单击的位置为中心创建该图形。

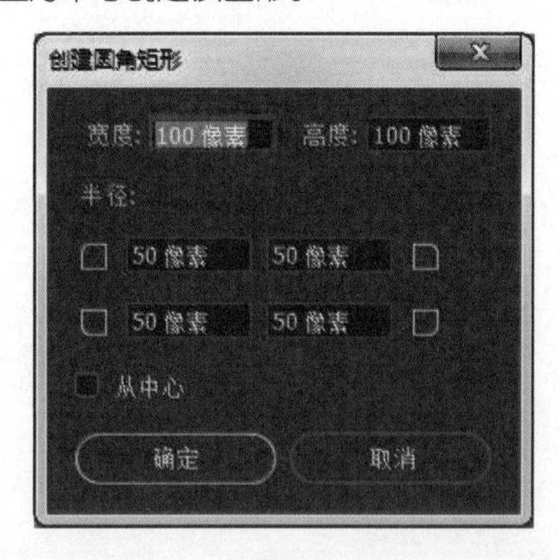

图2

7.3.1.2 选择一种形状工具后，在菜单栏下方会出现该工具的选项栏，里面包含了该工具的相关属性，如选择矩形工具后，其工具选项栏如图3。

图3

7.3.1.3　图形工具绘图的三种模式：形状工具在创建对象时提供了形状、路径、像素三种不同的绘图状态，如图4所示。

图4

◆形状：是带有图层矢量蒙版的填充图层，绘制的时候会在图层面板上新建一个带路径的色彩填充层，单击填充色块可以更改填充色，单击描边色块可以选择描边的颜色，另外还可以改变描边的大小、线形。

◆路径：它的创建结果不在图层，而是新的工作路径。

◆像素：使用此项可在背景层或普通层中使用前景色生成像素颜色。

7.3.1.4　图形的运算：

在Photoshop路径中，我们可以对路径进行合并形状、减去顶层形状、与形状区域相交、排除重叠形状操作，从而组合出很多不同的造型，如图5。

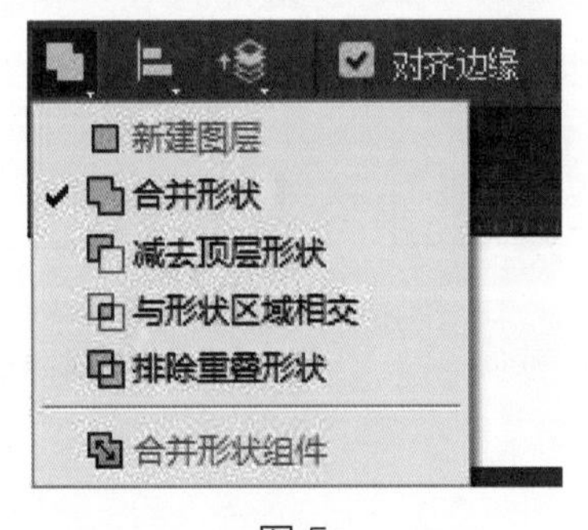

图5

◆合并形状：它表示合并当前路径层里面的所有路径，选择“合并形状”选项后，再单击“合并形状组件”选项即可看到效果，如图6所示。

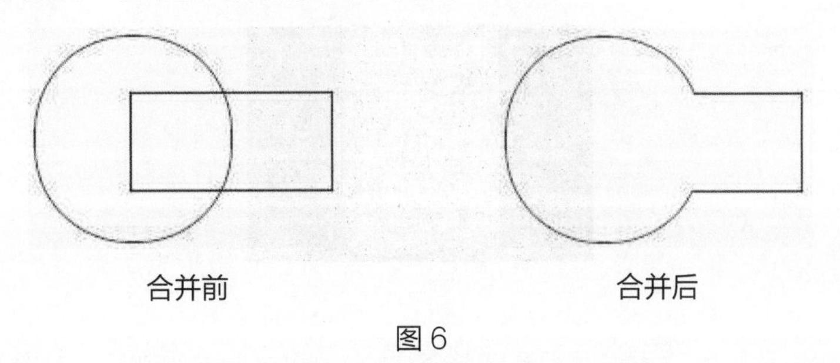

图6

◆减去顶层形状：用后面的路径减去与前面路径相交的部分，选择“减去顶层形状”选项后，再单击“合并形状组件”选项即可看到效果，如图7所示。

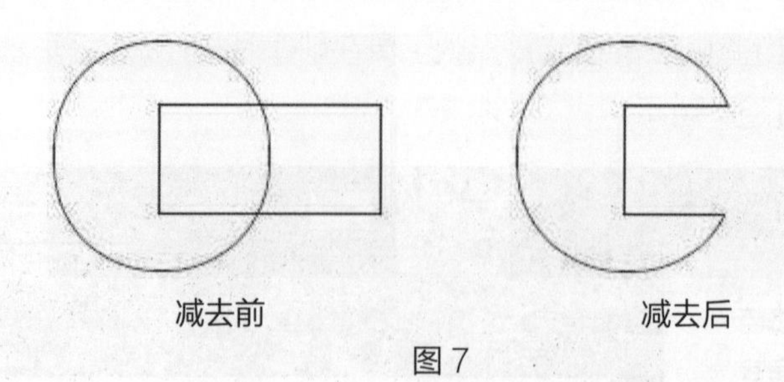

图 7

◆与形状区域相交：只保留路径相交部分，其余部分删除。选择“与形状区域相交”选项后，再单击“合并形状组件”选项即可看到效果，如图 8 所示。

合并后

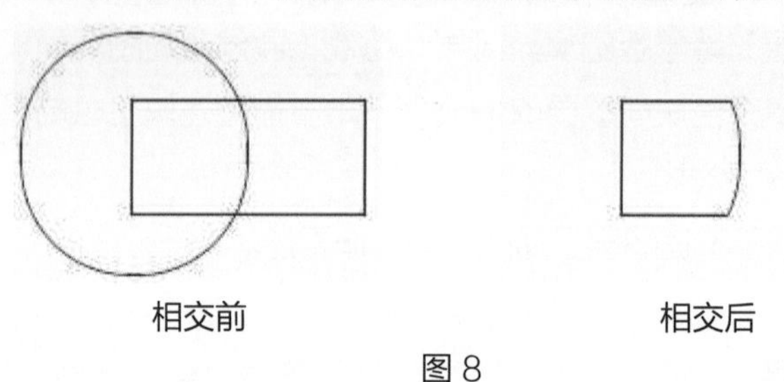

图 8

◆排除重叠形状：减去两个路径相交的部分，选择“排除重叠形状”选项后，再单击“合并形状组件”选项即可看到效果，如图 9 所示。

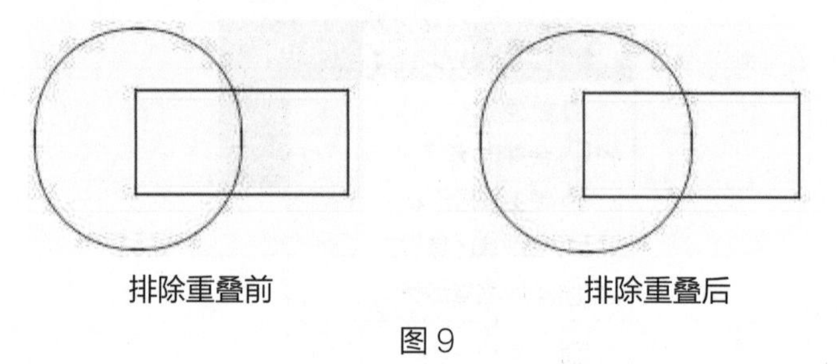

图 9

7.3.2 钢笔工具组

7.3.2.1　钢笔工具组包含了钢笔工具、自由钢笔工具、添加锚点工具、删除锚点工具、转换点工具，如图 10。

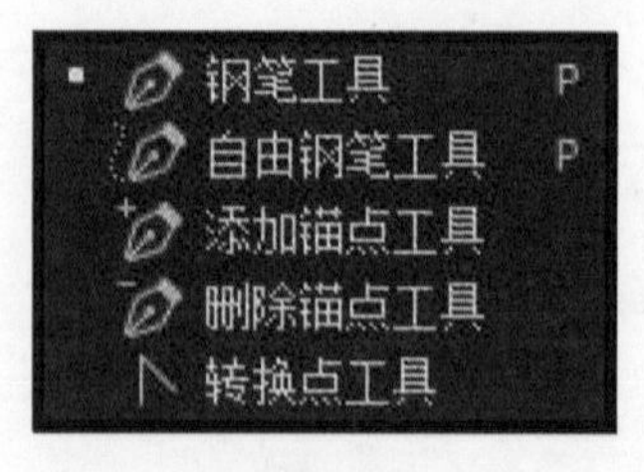

图 10

◆钢笔工具：可以创建直线和平滑流畅的曲线，可以精确绘制复杂的图形。

◆自由钢笔工具：用于随意绘图，就像用铅笔在纸上绘图一样，可自动给绘出的图添加锚点。

◆添加锚点工具：在已有的路径上单击可添加新锚点。

◆删除锚点工具：在已有的路径上单击可删除锚点。

◆转换锚点工具：可以将路径上的点，在角点和平滑点之间进行转换。

7.3.2.2 创建路径

选择钢笔工具，注意还要选中工具选项栏的“路径选项”，勾选“路径选项”的目的是让钢笔选择路径的时候不带填充颜色，单击并拖曳即可绘制出曲线锚点，直至把结束锚点和起始锚点重合，封闭路径。

7.3.2.3 路径与选区的区别

使用钢笔工具或形状工具绘制出的图形称为路径，路径是矢量图形。矢量图形最大的优点是无论放大、缩小或旋转都不会出现失真现象，导致图像模糊。

注意：可按Shift+P键选择钢笔工具或自由钢笔工具。钢笔工具停留在锚点上时，转变成删除锚点工具；停留在路径线段上时，转变成添加锚点工具。

7.3.3 路径工具组

7.3.3.1 路径工具组中包含路径选择工具和直接选择工具，如图11。

图 11

◆路径选择工具：选择一个闭合的路径或是一个独立存在的路径。

◆直接选择工具：可以选择任何路径上的节点，点选其中一个或是按住Shift键连续点选，选择多个。

◆按Ctrl键调换使用黑箭头和白箭头。

7.3.4 路径面板

绘制好的路径曲线都在路径面板中，在路径面板中我们可以看到每条路径曲线的名称及其缩略图，当前所在路径在路径调板中为反白显示状态，如图12。

PS CC 2017的路径面板下方包含了用前景色填充路径、用画笔描边路径、将路径作为选区载入、从选区中生成工作路径、添加蒙版、创建新路径、删除路径7个命令图标（从左到右）。我们可以单击面板下方的图标来完成相应的操作。

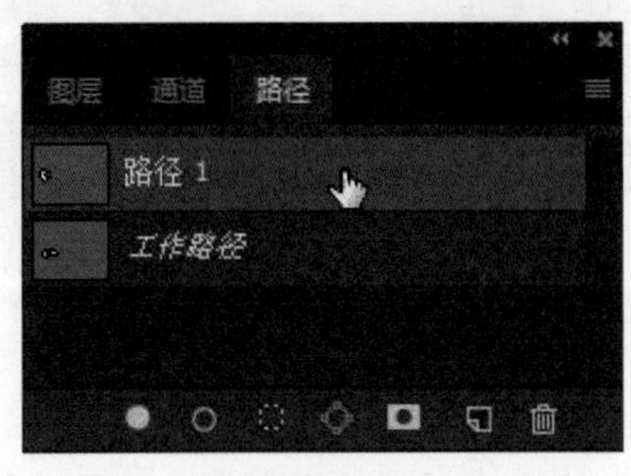

图 12

7.4 典型案例

案例 01 绘制微信图标

本案例将介绍微信图标绘制，如下图所示。

操作步骤

❶ 按 Ctrl+N 键，打开“新建”对话框，将文档的宽度和高度都设为 600 像素，分辨率设为 100 像素/英寸，其余参数不变，单击“确定”按钮，新建一个 PSD 文件。

❷ 选择圆角矩形工具，在属性栏选择像素，圆角半径设为 50，如图 7-1-1 所示。

图 7-1-1

❸ 将前景颜色设为绿色，在图层控制面板单击创建新图层图标，新建图层 1，在图层 1 上绘制圆角矩形，如图 7-1-2 所示。

❹ 新建图层 2，选择椭圆工具，将前景颜色设为白色，在图层 2 上绘制出一个白色的椭圆形，如图 7-1-3 所示；新建图层 3，选择椭圆工具，将前景颜色设为绿色，在图层 3 上绘制出一个绿色的圆形作为眼睛，如图 7-1-4 所示。

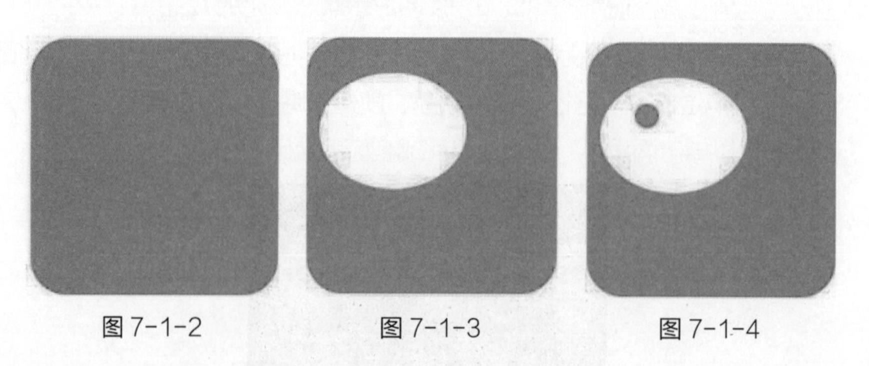

图 7-1-2 图 7-1-3 图 7-1-4

❺ 选择移动工具，按下 Alt 键拖动复制图层 3 的对象，如图 7-1-5 所示；选择钢笔工具，绘制出如图 7-1-6 所示的路径；在图层控制面板上单击路径标签，打开路径面

板，如图 7-1-7 所示。

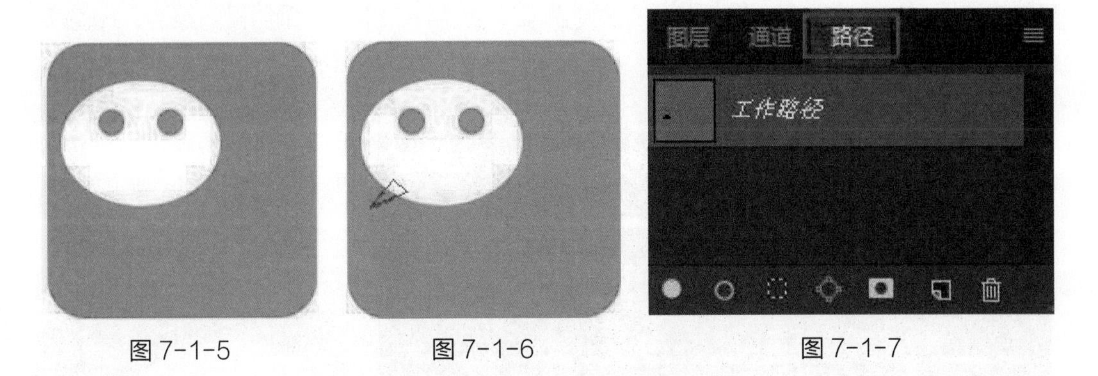

图 7-1-5　　图 7-1-6　　图 7-1-7

⑥ 在路径面板上单击将路径作为选区载入图标，如图 7-1-8 所示；单击图层控制面板标签，新建图层 4，将前景颜色设为白色，按下 Alt+Del 键填充选区，按下 Ctrl+D 键取消选区，如图 7-1-9 所示。

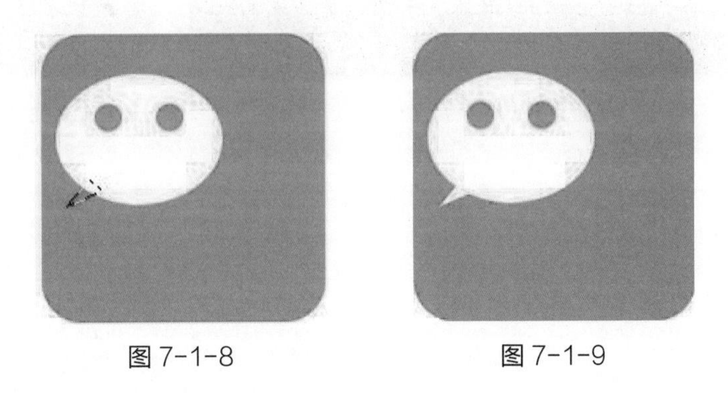

图 7-1-8　　图 7-1-9

⑦ 单击选定图层 2，按住 Shift 单击图层 4，选定图层 2 至图层 4 的图层，按下 Ctrl+E 键，合并选定的图层，合并后图层面板如图 7-1-10 所示；选择移动工具，按住 Alt 键拖动复制图层 2 的对象，按下 Ctrl+T 键，对复制出的对象进行缩小，如图 7-1-11 所示。

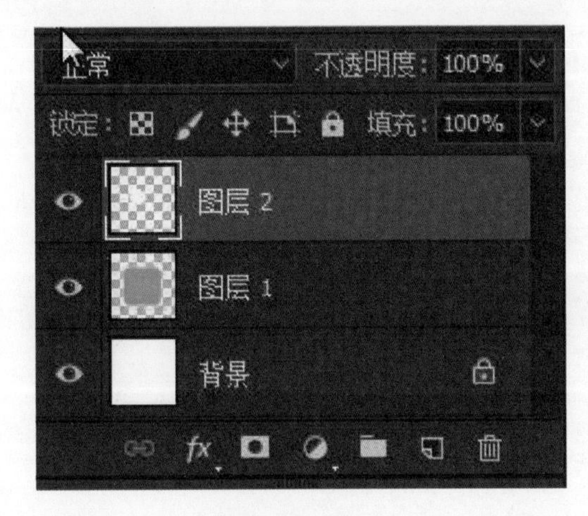

图 7-1-10

图 7-1-11

⑧ 单击选定图层 2 副本，在图层控制面板中单击添加图层样式图标 fx，并在弹出的菜单中选择描边命令，在“图层样式”对话框中，将大小设为 4，颜色设为绿色，如图 7-1-12 所示；此时图像效果如图 7-1-13 所示，至此本案例制作完成。

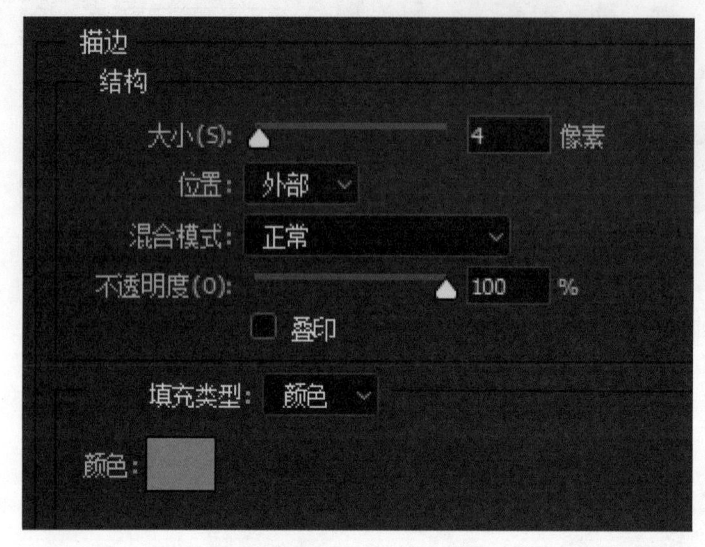

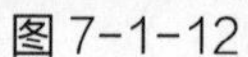
图 7-1-12

图 7-1-13

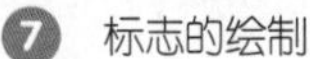

案例 02　绘制设置图标

本案例将介绍设置图标的绘制，如下图所示。

操作步骤

❶ 按 Ctrl+N 键，打开“新建”对话框，将文档的宽度和高度都设为 600 像素，分辨率设为 100 像素 / 英寸，其余参数不变，如图 7-2-1 所示，单击“确定”按钮，新建一个 PSD 文件。按下 Ctrl+R 键，在新建窗口显示标尺，将光标分别移至水平标尺和垂直标尺上拖动出水平辅助线和垂直辅助线至窗口的中心位置，以确定窗口的中心点，如图 7-2-2 所示。

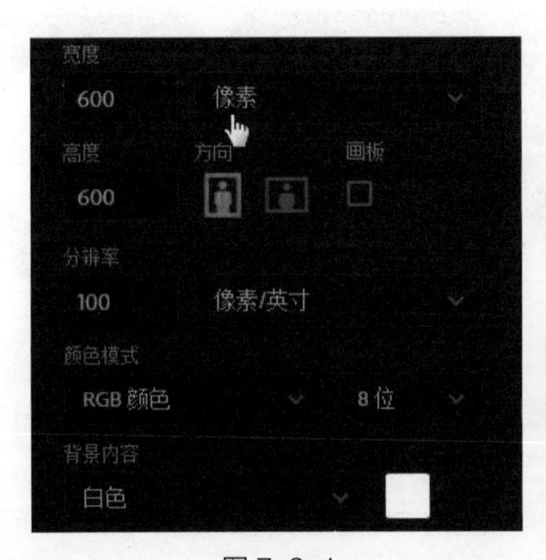

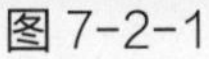
图 7-2-1

图 7-2-2

❷ 选择圆角矩形工具，在属性栏选择像素，圆角半径设为 50，如图 7-2-3 所示。

图 7-2-3

❸ 将前景颜色设为深蓝色，在图层控制面板单击创建新图层图标，新建图层1，将光标移至辅助线的交点，按住Alt+Shift键拖曳鼠标，在图层1上绘制圆角矩形，如图7-2-4所示。

❹ 选择多边形工具，在属性栏中选择像素，将边设为16，如图7-2-5所示。

图7-2-4

图7-2-5

❺ 新建图层2，将前景颜色设为白色，在图层2上绘制出一个白色的16边形，如图7-2-6所示；按下Ctrl+T键，在属性栏中将旋转角度设为11.25度，效果如图7-2-7所示；选择椭圆选框工具，将光标移至辅助线的交点，按住Alt+Shift键拖曳鼠标，在图层2上绘制椭圆选区，如图7-2-8所示；按Del键，删除选区的对象，按Ctrl+D键，取消选区，如图7-2-9所示。

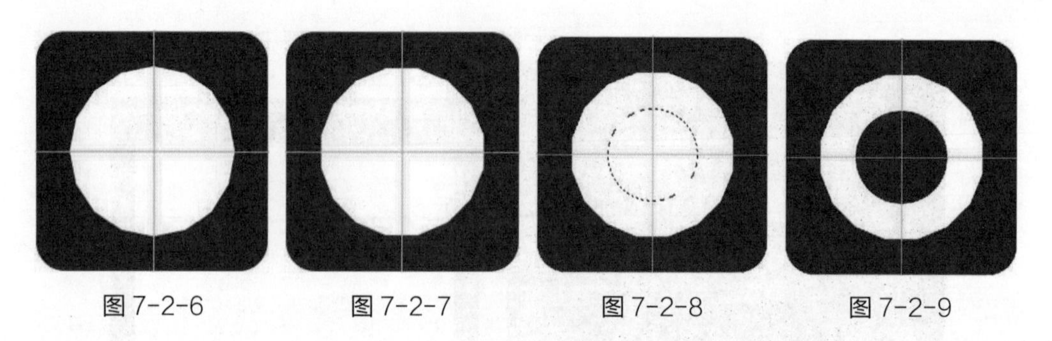

图7-2-6　　图7-2-7　　图7-2-8　　图7-2-9

❻ 新建图层3，选择椭圆选框工具，将光标移至16边形最上的边线和垂直辅助线的交点处，按住Alt+Shift键拖曳鼠标，在图层3上绘制椭圆选区，如图7-2-10所示；将前景颜色设为黑色，按下Alt+Del键，使用前景色对选区进行填充，如图7-2-11所示。

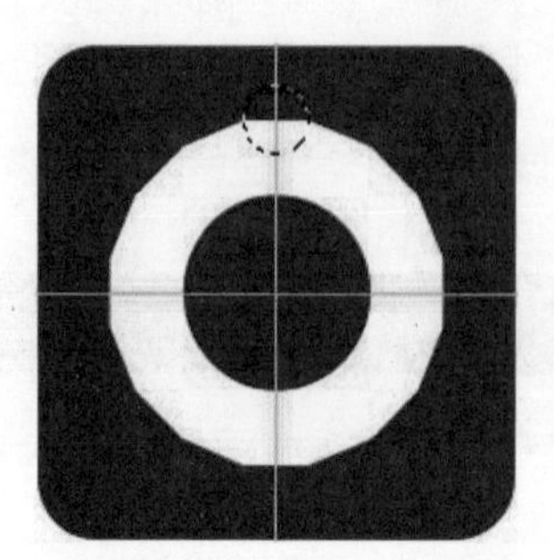

图7-2-10

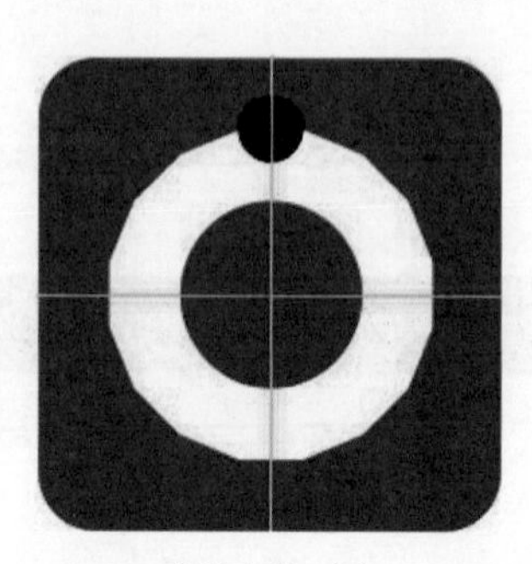

图7-2-11

❼ 按下 Ctrl+T 键，将变形点拖至辅助线的交点处，如图 7-2-12 所示；在属性栏中将旋转角度设为 45 度，按下 Enter 键，如图 7-2-13 所示；连续 7 次按下 “Ctrl+Shift+Alt+T” 对选定的对象进行复制并应用变形操作，如图 7-2-14 所示。

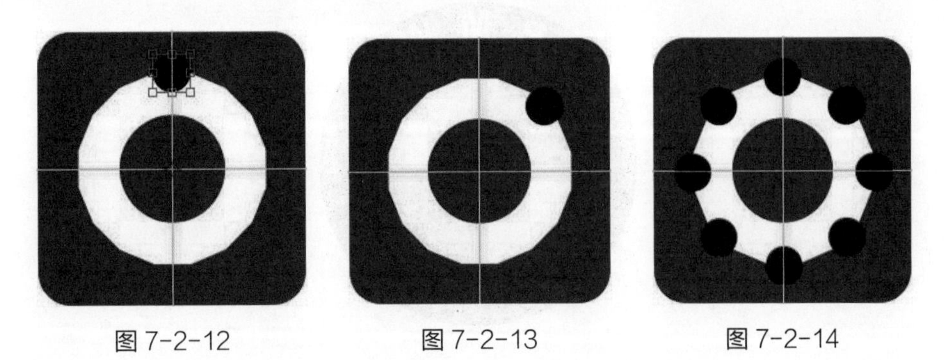

图 7-2-12　　图 7-2-13　　图 7-2-14

❽ 单击选定 “图层 3”，按住 Shift 键单击 “图层 3 副本 7”，选定 “图层 3” 至 “图层 3 副本 7” 的 8 个图层，按下 Ctrl+E 键，合并选定的图层，按住 Ctrl 键，单击合并的图层，将合并图层的对象转为选区，隐藏合并的图层，如图 7-2-15 所示；选定图层 2，按下 Del 键，对图层 2 选定的部分进行删除，按下 Ctrl+D 键，取消选区，如图 7-2-16 所示，至此，本案例制作完成。

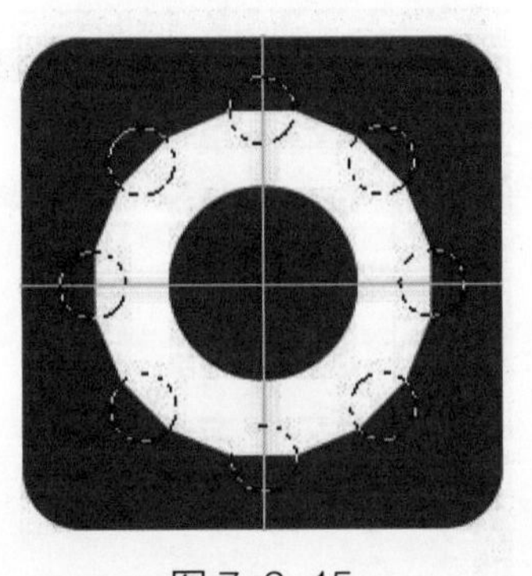

图 7-2-15

图 7-2-16

案例 03　绘制宝马汽车标志

本案例将绘制宝马汽车标志，如下图所示。

操作步骤

❶ 按 Ctrl+N 键打开“新建”对话框，将文档的宽度和高度都设为 600 像素，分辨率设为 100 像素/英寸，其余参数不变，如图 7-3-1 所示，单击“确定”按钮，新建一个 PSD 文件。按下 Ctrl+R 键，在新建窗口显示标尺，将光标分别移至水平标尺和垂直标尺上拖动出水平辅助线和垂直辅助线至窗口中心位置，如图 7-3-2 所示，以确定窗口的中心点。

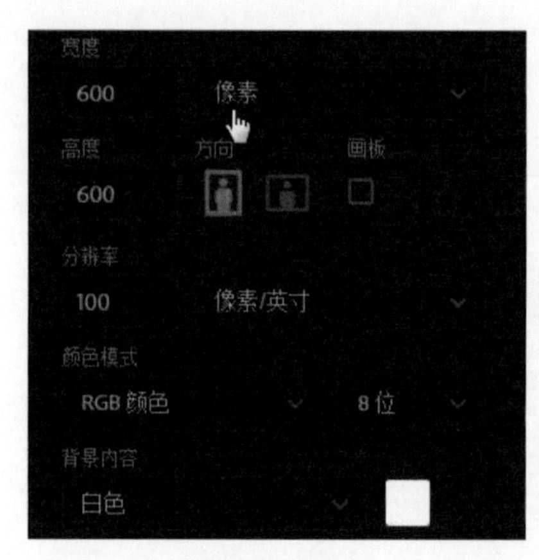

图 7-3-1

图 7-3-2

❷ 选择椭圆工具，在属性栏选择像素，将前景颜色设为深蓝色，在图层控制面板单击创建新图层图标，新建“图层 1”，将光标移至辅助线的交点，按住 Alt+Shift 键拖曳鼠标，在图层 1 上绘制圆形，如图 7-3-3 所示；新建“图层 2”，将前景颜色设为蓝色，将光标移至辅助线的交点，按住 Alt+Shift 键拖曳鼠标，在“图层 2”上绘制圆形，如图 7-3-4 所示；在图层控制面板上将图层 2 拖至创建新图层图标上，创建出“图层 2 副本”，按住“Ctrl”单击“图层 2 副本”，选定“图层 2 副本”的对象，将前景颜色设为白色，按下 Alt+Del 键，对选区进行填充，如图 7-3-5 所示。

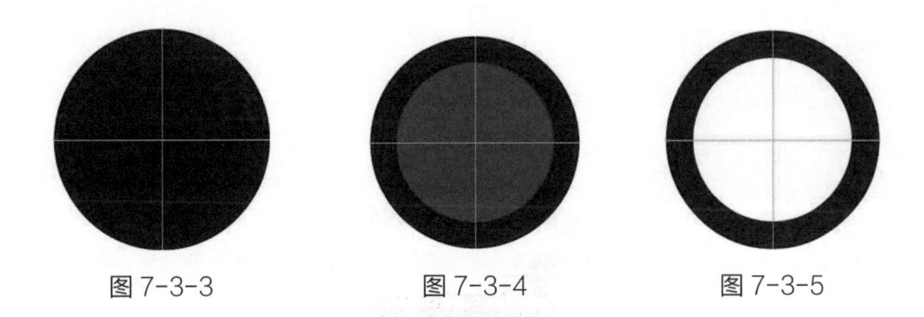

图 7-3-3　　图 7-3-4　　图 7-3-5

③ 选择矩形选框工具，框选左上的四分之一圆，如图 7-3-6 所示；按下 Del 键，删除“图层 2 副本”选区的内容，如图 7-3-7 所示；将选区移至右下四分之一圆处，如图 7-3-8 所示；按下 Del 键，删除选区的内容，按 Ctrl+D 键取消选区，如图 7-3-9 所示。

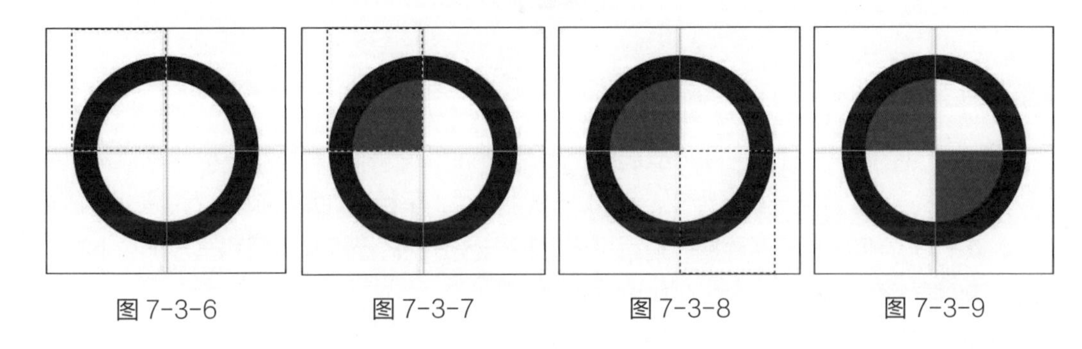

图 7-3-6　　图 7-3-7　　图 7-3-8　　图 7-3-9

④ 选择椭圆工具，在属性面板中选择路径，如图 7-3-10 所示。

路径 建立： 选区... 蒙版 形状 对齐边缘

图 7-3-10

⑤ 将光标移至辅助线的交点，按住 Alt+Shift 键拖曳鼠标绘制圆形，如图 7-3-11 所示；选择文本工具，将字体设为 Arial，字号设为 36 点，在圆形的路径上单击鼠标，如图 7-3-12 所示；录入文字“BMW”，如图 7-3-13 所示；在图层控制面板上单击路径标签，打开路径面板，在路径面板上单击空白的区域，隐藏路径，如图 7-3-14 所示，至此本案例制作完成。

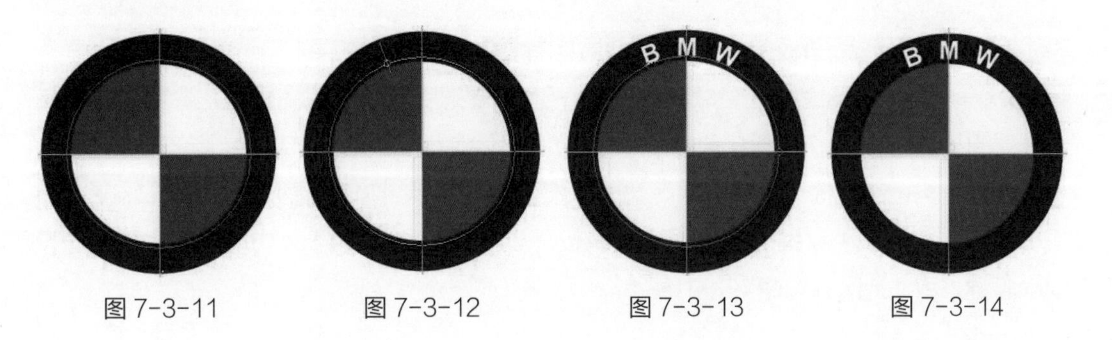

图 7-3-11　　图 7-3-12　　图 7-3-13　　图 7-3-14

案例 04　绘制交通标志

本案例将绘制禁止货车通行交通标志，如下图所示。

操作步骤

① 按 Ctrl+N 键打开“新建”对话框，将文档的宽度和高度都设为 600 像素，分辨率设为 100 像素/英寸，其余参数不变，如图 7-4-1 所示，单击“确定”按钮，新建一个 PSD 文件。按下 Ctrl+R 键，在新建窗口显示标尺，将光标分别移至水平标尺和垂直标尺上拖动出水平辅助线和垂直辅助线至窗口中心位置，如图 7-4-2 所示，以确定窗口的中心点。

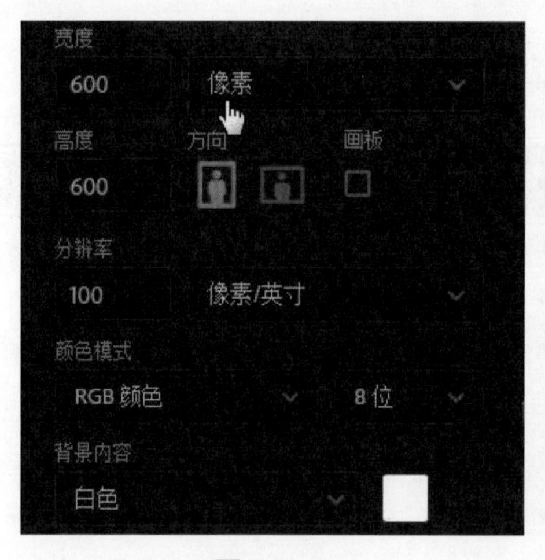

图 7-4-1

图 7-4-2

② 在图层控制面板单击创建新图层图标，新建“图层 1”，选择椭圆选框工具，将光标移至辅助线的交点，按住 Alt+Shift 键拖曳鼠标，在图层 1 上绘制出圆形选区，如图 7-4-3 所示；将前景颜色设为红色，按下 Alt+Del 键，对选区进行填充，如图 7-4-4 所示；执行“选择 > 变换选区”命令，按住 Alt+Shift 键拖曳鼠标缩小选区，如图 7-4-5 所示；按下 Enter 键确认变换选区，按下 Del 键，删除图层 1 中选区的对象，按下 Ctrl+D 键，取消选区，如图 7-4-6 所示。

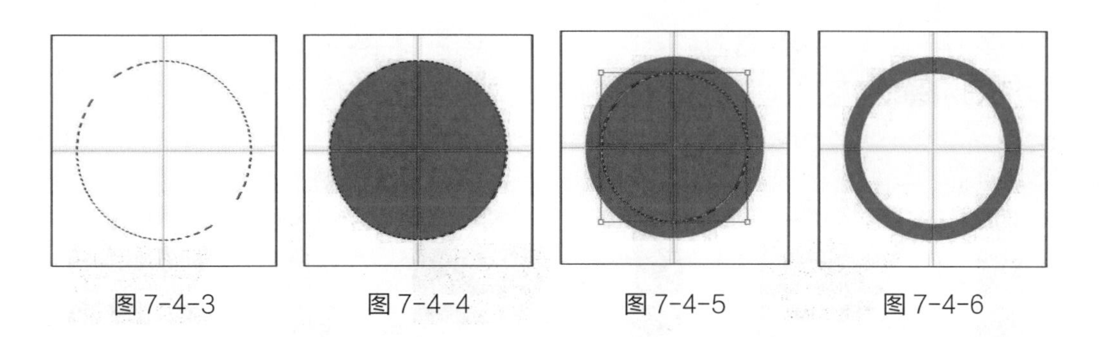

图 7-4-3　　图 7-4-4　　图 7-4-5　　图 7-4-6

③ 新建“图层 2”，选择矩形选框工具，将光标移至辅助线的交点，按住 Alt 键拖曳鼠标，在“图层 2”上绘制矩形选框，如图 7-4-7 所示；将前景颜色设为红色，按下 Alt+Del 键，对选区进行填充，按下 Ctrl+D 键，取消选区，如图 7-4-8 所示；按下 Ctrl+T 键对图层 2 的对象进行自由变换，在属性栏中将角度设为 135 度，按下 Enter 键确认，如图 7-4-9 所示。

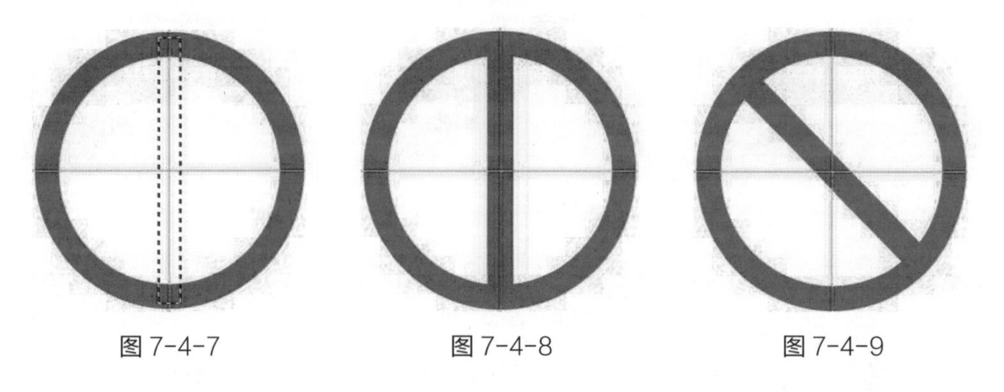

图 7-4-7　　图 7-4-8　　图 7-4-9

④ 新建“图层 3”，选择矩形工具，将前景颜色设为黑色，将光标移至辅助线的交点，按住 Alt 键拖曳鼠标，在“图层 3”上绘制矩形，如图 7-4-10 所示；选择多边形套索工具，建立如图 7-4-11 所示选区；按下 Del 键，对图层 3 选区内的对象进行删除，按下 Ctrl+D 键，取消选区，如图 7-4-12 所示。

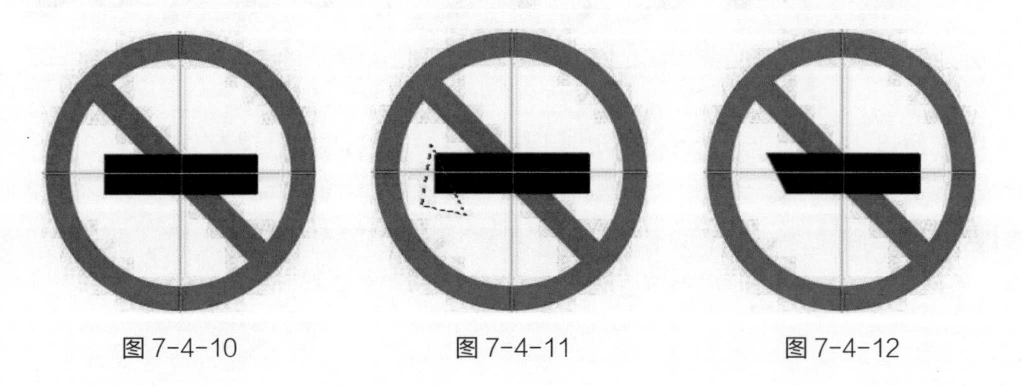

图 7-4-10　　图 7-4-11　　图 7-4-12

5 选择钢笔工具，建立如图 7-4-13 所示路径；在路径面板中点击将路径作为选区载入图标，如图 7-4-14 所示；将前景颜色设为黑色，按下 Alt+Del 键，对选区进行填充，按下 Ctrl+D 键，取消选区，如图 7-4-15 所示。

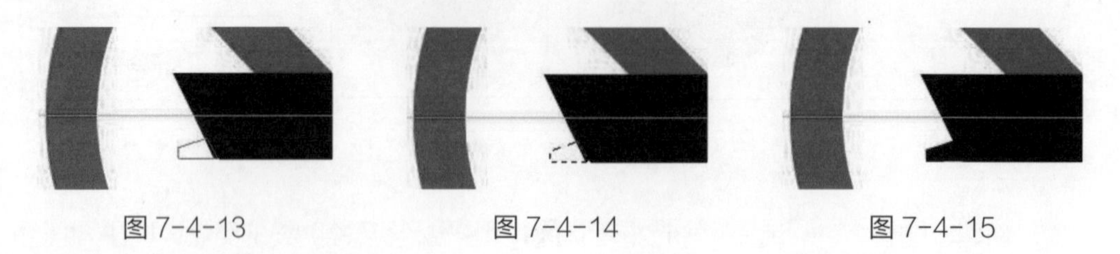

图 7-4-13　　图 7-4-14　　图 7-4-15

6 选择椭圆选框工具，建立如图 7-4-16 所示选区；按下 Del 键，删除选区的内容，如图 7-4-17 所示；按住 Shift 键将选区向右移动至合适的位置，按下 Del 键，删除选区的内容，如图 7-4-18 所示，按下 Ctrl+D 键，取消选区。

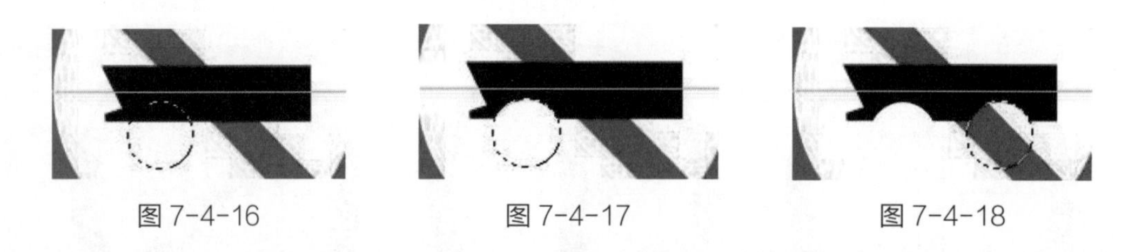

图 7-4-16　　图 7-4-17　　图 7-4-18

7 新建"图层 4"，选择椭圆选框工具，将工具模式设为"像素"，将前景颜色设为黑色，按下 Alt+Del 键，对选区进行填充，如图 7-4-20 所示；执行"选择 > 变换选区"命令，按住 Alt+Shift 键拖曳鼠标缩小选区，如图 7-4-21 所示；按下 Enter 键确认变换选区，按下 Del 键，删除图层 4 中选区的对象，按下 Ctrl+D 键，取消选区，如图 7-4-22 所示；选择移动工具，按住 Alt 键拖动复制图层 4 的对象，图 7-4-23 所示。

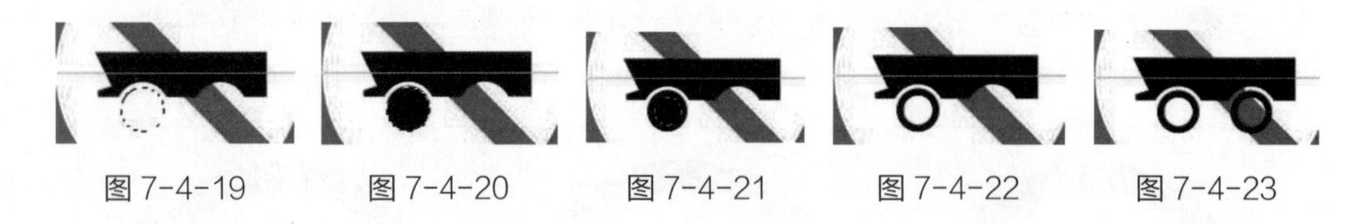

图 7-4-19　　图 7-4-20　　图 7-4-21　　图 7-4-22　　图 7-4-23

8 新建"图层 5"，选择圆角矩形工具，将"工具模式"设为"像素"，并将圆角半径设为 50，将前景颜色设为黑色，绘制如图 7-4-24 所示圆角矩形；选择矩形选框工具，建立如图 7-4-25 所示选区；按下 Del 键，删除图层 5 中选区的对象，按下 Ctrl+D 键，取消选区，如图 7-4-26 所示；将图层 5 的对象向下移至图 7-4-27 所示位置。

图 7-4-24 图 7-4-25 图 7-4-26 图 7-4-27

⑨ 新建“图层 6”，选择钢笔工具，建立如图 7-4-28 所示路径，在路径面板中点击将路径作为选区载入图标，如图 7-4-29 所示；将前景颜色设为黑色，按下 Alt+Del 键，对选区进行填充，如图 7-4-30 所示；按住 Alt+Shift 键拖曳鼠标缩小选区，如图 7-4-31 所示；按下 Enter 键确认变换选区，按下 Del 键，删除图层 6 中选区的对象，按下 Ctrl+D 键，取消选区，如图 7-4-32 所示。

图 7-4-28 图 7-4-29 图 7-4-30 图 7-4-31 图 7-4-32

⑩ 新建“图层 7”，选择矩形工具，将前景颜色设为黑色，绘制如图 7-4-33 所示矩形；选择移动工具，按住 Alt 键拖动复制图层 7 的对象，如图 7-4-34 、图 7-4-35 所示，至此本案例制作完成。

图 7-4-33 图 7-4-34 图 7-4-35

案例 05　绘制工商银行标志

本案例将绘制工商银行标志，如下图所示。

操作步骤

① 按 Ctrl+N 键打开“新建”对话框，将文档的宽度和高度都设为 600 像素，分辨率设为 100 像素 / 英寸，其余参数不变，如图 7-5-1 所示，单击“确定”按钮，新建一个 PSD 文件。按下 Ctrl+R 键，在新建窗口显示标尺，将光标分别移至水平标尺和垂直标尺上拖动出水平辅助线和垂直辅助线至窗口中心位置，如图 7-5-2 所示，以确定窗口的中心点。

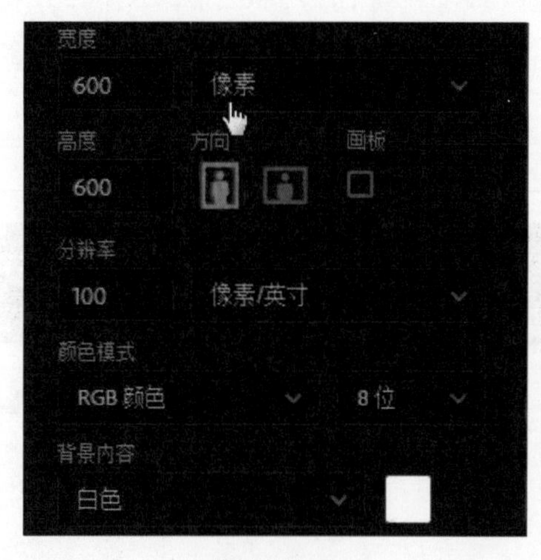

图 7-5-1

图 7-5-2

② 在图层控制面板单击创建新图层图标，新建“图层 1”，选择椭圆选框工具，将光标移至辅助线的交点，按住 Alt+Shift 键拖曳鼠标，在图层 1 上绘制出圆形选区，如图 7-5-3 所示；将前景颜色设为红色，按下 Alt+Del 键，对选区进行填充，如图 7-5-4 所示；执行“选择 > 变换选区”命令，按住 Alt+Shift 键拖曳鼠标缩小选区，如图 7-5-5 所示；按下 Enter 键确认变换选区，按下 Del 键，删除图层 1 中选区的对象，按下 Ctrl+D 键，取消选区，如图 7-5-6 所示，在图层控制面板上单击，暂时隐藏图层 1 的对象。

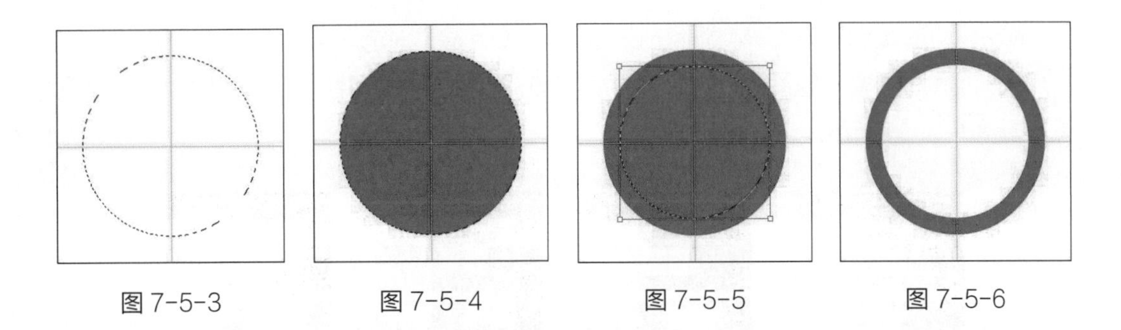

图 7-5-3　　图 7-5-4　　图 7-5-5　　图 7-5-6

③ 将光标移至垂直标尺上拖动出垂直辅助线至窗口的 3 cm 处，将光标移至水平标尺上拖动出水平辅助线至窗口的 7 cm 处，如图 7-5-7 所示；选择矩形选框工具，绘制出如图 7-5-8 所示的选区，新建图层 2，将前景颜色设为红色，按下 Alt+Del 键，对选区进行填充，如图 7-5-9 所示，按下 Ctrl+D 键，取消选区。

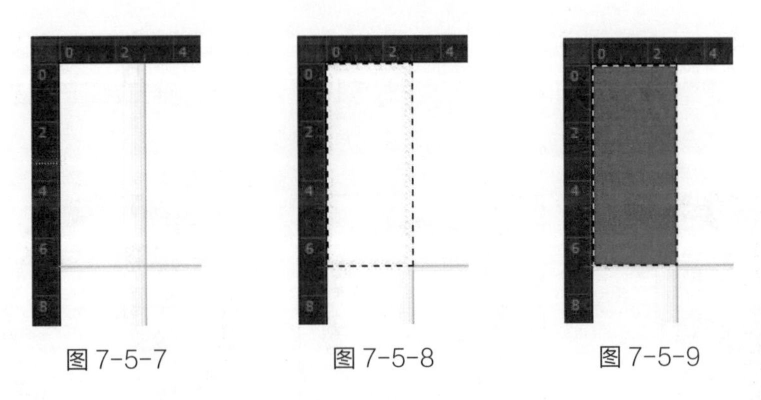

图 7-5-7　　图 7-5-8　　图 7-5-9

④ 将光标移至垂直标尺上，分别拖动出两条垂直辅助线至窗口的 1 cm 和 2 cm 处，如图 7-5-10 所示；再将光标移至水平标尺上分别拖动出 6 条水平辅助线至窗口的 1 cm、2 cm、3 cm、4 cm、5 cm、6 cm 处，如图 7-5-11 所示；选择矩形选框工具，绘制出如图 7-5-12 所示的选区；按下 Del 键，对图层 2 选区中的内容进行删除，如图 7-5-13 所示。

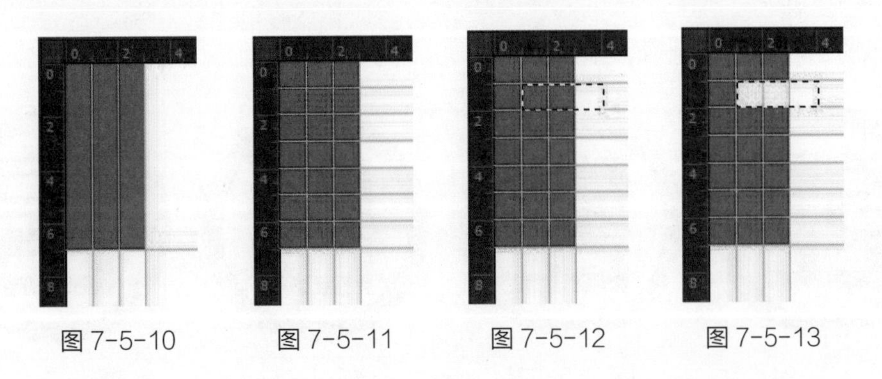

图 7-5-10　　图 7-5-11　　图 7-5-12　　图 7-5-13

⑤ 移动选区至图7-5-14所示的位置；按下Del键，对选区中的内容进行删除，如图7-5-15所示；再移动选区至图7-5-16所示的位置；按下Del键，对选区中的内容进行删除，如图7-5-17所示。

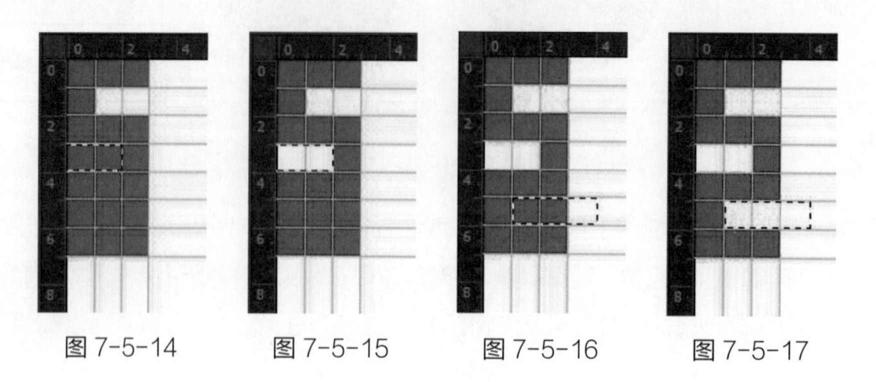
图7-5-14　图7-5-15　图7-5-16　图7-5-17

⑥ 按下Ctrl+D键，取消选区，按下Ctrl+"；"键，隐藏辅助线，如图7-5-18所示；显示图层1的对象，如图7-5-19所示；选择移动工具，将图层2的对象，移至红圈内，如图7-5-20所示。

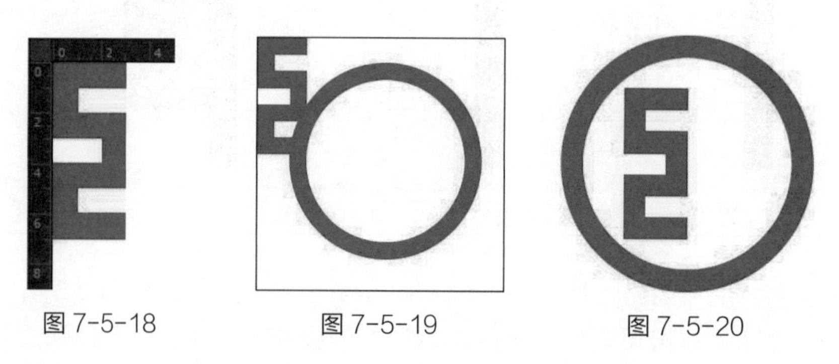
图7-5-18　图7-5-19　图7-5-20

⑦ 选择移动工具，按住Alt键，拖动复制图层2的对象，如图7-5-21所示；按下Ctrl+T键，对复制出的对象进行自由变换，如图7-5-22所示；右击自由变换的对象，在弹出的菜单中选择"水平翻转"命令，如图7-5-23所示；按下Enter键，确认变换，如图7-5-24所示，至此本案例制作完成。

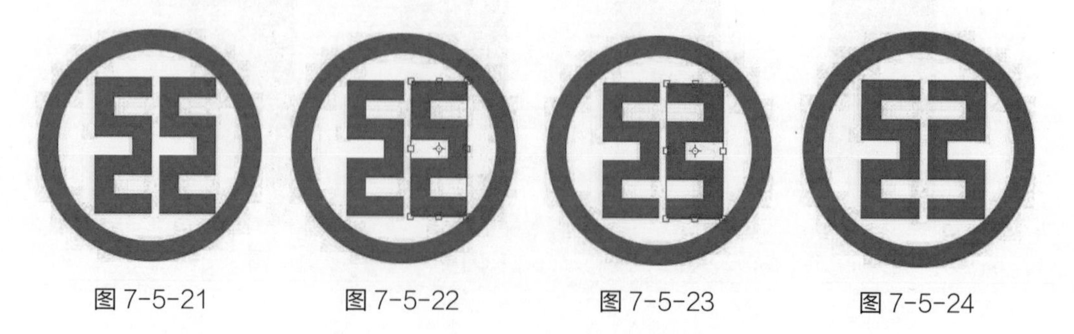
图7-5-21　图7-5-22　图7-5-23　图7-5-24

案例06 绘制顺德农商银行标志

本案例将绘制顺德农商银行标志，如下图所示。

操作步骤

① 按Ctrl+N键打开“新建”对话框，将文档的宽度和高度都设为600像素，分辨率设为100像素/英寸，其余参数不变，如图7-6-1所示，单击“确定”按钮，新建一个PSD文件。按下Ctrl+R键，在新建窗口显示标尺，将光标分别移至水平标尺和垂直标尺上拖动出水平辅助线和垂直辅助线至窗口中心位置，如图7-6-2所示，以确定窗口的中心点。

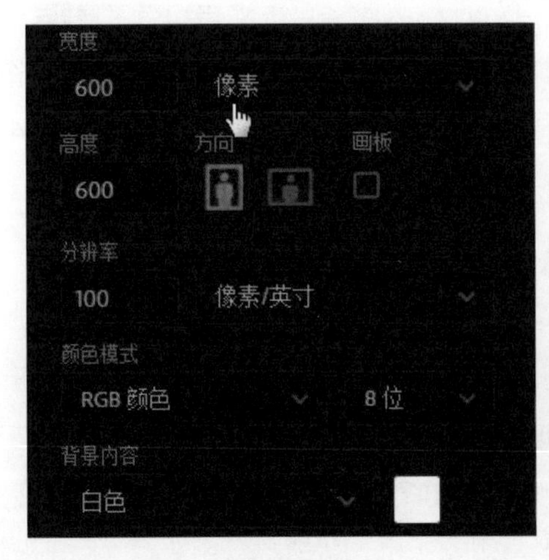

图7-6-1

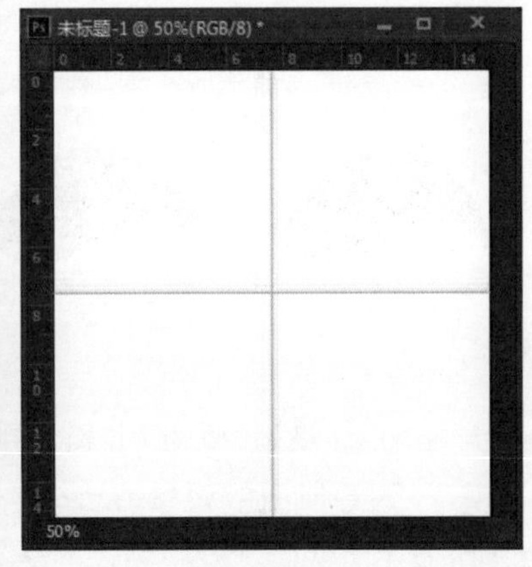

图7-6-2

② 在图层控制面板单击创建新图层图标，新建“图层1”，选择椭圆选框工具，将光标移至辅助线的交点，按住Alt+Shift键拖曳鼠标，在图层1上绘制出圆形选区，如图7-6-3所示；将前景颜色设为深蓝色，按下Alt+Del键，对选区进行填充，如图7-6-4所示；选择矩形选框工具，选定下半圆，框选出如图7-6-5所示的选区；按下Del键，删除选区的对象，按下Ctrl+D键，取消选区，如图7-6-6所示。

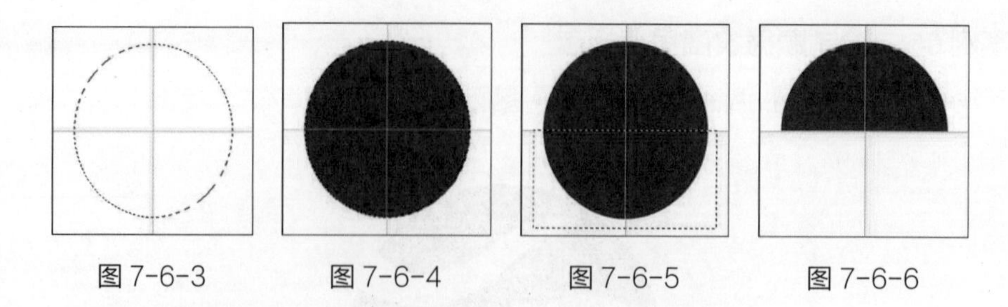

图 7-6-3　　图 7-6-4　　图 7-6-5　　图 7-6-6

③ 将光标分别移至水平标尺和垂直标尺上，拖动出如图 7-6-7 所示的辅助线；选择钢笔工具，绘制出如图 7-6-8 所示的路径；选择转换点工具，修改调整路径，如图 7-6-9 所示；在路径面板中单击将路径作为选区载入图标，按下 Del 键，删除选区中的对象，如图 7-6-10 所示；按下 Ctrl+D 键，取消选区。

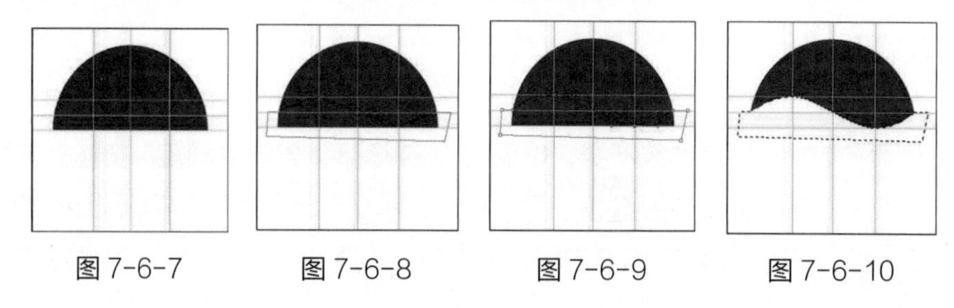

图 7-6-7　　图 7-6-8　　图 7-6-9　　图 7-6-10

④ 选择钢笔工具，绘制出如图 7-6-11 所示的路径；选择转换点工具，修改调整路径，如图 7-6-12 所示；在路径面板中单击将路径作为选区载入图标，如图 7-6-13 所示；按下 Del 键，删除选区中的对象，按下 Ctrl+D 键，取消选区，如图 7-6-14 所示。

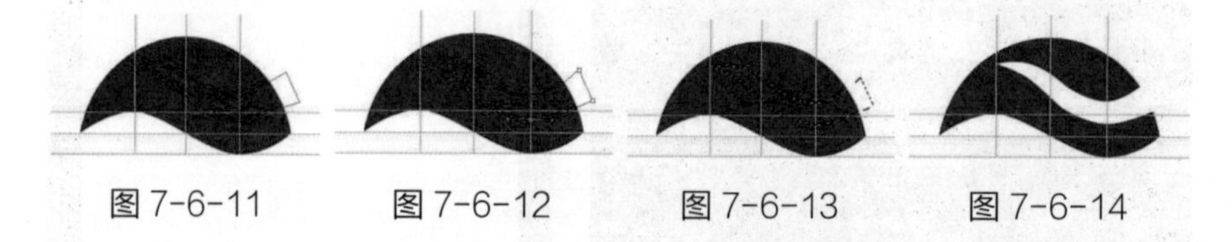

图 7-6-11　　图 7-6-12　　图 7-6-13　　图 7-6-14

⑤ 选择移动工具，按住 Alt 键，拖动复制图层 1 的对象，如图 7-6-15 所示；按下 Ctrl+T 键，对复制出的对象进行自由变换，如图 7-6-16 所示；右击自由变换的对象，在弹出的菜单中选择“水平翻转”命令，如图 7-6-17 所示；再次右击自由变换的对象，在弹出的菜单中选择“垂直翻转”命令，按下 Enter 键，确认变换，如图 7-6-18 所示，至此本案例制作完成。

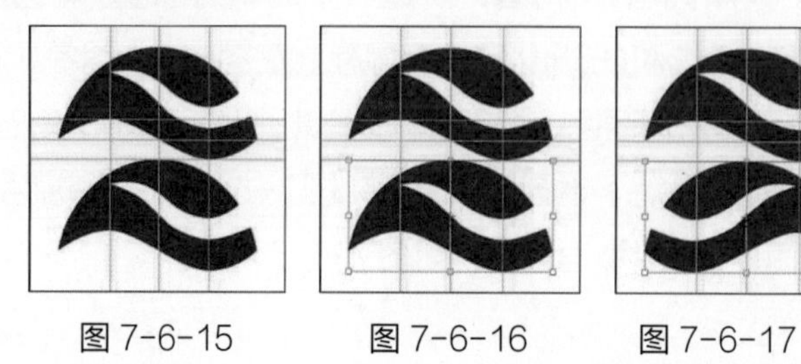

图 7-6-15　　图 7-6-16　　图 7-6-17　　图 7-6-18

案例 07　绘制学校标志

本案例将绘制北滘职业技术学校标志，如下图所示。

操作步骤

❶ 按 Ctrl+N 键打开新建对话框，将文档的宽度和高度都设为 600 像素，分辨率设为 100 像素 / 英寸，其余参数不变，如图 7-7-1 所示，单击“确定”按钮，新建一个 PSD 文件。按下 Ctrl+R 键，在新建窗口显示标尺，将光标分别移至水平标尺和垂直标尺上拖动出水平辅助线和垂直辅助线至窗口中心位置，如图 7-7-2 所示，以确定窗口的中心点。

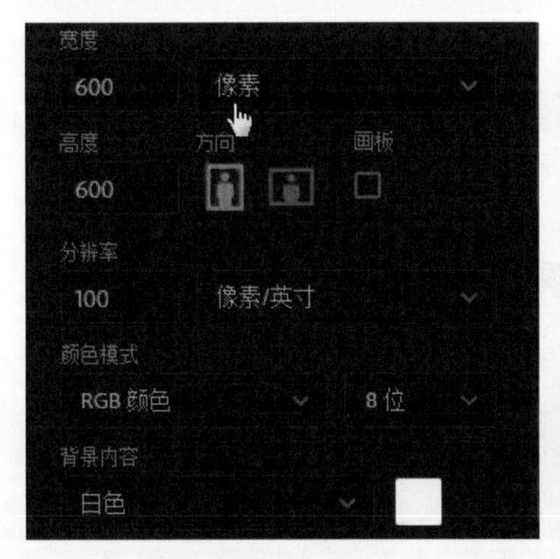

图 7-7-1

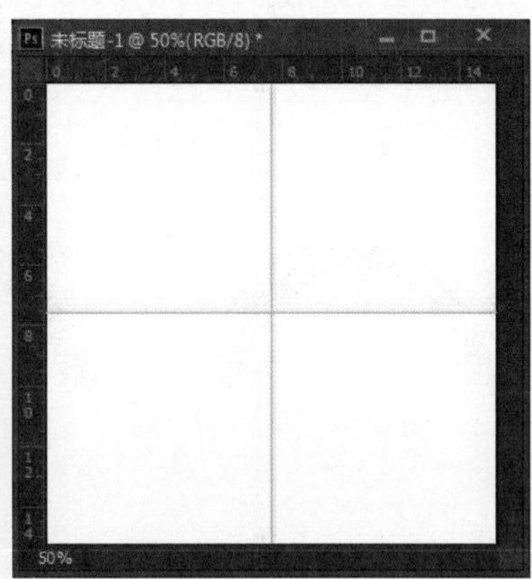

图 7-7-2

❷ 在图层控制面板单击创建新图层图标，新建“图层 1”，选择椭圆选框工具，将光标移至辅助线的交点，按住 Alt+Shift 键拖曳鼠标，在图层 1 上绘制出圆形选区，如图 7-7-3 所示；将前景颜色设为深绿色，按下 Alt+Del 键，对选区进行填充，如图 7-7-4 所示；执行“选择 > 变换选区”命令，按住 Alt+Shift 键拖曳鼠标缩小选区，如图 7-7-5 所示；将背景颜色设为白色，按下 Ctrl+Del 键填充选区，如图 7-7-6 所示。

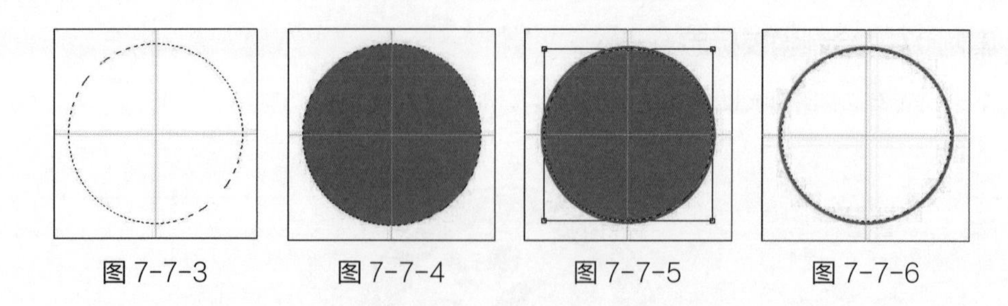

图 7-7-3　　图 7-7-4　　图 7-7-5　　图 7-7-6

③ 继续执行“选择＞变换选区”命令，按住 Alt+Shift 键拖曳鼠标缩小选区，如图 7-7-7 所示；按下 Alt+Del 键，填充前景颜色如图 7-7-8 所示；继续缩小选区，并对选区进行填充白色处理，如图 7-7-9 所示；按下 Ctrl+D 键，取消选区，如图 7-7-10 所示。

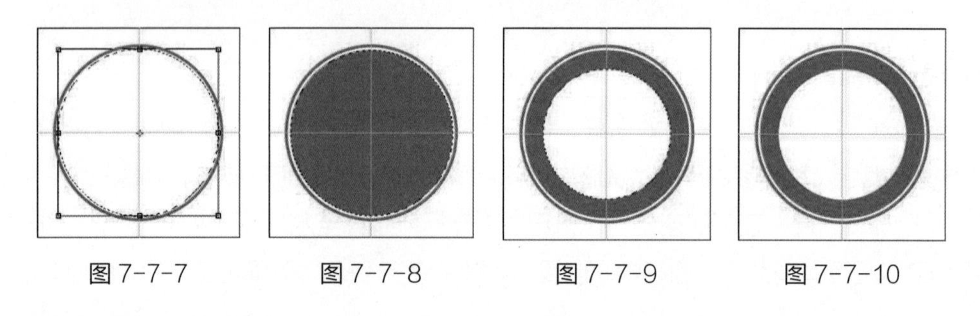

图 7-7-7　　图 7-7-8　　图 7-7-9　　图 7-7-10

④ 选择钢笔工具，建立如图 7-7-11 所示路径；在路径面板中点击将路径作为选区载入图标，如图 7-7-12 所示；新建图层 2，将前景颜色设为红色，按下 Alt+Del 键，对选区进行填充，如图 7-7-13 所示，按下 Ctrl+D 键，取消选区。

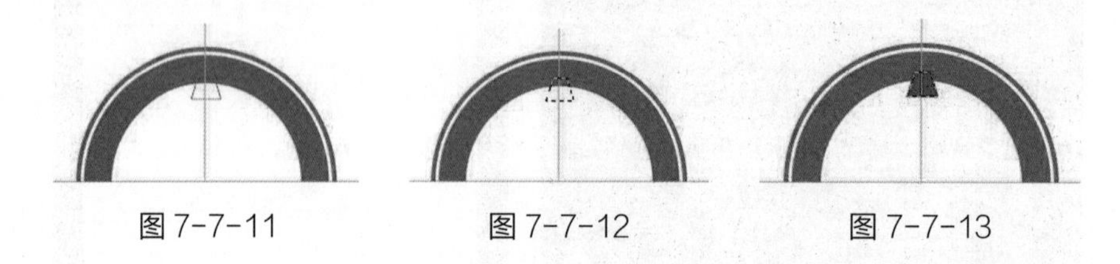

图 7-7-11　　图 7-7-12　　图 7-7-13

⑤ 按下 Ctrl+T 键，将变形点拖至辅助线的交点处，如图 7-7-14 所示；在属性栏中将旋转角度设为 22.5 度，按下 Enter 键，如图 7-7-15 所示；连续 15 次按下“Ctrl+Shift+Alt+T”对选定的对象进行复制并应用变形操作，如图 7-7-16 所示。

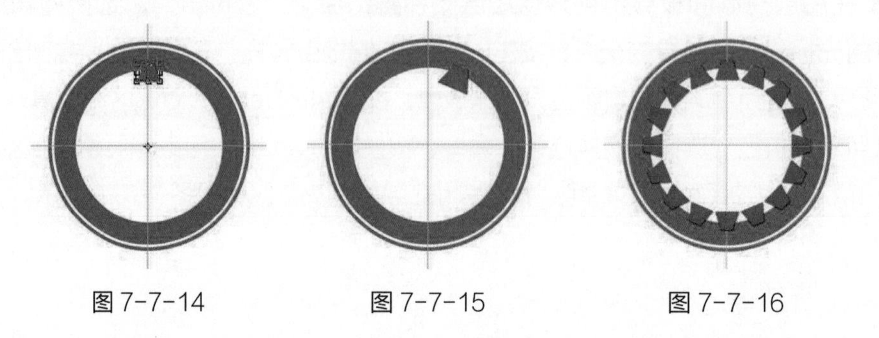

图 7-7-14　　图 7-7-15　　图 7-7-16

⑥ 单击选定“图层 2”，按住 Shift 键单击“图层 2 副本 15”，选定“图层 2”至“图层 2 副本 15”的 16 个图层，按下 Ctrl+E 键，合并选定的图层。

⑦ 选择多边形套索工具，建立如图 7-7-17 所示选区；按下 Del 键，对图层 2 选区内的对象进行删除，如图 7-7-18 所示；按下 Ctrl+D 键，取消选区，如图 7-7-19 所示。

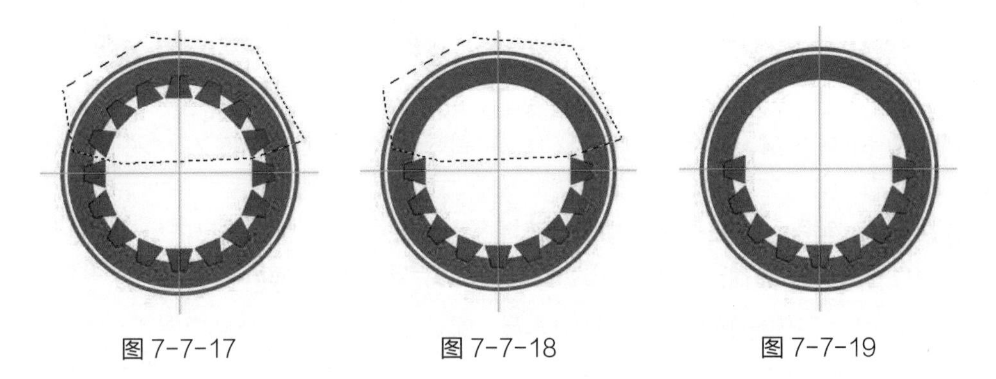

图 7-7-17　　图 7-7-18　　图 7-7-19

⑧ 按住 Ctrl 键，单击合并的图层，将合并图层的对象转为选区，如图 7-7-20 所示；隐藏合并的图层，如图 7-7-21 所示；选定图层 1，按下 Del 键，删除图层 1 选定的对象，按下 Ctrl+D 键，取消选区，如图 7-7-22 所示。

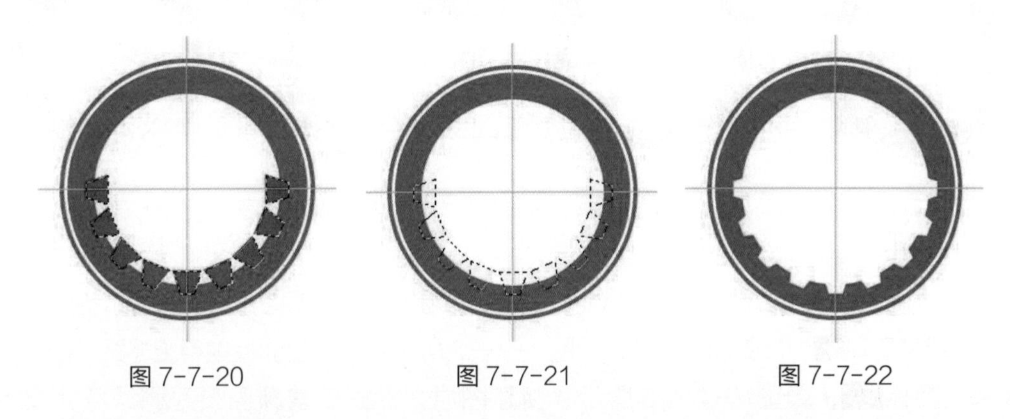

图 7-7-20　　图 7-7-21　　图 7-7-22

⑨ 选择椭圆工具，在属性面板中选择路径，如图 7-7-23 所示。

图 7-7-23

⑩ 将光标移至辅助线的交点，按住 Alt+Shift 键拖曳鼠标绘制圆形，如图 7-7-24 所示；选择文本工具，将字体设为隶书，字号设为 28 点，在圆形的路径上单击鼠标，如图 7-7-25 所示；录入文字“佛山市顺德区北滘职业技术学校”，如图 7-7-26 所示。

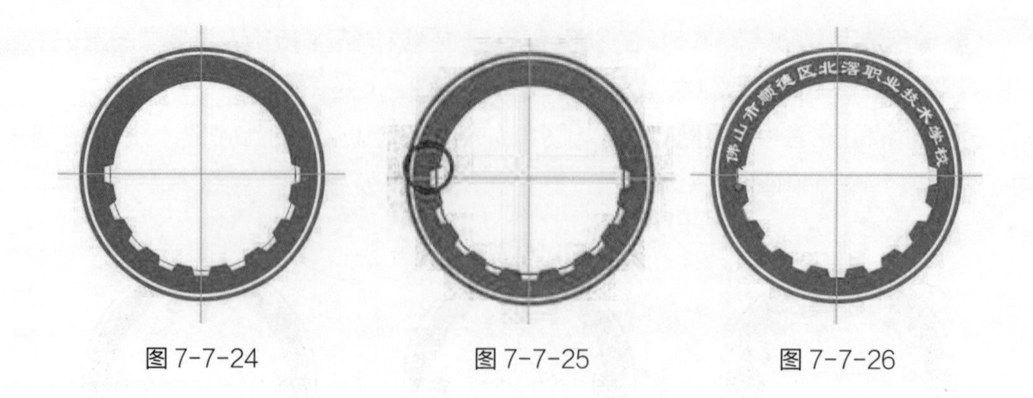

图 7-7-24　　图 7-7-25　　图 7-7-26

⑪ 隐藏文字图层，打开路径面板，选择圆形路径，按下 Ctrl+T 键进行自由变换，如图 7-7-27 所示；放大路径，如图 7-7-28 所示；选择文本工具，将字体设为 Arial，字号设为 14 点，在圆形的路径上单击鼠标，录入文字“BEI JIAO SECONDARY VOCATIONAL SCHOOL SHUNDE FOSHAN”，如图 7-7-29 所示；将文字水平翻转，并适当调整角度和大小如图 7-7-30 所示。

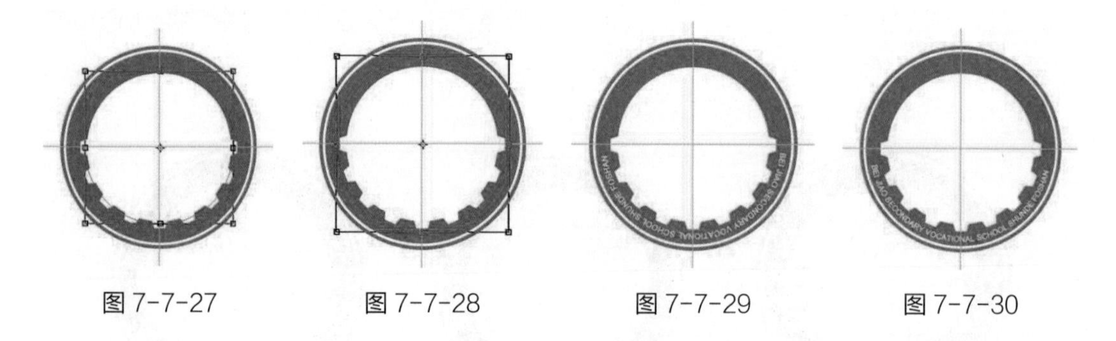

图 7-7-27　　图 7-7-28　　图 7-7-29　　图 7-7-30

⑫ 显示刚才隐藏的文字图层，选择钢笔工具，绘制出如图 7-7-31 所示的路径；选择转换点工具，修改调整路径，如图 7-7-32 所示；在路径面板中单击将路径作为选区载入图标，如图 7-7-33 所示；新建图层 3，将前景颜色设为深绿色，按下 Alt+Del 键，用前景颜色填充选区，如图 7-7-34 所示；按下 Ctrl+D 键，取消选区。

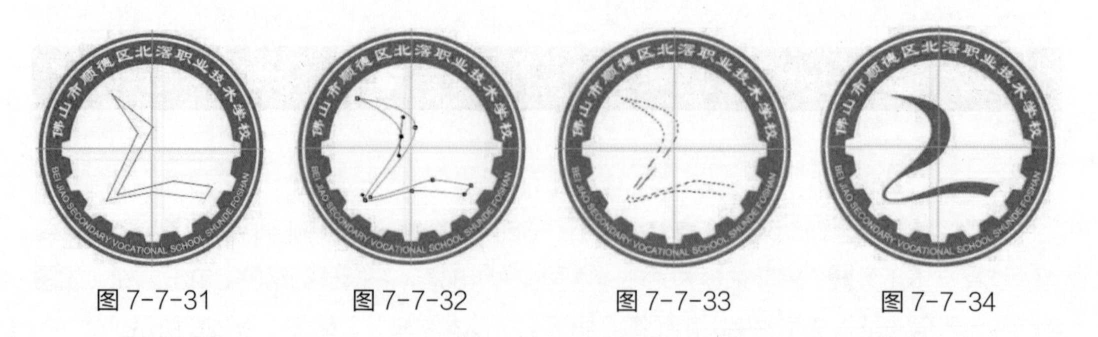

图 7-7-31　　图 7-7-32　　图 7-7-33　　图 7-7-34

⑬ 选择椭圆选框工具，建立如图 7-7-35 所示选区；按下 Alt+Del 键，在图层 3 上用前景颜色填充选区，如图 7-7-36 所示；按下 Ctrl+D 键，取消选区。

图 7-7-35

图 7-7-36

⑭ 选择多边形工具，在属性栏中选择像素，并将边数设为 4，单击几何选项图标，如图 7-7-37 所示；在对话框中选择星型，新建图层 4，将前景颜色设为橙色，绘制星型，如图 7-7-38 所示；按下 Ctrl+T 键，沿水平方向缩小星型，如图 7-7-39 所示。

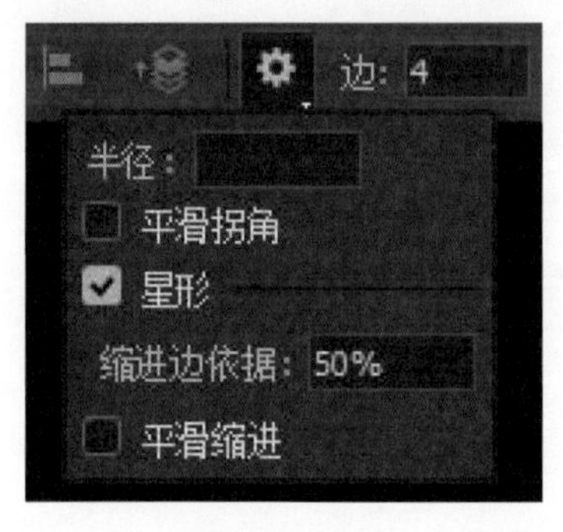

图 7-7-37

图 7-7-38

图 7-7-39

⑮ 选择椭圆选框工具，建立如图 7-7-40 所示选区；新建图层 5，按下 Alt+Del 键，在图层 5 上用前景颜色填充选区，如图 7-7-41 所示；向右移动选区，并执行“选择 > 变换选区”命令，适当放大选区，如图 7-7-42 所示；按 Enter 键，确认变换，按下 Del 键，删除选区内的对象，如图 7-7-43 所示；按下 Ctrl+D 键，取消选区。至此，本案例制作完成。

图 7-7-40

图 7-7-41

图 7-7-42

图 7-7-43

7.5 学习评价

评价内容	评价标准	是否掌握	分值	得分
知识点	了解形状工具组、钢笔工具组、路径工具组、路径面板的功能和用途，并了解这些工具的使用方法和相关注意事项		20	
技能点	学会使用形状工具和钢笔工具绘制常见的手机图标		10	
	学会使用形状工具和钢笔工具绘制常见的汽车标志		10	
	学会使用形状工具和钢笔工具绘制常见的交通标志		10	
	学会使用形状工具和钢笔工具绘制常见的银行标志		10	
	学会使用形状工具和钢笔工具绘制常见的运动品牌标志		10	
	学会使用形状工具和钢笔工具绘制学校标志		10	
职业素养	完成的案例操作是否符合审美要求		10	
	在完成本章案例操作过程中是否体现了精益求精的工匠精神		10	
合 计				

7.6 课后练习

练习 1：绘制苏宁易购 LOGO 和 QQ 图标，如下图所示。

练习 2：绘制奔驰、别克、丰田汽车标志，如下图所示。

练习 3：绘制限高、停车、禁鸣喇叭交通标识牌，如下图所示。

练习 4：绘制中国银行、中国建设银行、中国农业银行的标志，如下图所示。

练习 5：绘制 NIKE、李宁、贵人鸟运动品牌标志，如下图所示。

第 8 章　制作 GIF 动画

8.1 本章概述

在前面我们所学的课程中，Photoshop 只是被用来进行图形图像编辑、绘图、文字效果等静态图像的处理和设计。除此以外，Photoshop CC 2017 还具备较强的动画制作功能，利用 Photoshop CC 2017 也能制作出精美、实用的动画。本章主要介绍帧动画和视频时间轴动画的相关知识，并通过 10 个典型案例讲解文字动画、广告动画、轮播图动画等常见动画的制作方法和技巧。

8.2 学习导图

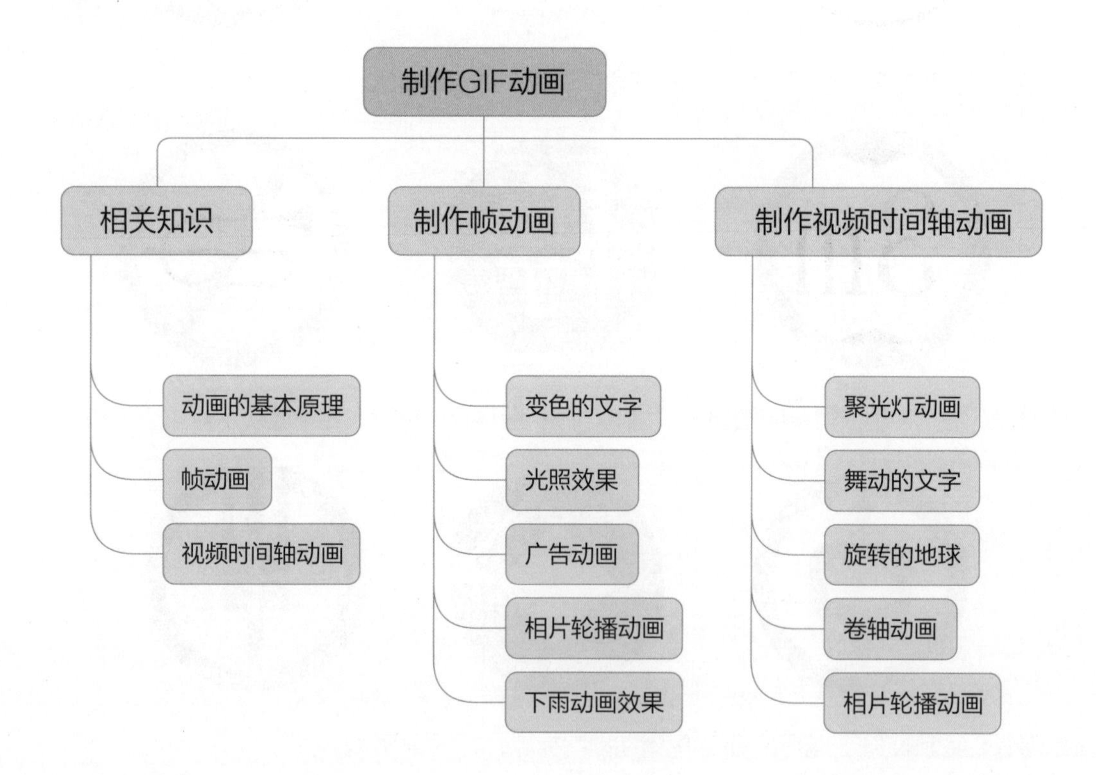

8.3 相关知识

8.3.1 动画的基本原理

动画形成原理是因为人眼有视觉暂留的特性，所谓视觉暂留就是在看到一个物体后，即使该物体快速消失，也还是会在眼中留下一定时间的持续影像，这在物体较为明亮的情况下尤为明显。最常见的就是夜晚拍照时使用闪光灯，虽然闪光灯早已熄灭，但被摄者眼中还是会留有光晕并维持一段时间。

对这个特点最早期的应用，我们上小学时也许就已经做过了——在课本的页脚画上许多人物的动作，然后快速翻动，这种在眼中实现连续的影像就是动画。需要注意的是，这里的动画并不是指卡通动画片，虽然卡通动画的制作原理相同，但这里的动画是泛指所有的连续影像。

总结起来，所谓动画，就是用多幅静止画面连续播放，利用视觉暂留特性形成连续影像。比如传统的电影，就是用一长串连续记录着单幅画面的胶卷，按照一定的速度依次用灯光投影到屏幕上。这里就有一个速度的要求，试想一下如果我们缓慢地翻动课本，感受到的只会是多个静止画面而非连续影像。播放电影也是如此，如果速度太慢，观众看到的就等于是一幅幅轮换的幻灯片。为了让观众感受到连续影像，电影以每秒24张画面的速度播放，也就是一秒钟内在屏幕上连续投射出24张静止画面。通常用FPS来衡量动画/视频的播放流畅程度，F是英文单词frame（画面、帧），P是per（每），S是second（秒），用中文表达就是多少帧每秒，或每秒多少帧。电影通常采用24FPS，简称为24帧。

可用于制作动画的软件有很多，比如Flash、PR、AE、PS，等等。但无论使用哪一个软件，其制作原理都是相同的。所以我们现在的任务是将已经学到的Photoshop基础知识扩展到动画制作上，并从中掌握制作动画的一般性技巧和方法。这些知识以后仍然可以应用于其他软件。

8.3.2 帧动画

8.3.2.1 帧动画的创建方式

执行“窗口>时间轴”命令，可以在PS窗口中打开时间轴面板，单击创建视频时间轴旁边的下拉图标（如图1红色方框所示位置），会弹出“创建视频时间轴”和“创建帧动画”选项，选择“创建帧动画”选项，此时面板如图2所示，单击光标所示位置，即可创建帧动画。

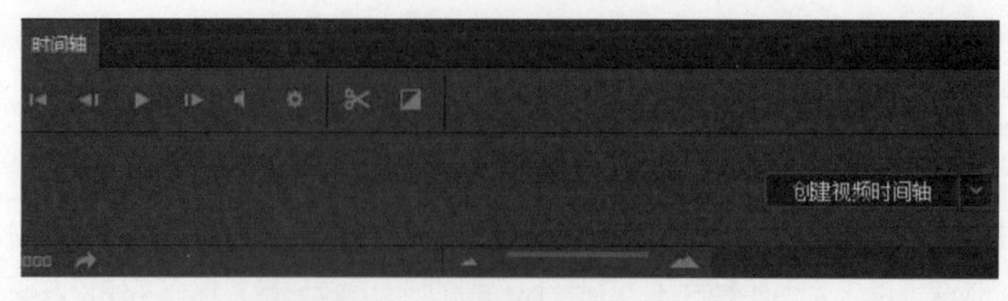

图 1

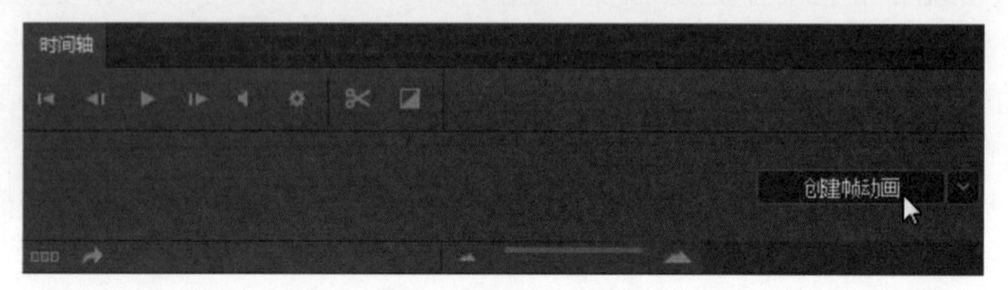

图 2

8.3.2.2　帧动画面板及其各部分的功能（图3）

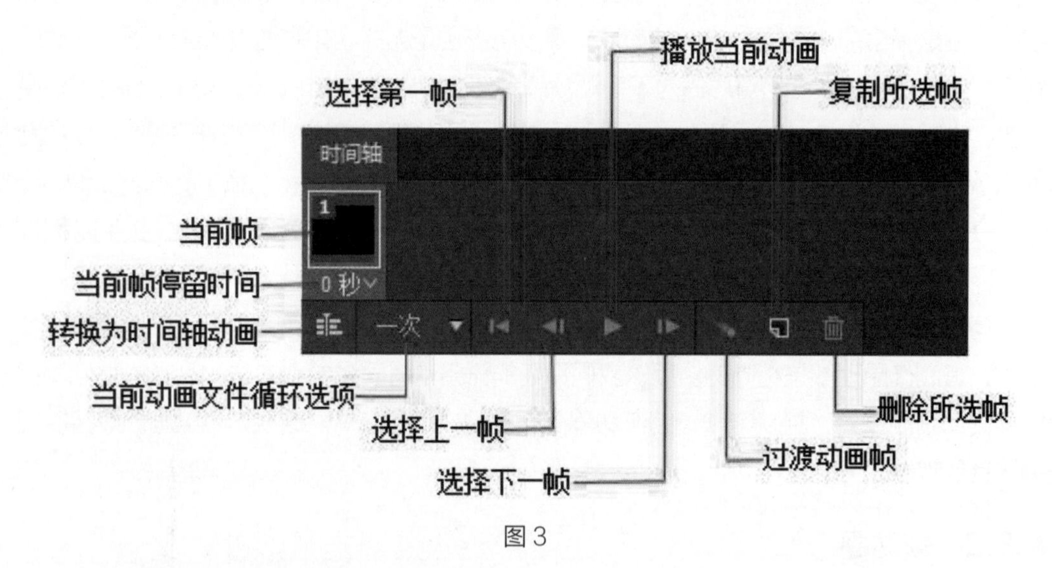

图 3

◆当前帧：即动画文件中当前的单幅画面。

◆当前帧停留时间：当前画面停顿时间。

◆当前动画文件循环选项：设定当前动画循环播放次数。

◆选择第一帧：选择动画开始的单幅画面。

◆选择上一帧：选择上一幅单幅画面。

◆播放当前动画：预览当前动画。

◆过渡动画帧：两个帧之间的位置、透明度、效果变换。

◆复制所选帧：复制当前画面。

◆删除所选帧：删除当前画面。

◆转换为时间轴动画：转换为更复杂的、功能更强大的动画面板。

8.3.3 视频时间轴动画

8.3.3.1 图层类型及其对应时间轴的动作属性

Photoshop有5种类型的图层，分别为像素图层、调整图层、文字图层、形状图层以及智能对象。而对应的时间轴里面，各种类型的图层都有对应时间轴的动作属性，如图4所示：

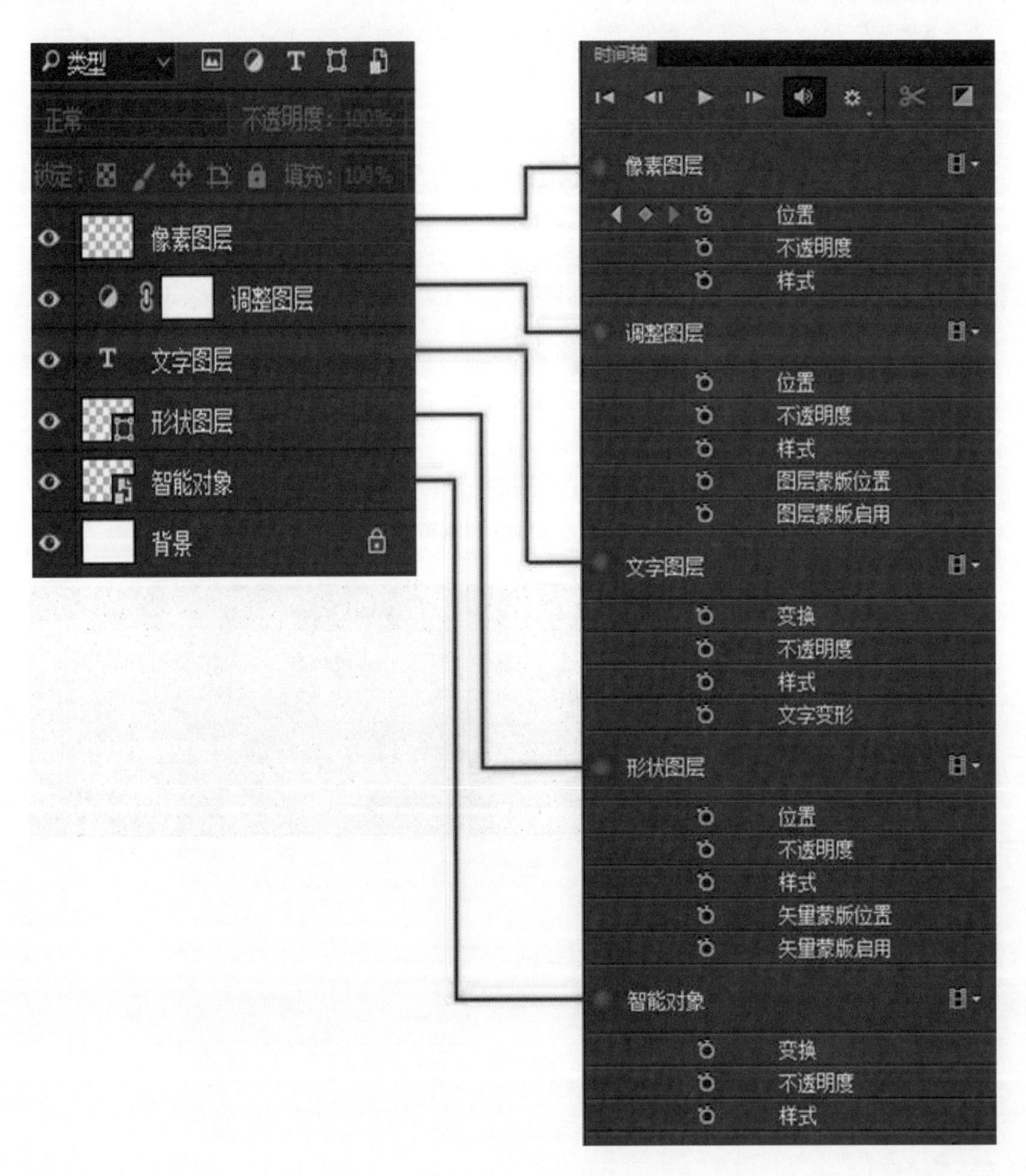

图4

◆像素图层：对应的动作属性有位置、不透明度、样式。

◆调整图层：对应的动作属性有位置、不透明度、样式、图层蒙版位置、图层蒙版启用。

◆文字图层：对应的动作属性有变换、不透明度、样式、文字变形。

◆形状图层：对应的动作属性有位置、不透明度、样式、图层蒙版位置、图层蒙版启用。

◆智能对象：对应的动作属性有变换、不透明度、样式。

8.3.3.2　各种动作属性的意义

◆位置：单纯控制图层对象在画布上的移动，它不包含旋转和缩放，并且对形状图层无效。

◆不透明度：控制图层对象的整体透明度。

◆样式：图层样式，产生动画的是各种样式参数变化。通过样式可以产生很丰富的动画效果，如变色、外发光、内发光、投影，等等。

◆图层蒙版位置：使用蒙版的时候与图层蒙版启用一起使用。图层蒙板位置具有控制动画效果范围的作用。

◆矢量蒙版位置：形状图层中元素移动的位置，控制矢量图层对象的移动。

◆变换：动作最多的一个属性，其中包含移动、缩放、旋转、斜切、翻转。

8.3.3.3　视频时间轴动画的创建方式

执行“窗口 > 时间轴”命令，可以在 PS 窗口下方打开时间轴面板，单击创建视频时间轴图标，如图 5 光标所示的位置，即可创建视频时间轴动画。

图 5

8.4 典型案例

案例01 制作变色的文字

将“北职欢迎你”文字先制作逐字出现的动画效果，然后制作为蓝、红、绿、黄、紫五种颜色交替变换的效果，最后制作文字闪烁的动画效果，以下是动画某一时刻的状态。

北职欢迎你

操作步骤

① 按Ctrl+N键，新建一个600×150像素，分辨率为100像素/英寸，背景颜色为白色的RGB色彩模式的文件。

② 择文本工具T，在文字属性栏中将字体设为隶书，字号设为72点，字体颜色设为蓝色，录入文字“北职欢迎你”如图8-1-1所示。

北职欢迎你

图8-1-1

③ 选择文字图层，连续按下8次Ctrl+J键，复制出8个文字图层，此时图层面板如图8-1-2所示；选择第1个文字图层，删除掉后面的4个文字，保留“北”；选择第2个文字图层，删除掉后面的3个文字，保留“北职”；选择第3个文字图层，删除掉后面的2个文字，保留“北职欢”；选择第4个文字图层，删除掉后面的1个文字，保留“北职欢迎”；第5个文字图层不用修改，选择第6个文字图层，将文字的颜色修改为红色；选择第7个文字图层，将文字的颜色修改为绿色；选择第8个文字图层，将文字的颜色修改为黄色；选择第9个文字图层，将文字的颜色修改为紫色，此时图层面板如图8-1-3所示；隐藏所有的文字图层，如图8-1-4所示。

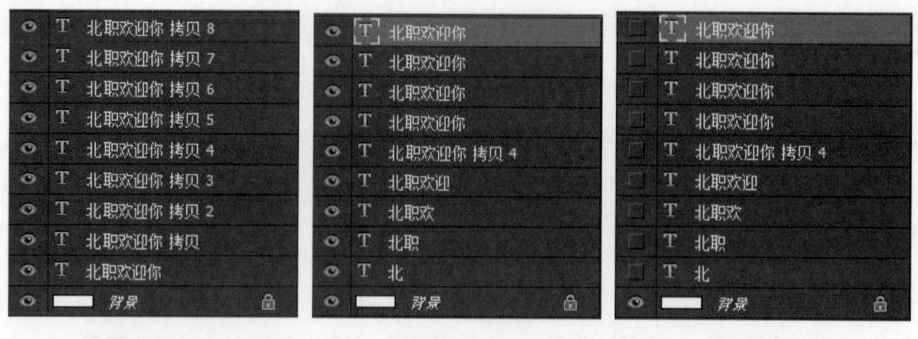

图 8-1-2　　图 8-1-3　　图 8-1-4

④ 执行“窗口＞时间轴”命令，打开时间轴面板，在时间轴面板上，单击创建帧动画图标，此时时间轴面板如图8-1-5所示；单击5秒旁边的下拉菜单，选择0.2，将帧的持续时间修改为0.2秒，如图8-1-6所示。

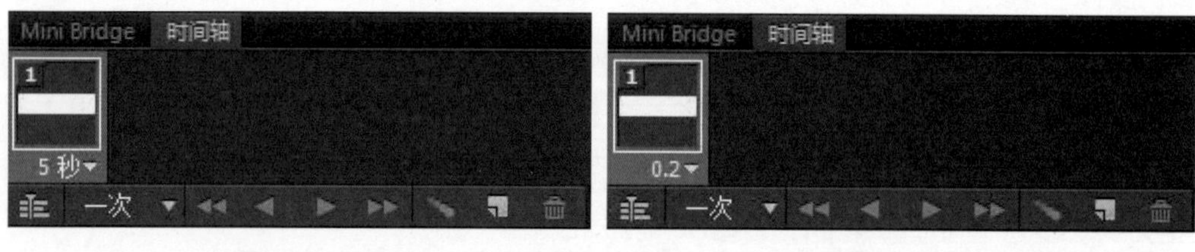

图 8-1-5　　图 8-1-6

⑤ 在时间轴面板上，单击复制所选帧图标，新建一个帧，在图层面板上显示第1个文字图层，此时图层面板如图8-1-7所示；继续单击复制所选帧图标，再新建一个帧，在图层面板上显示第2个文字图层，继续使用相同的操作，制作出逐字出现的效果，此时时间轴面板如图8-1-8所示。

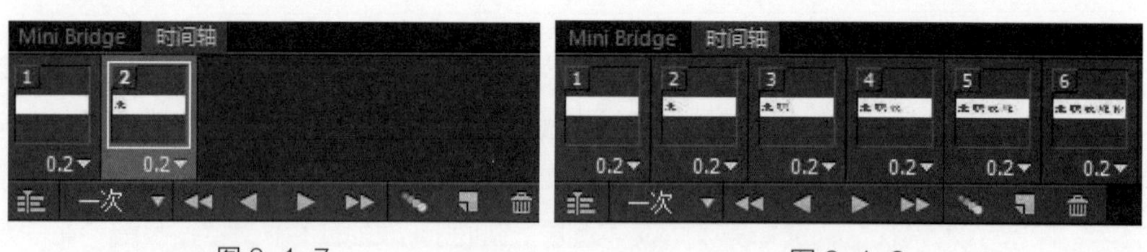

图 8-1-7　　图 8-1-8

⑥ 在时间轴面板上，单击复制所选帧图标，新建一个帧，在图层面板上显示第6个文字图层；继续单击复制所选帧图标，新建一个帧，在图层面板上显示第7个文字图层，继续使用相同的操作，制作出“蓝—红—绿—黄—紫”变色的文字效果，此时时间轴面板，如图8-1-9所示。

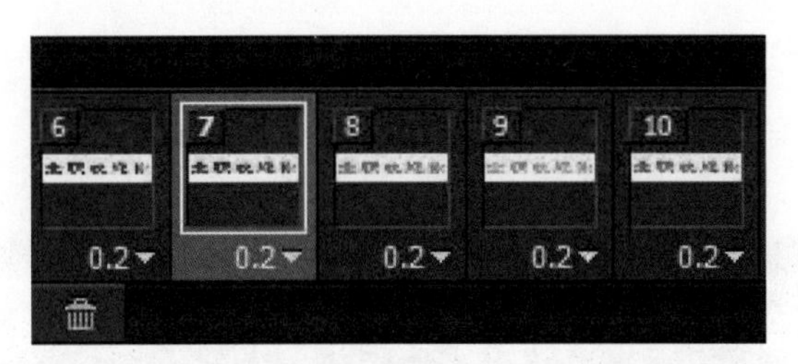

图 8-1-9

⑦ 在时间轴面板上，单击复制所选帧图标，新建一个帧，在图层面板上隐藏所有文字图层；继续单击复制所选帧图标，新建一个帧，在图层面板上显示第 9 个文字图层，继续使用相同的操作，多制作一次闪烁效果，并将最后一帧的显示时间修改为 2 秒，此时的时间轴面板如图 8-1-10 所示。

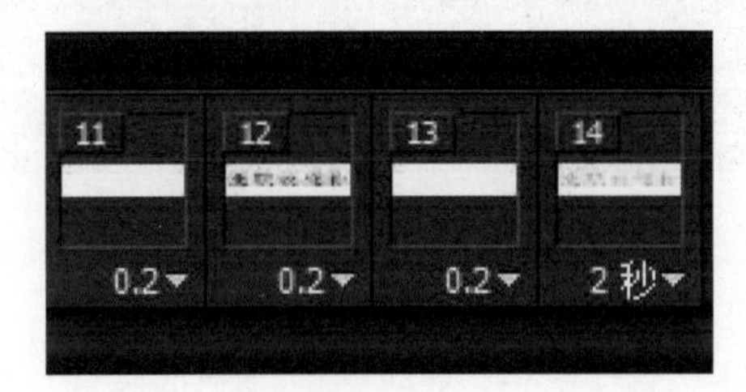

图 8-1-10

⑧ 执行“文件 > 导出 > 另存为 Web 所用格式”命令，打开“存储为 Web 所用格式”对话框，选择“GIF”文件格式，循环选项设为“永远”，设置完成后，单击“存储”按钮，导出 GIF 动画。

案例 02　制作光照效果

灯光循环照射“首付 71 万”，通过光照动画突出广告的重点。

操作步骤

① 按 Ctrl+O 键，打开【素材\8-2 文件夹\01.jpg】图片，如图 8-2-1 所示，在图层属性面板中单击新建图层图标，新建图层 1，将前景颜色设为黑色，按下 Alt+Del 用前景色填充图层 1，如图 8-2-2 所示。

图 8-2-1

图 8-2-2

② 执行“滤镜 > 渲染 > 镜头光晕”命令，打开“镜头光晕”对话框，让对话框中的参数保持默认状态，点击“确定”，此时效果如图 8-2-3 所示；选择工具箱中的椭圆选框工具，建立如图 8-2-4 所示的椭圆选区。

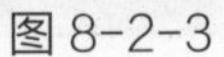

图 8-2-3

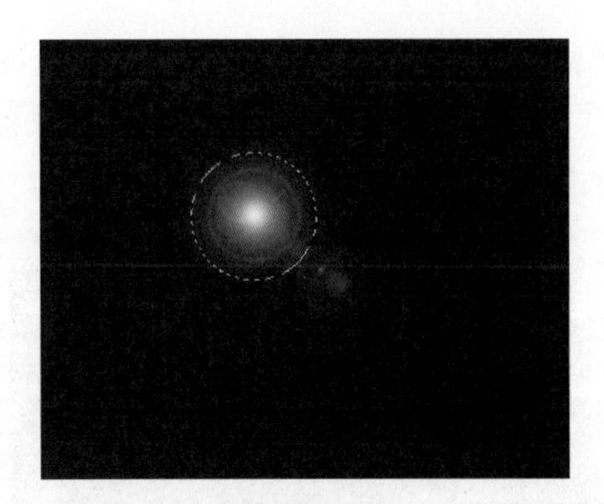

图 8-2-4

③ 执行“选择 > 修改 > 羽化”命令，将羽化的参数设为“20”，单击“确定”按钮，按下 Ctrl+Shift+I 键，执行反选命令，此时选区如图 8-2-5 所示；按下键盘的 Del 键，删除选区的内容，如图 8-2-6 所示。

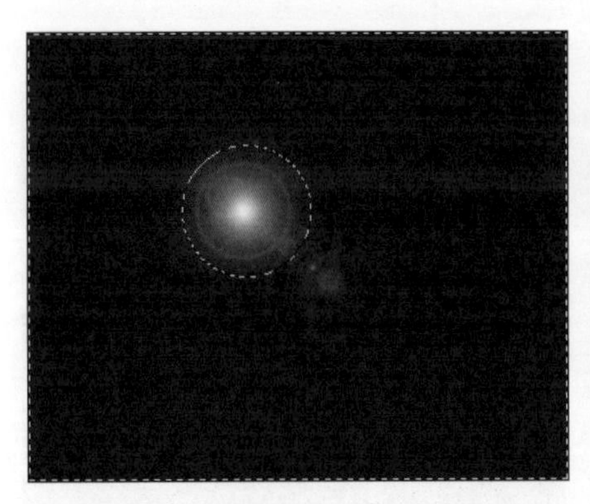

图 8-2-5

图 8-2-6

④ 在图层属性面板中，将图层混合模式设为“滤色”，此时效果如图 8-2-7 所示；选择移动工具，将光晕效果移动至如图 8-2-8 所示的位置。

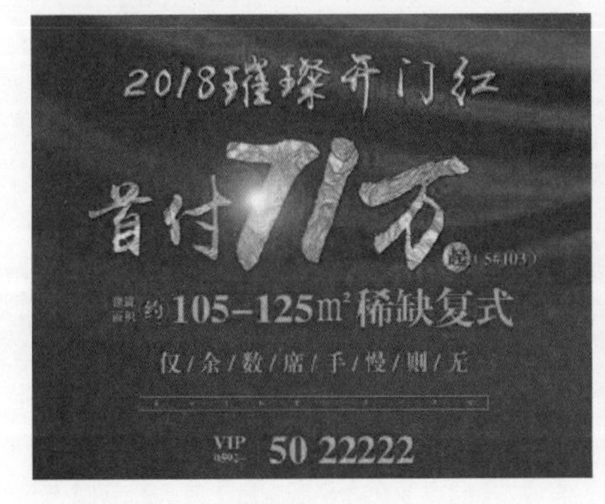

图 8-2-7

图 8-2-8

⑤ 执行“窗口 > 时间轴”命令，打开时间轴面板，在时间轴面板上，单击创建帧动画图标，此时的时间轴面板如图8-2-9所示；单击5秒旁边下拉菜单，选择0.2，将帧的持续时间修改为0.2秒，如图8-2-10所示。

图 8-2-9

图 8-2-10

⑥ 在时间轴面板上，单击复制所选帧图标，新建一个帧，选择移动工具，将光的位置移到图8-2-11所示的位置；继续单击复制所选帧图标，新建一个帧，选择移动工具，将光的位置移至图8-2-12所示的位置。

图 8-2-11

图 8-2-12

⑦ 执行“文件 > 导出 > 另存为Web所用格式”命令，打开“存储为Web所用格式”对话框，选择“GIF”文件格式，循环选项设为“永远”，设置完成后，单击“存储”按钮，导出GIF动画。

案例 03　制作广告动画

制作广告动图，首先是标志由模糊到清晰出现的动画效果，然后“大熊猫家居狂欢盛宴”文字由右向左平移出现；然后“店庆 9 周年大促”文字由左向右平移出现，接着闪烁。

操作步骤

① 按 Ctrl+O 键，打开【素材\8-2 文件夹\01.psd】文件，图层面板如图 8-3-1 所示；图层面板上的四个图层分别是背景层，Logo 图层，大熊猫家居狂欢盛宴图层，以及店庆 9 周年大促图层，隐藏除了背景层以外的 3 个图层，如图 8-3-2 所示。

图 8-3-1

图 8-3-2

② 执行“窗口 > 时间轴”命令，打开时间轴面板，在时间轴面板上，单击创建帧动画图标，并将第 1 帧的持续时间修改为 0.2 秒，显示 Logo 图层对象，并将“ Logo 图层”的不透明度设为“ 0”。单击复制所选帧图标，新建一个帧，在图层面板上中将 Logo 图层的不透明度设为“ 100”，选定第 1 帧，在时间轴面板上单击过渡帧动画图标，在弹出的对话框中，单击“确定”按钮，此时时间轴面板第 1 帧至第 7 帧的状态如图 8-3-3 所示。

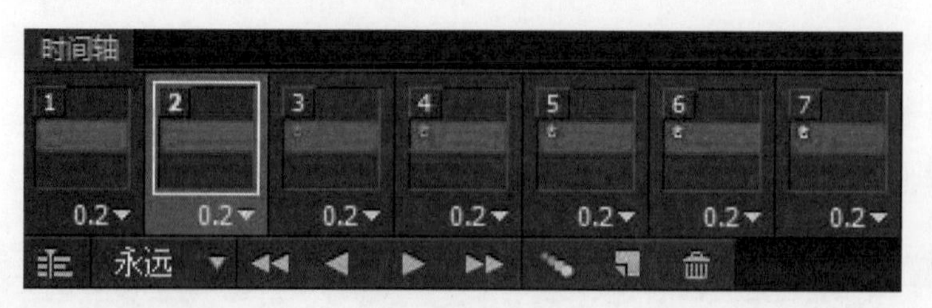

图 8-3-3

③ 单击复制所选帧图标，创建第8帧，在图层面板上中将“大熊猫家居狂欢盛宴图层”显示，继续单击复制所选帧图标，创建第9帧，选定第8帧，使用移动工具，按住Shift键，将第8帧的文字平移至画布的最右侧，在时间轴面板上单击过渡帧动画图标，在弹出的对话框中，将要添加的帧数参数设为“10”，单击“确定”按钮，此时时间轴面板第8帧至第19帧的状态如图8-3-4所示。

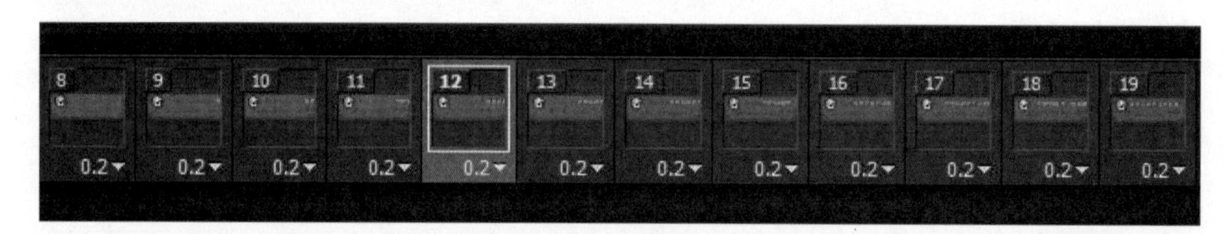

图 8-3-4

④ 单击复制所选帧图标，创建第20帧，在图层面板上显示“店庆9周年大促图层”，继续单击复制所选帧图标，创建第21帧，选定第20帧，使用移动工具，按住Shift键，将第20帧的文字平移至画布的最左侧，在时间轴面板上单击过渡帧动画图标，在弹出的对话框中，将要添加的帧数参数设为“10”，单击“确定”按钮，并将第31帧的持续时间设为“2秒”，此时时间轴面板第20帧至第31帧的状态如图8-3-5所示。

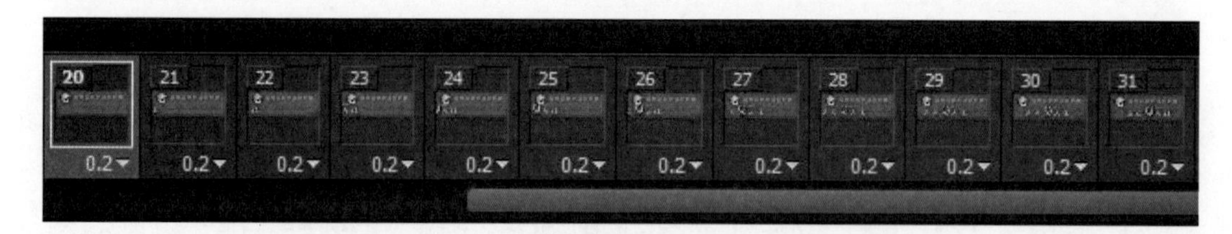

图 8-3-5

⑤ 单击复制所选帧图标，创建第32帧，隐藏“店庆9周年大促图层”；创建第33帧，显示“店庆9周年大促图层”；创建第34帧，隐藏“店庆9周年大促图层”；创建第35帧，显示“店庆9周年大促图层”；创建第36帧，隐藏“店庆9周年大促图层”；创建第37帧，显示“店庆9周年大促图层”，并将第37帧的持续时间设为“2秒”，此时时间轴面板第32帧至第37帧的状态如图8-3-6所示。

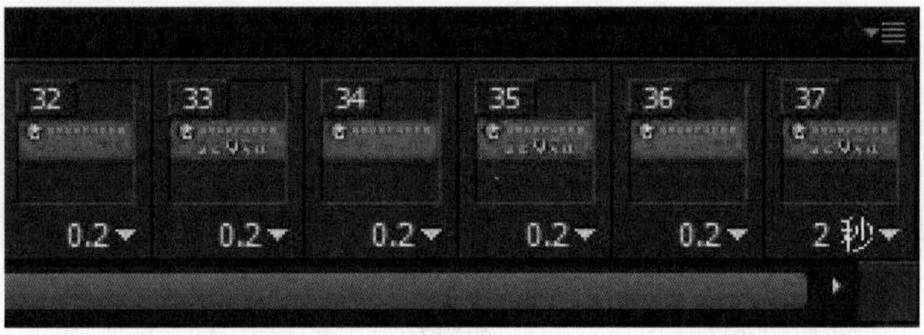

图 8-3-6

⑥ 执行“文件 > 导出 > 另存为 Web 所用格式”命令，打开“存储为 Web 所用格式”对话框，选择“ GIF ”文件格式，循环选项设为“永远”，设置完成后，单击“存储”按钮，导出 GIF 动画。

案例04　制作儿童相册轮播动画

制作五张儿童相片循环出现的动画效果，以下是动画某一时刻的状态。

操作步骤

① 按下Ctrl+O键，打开【素材\8-4文件夹\xk.jpg，01.jpg，02.jpg，03.jpg，04.jpg，05.jpg，06.jpg】图片，如图8-4-1～图8-4-6所示。

图8-4-1

图8-4-2

图8-4-3

图8-4-4

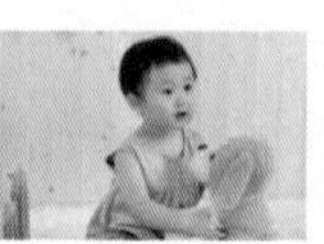
图8-4-5

图8-4-6

② 选择移动工具，将相片01.jpg～05.jpg依次拖至“xk.jpg”文件中，产生图层1、图层2、图层3、图层4、图层5等文件。此时图层面板如图8-4-7所示；暂时隐藏图层1至图层5，如图8-4-8所示。

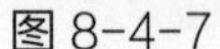
图8-4-7

图8-4-8

③ 在工具箱中选择魔棒工具，单击选定相框中的白色区域，如图8-4-9所示；按下Ctrl+J键，复制选区的对象到新的图层，此时图层面板如图8-4-10所示。

图8-4-9

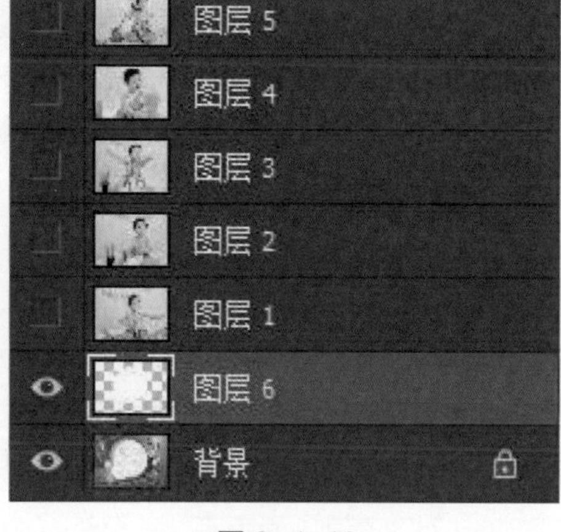

图8-4-10

④ 取消对图层1的隐藏，按住Alt键，在图层6和图层1中单击鼠标建立遮罩关系，按下Ctrl+T键，适当调整图层1对象的大小和位置，效果如图8-4-11所示；用同样的方法使得图层2、图层3、图层4、图层5也和图层6建立遮罩关系，并适当调整各图层对象的大小和位置，隐藏图层2～图层5，此时图层面板如图8-4-12所示。

图8-4-11

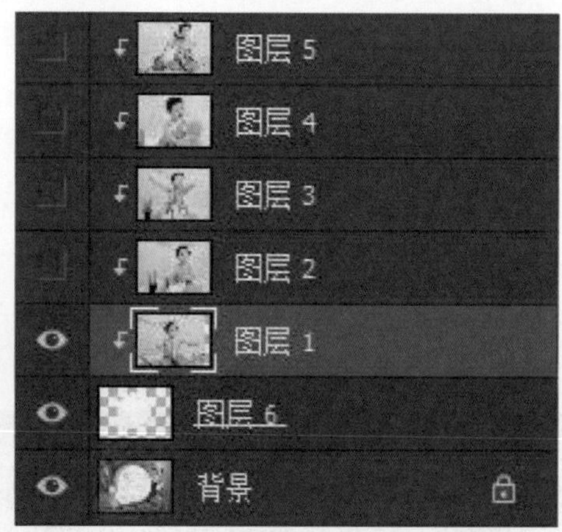

图8-4-12

⑤ 执行“窗口>时间轴”命令，打开时间轴面板，在时间轴面板上，单击创建帧动画图标，并将第1帧的持续时间修改为0.2秒，单击复制所选帧图标，创建第2帧，显示图层2，用同样的方式创建第3、第4、第5帧，并对应显示图层3、图层4、图层5，创建第6帧，在第6帧当中显示图层1，隐藏图层2～图层5，此时时间轴面板第1帧至第6帧的状态如图8-4-13所示。

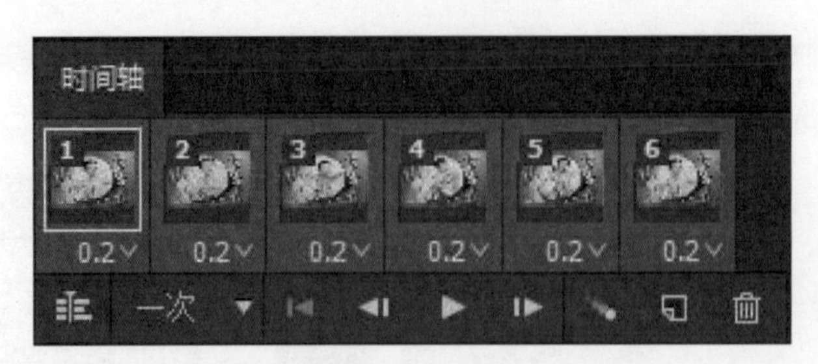

图 8-4-13

⑥ 选定第1帧，在时间轴面板上单击过渡帧动画图标，在弹出的对话框中，将要添加的帧数参数设为“5”，单击“确定”按钮，并将第1帧的持续时间设为“2秒”，此时时间轴面板第1帧至第6帧的状态如图8-4-14所示；选定第7帧，在时间轴面板上单击过渡帧动画图标，在弹出的对话框中单击“确定”按钮，并将第7帧的持续时间设为“2秒”，此时时间轴面板第7帧至第12帧的状态如图8-4-15所示。

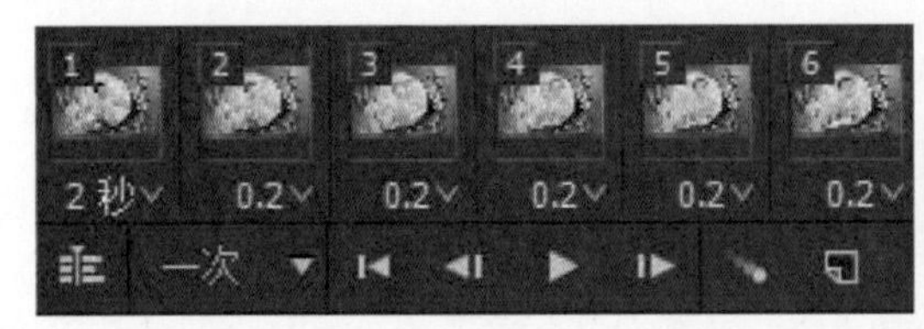

图 8-4-14

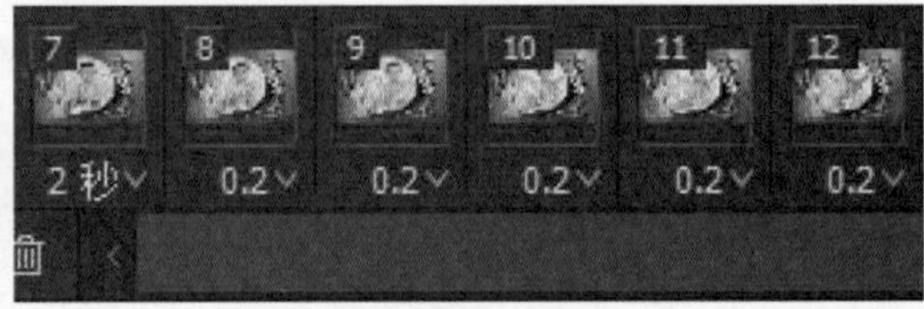

图 8-4-15

⑦ 选定第13帧，在时间轴面板上单击过渡帧动画图标，在弹出的对话框中单击“确定”按钮，并将第13帧的持续时间设为“2秒”，此时时间轴面板第13帧至第18帧的状态如图8-4-16所示；选定第19帧，在时间轴面板上单击过渡帧动画图标，在弹出的对话框中单击“确定”按钮，并将第19帧的持续时间设为“2秒”，此时时间轴面板第19帧至第24帧的状态如图8-4-17所示。

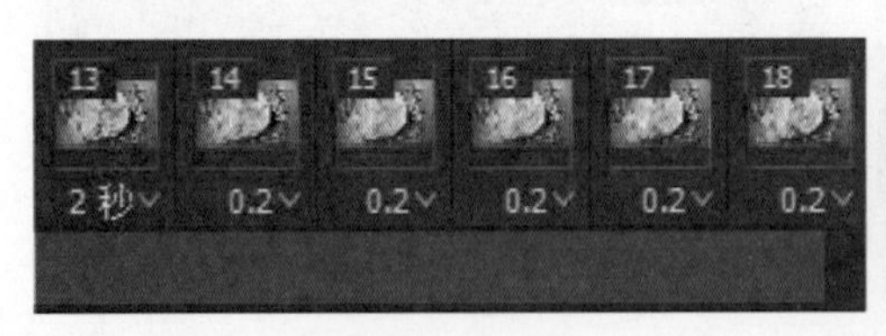

图 8-4-16

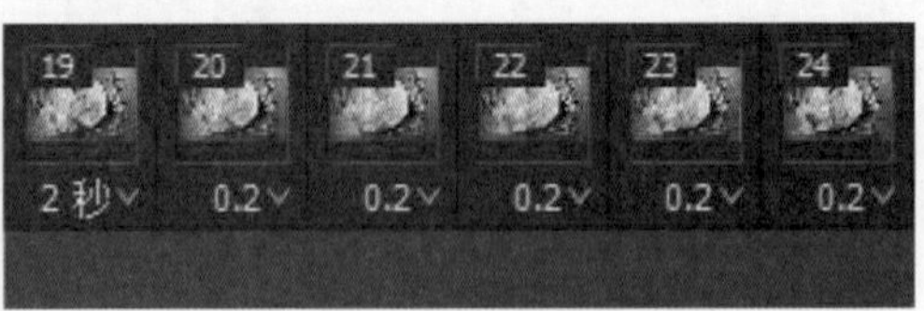

图 8-4-17

⑧ 选定第25帧，在时间轴面板上单击过渡帧动画图标，在弹出的对话框中单击“确定”按钮，并将第25帧的持续时间设为“2秒”，此时时间轴面板第25帧至第31帧的状态如图8-4-18所示。到第1帧，在时间轴面板上按下播放动画图标，可测试动画效果。

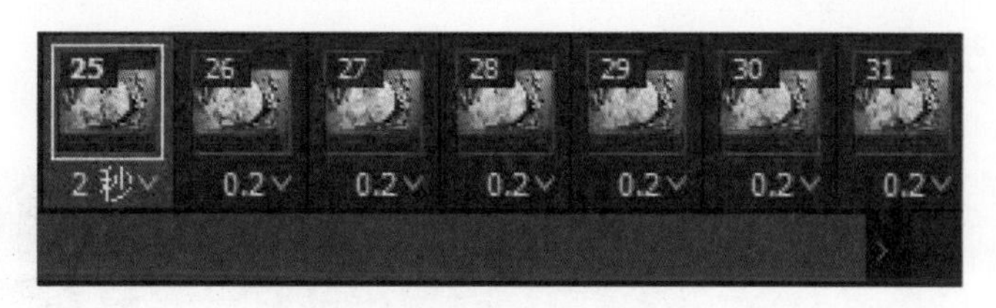

图 8-4-18

⑨ 执行“文件 > 导出 > 另存为 Web 所用格式”命令，打开“存储为 Web 所用格式”对话框，选择“ GIF” 文件格式，循环选项设为“永远” ，设置完成后，单击“存储”按钮，导出 GIF 动画。按下 Ctrl+S 键保存文件。

案例 05　制作下雨的动画效果

操作步骤

❶ 按Ctrl+O键，打开【素材\8-5文件夹\01.jpg】图片，如图8-5-1所示。执行“窗口>动作”命令，打开动作窗口，如图8-5-2所示。在动作窗口中，单击创建新动作图标，打开“新建动作”对话框，单击记录图标，开始记录接下来的操作步骤。

图 8-5-1

图 8-5-2

❷ 在图层面板单击创建新图层图标，新建图层1，将前景颜色设为黑色，按下Alt+Del键，用前景颜色填充图层1，执行“滤镜>像素化>点状化”命令，打开“点状化”对话框，并在“点状化”对话框中将单元格大小参数设为“3”，如图8-5-3所示。执行“图像>调整>阈值”命令，打开“阈值”对话框，调整阈值色阶值为“255”，减少白色点，如图8-5-4所示。

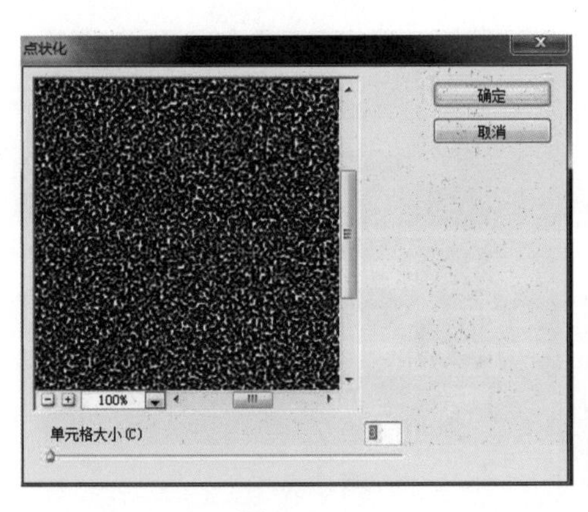

图 8-5-3

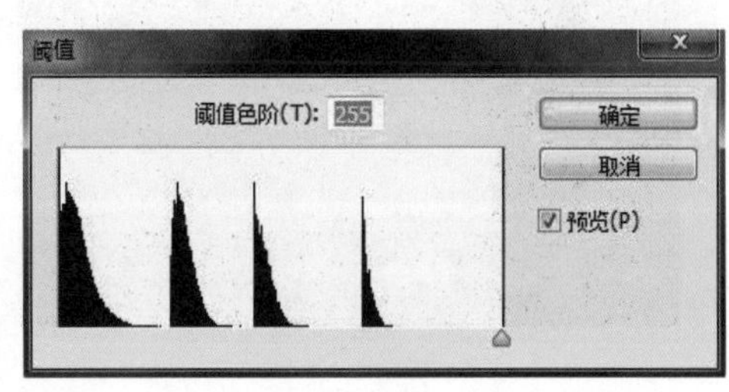

图 8-5-4

③ 执行“滤镜 > 模糊 > 动感模糊”命令，打开“动感模糊”对话框，并在对话框中将角度参数设为“75”，距离的参数设为“20”，如图8-5-5所示；单击“确定”按钮，效果如图8-5-6所示。

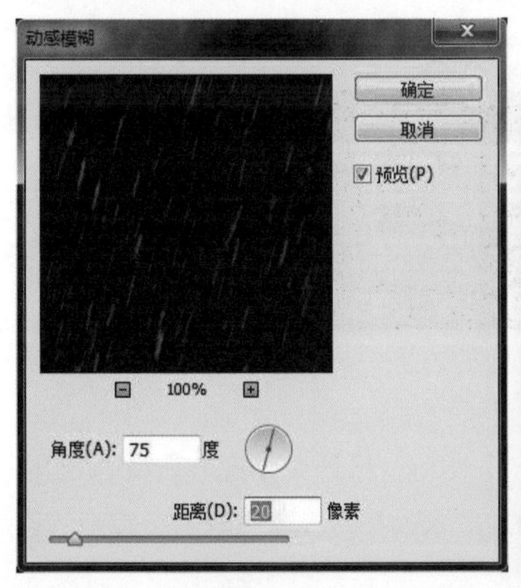

图 8-5-5

图 8-5-6

④ 在图层面板中，将图层1的混合模式设为“滤色”，在动作面板上，单击停止录制图标■，在动作面板上，找到刚才新建的动作，单击4次播放选定动作图标▶，创建4个和图层1类似的图层，此时图层面板如图8-5-7所示；隐藏图层2、图层3、图层4、图层5，如图8-5-8所示。

图 8-5-7

图 8-5-8

5 执行“窗口 > 时间轴”命令，打开时间轴面板，在时间轴面板上，单击创建帧动画图标，并将第 1 帧的持续时间修改为 0.05 秒；单击复制所选帧图标，创建第 2 帧，隐藏图层 1，显示图层 2；创建第 3 帧，隐藏图层 2，显示图层 3；创建第 4 帧，隐藏图层 3，显示图层 4；创建第 5 帧，隐藏图层 4，显示图层 5，此时时间轴面板如图 8-5-9 所示。

图 8-5-9

6 执行“文件 > 导出 > 另存为 Web 所用格式”命令，打开“存储为 Web 所用格式”对话框，选择“ GIF ”文件格式，循环选项设为“永远”，设置完成后，单击“存储”按钮，导出 GIF 动画。

案例06　制作聚光灯动画效果

以下是聚光灯动画效果，某一时刻画面的状态。

操作步骤

① 按Ctrl+O键，打开【素材\8-6文件夹\01.jpg】图片，如图8-6-1所示，按下两次Ctrl+J键，复制两次背景图层，将前景颜色设为黑色，选定背景图层，按下Alt+Del键用前景颜色填充背景，隐藏图层1拷贝，此时图层面板如图1所示。

图8-6-1

图8-6-2

② 将图层1的不透明度设为18%，并在图层1上方新建图层2，选择椭圆工具，并将椭圆工具的工具模式设为“像素”，按住Shift键配合鼠标绘制出一个圆形，如图8-6-3所示。

图8-6-3

③ 执行“窗口>时间轴”命令，打开时间轴面板，在时间轴面板上，单击创建视频时间轴图标，此时时间轴面板如图8-6-4所示。

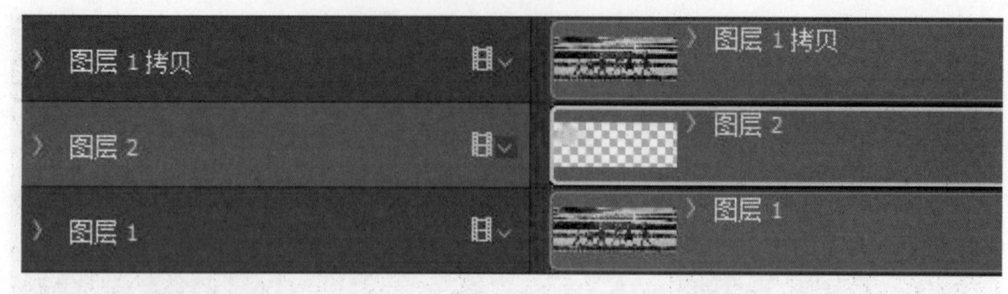

图 8-6-4

④ 单击展开图层2动作类型图标（图8-6-5光标所指位置），图层2的动画类型展开后如图8-6-6所示。

图 8-6-5　　图 8-6-6

⑤ 将时间线移到第1帧，单击“位置”旁边的启动关键帧动画图标，添加1个位置关键帧，将时间轴移到15帧处（这里15帧不是固定的，可以是自由选择），选择移动工具将圆形向右下移动一小段，如图8-6-7所示；这时留意一下图层2的15帧处，系统自动生成了1个关键帧，如图8-6-8所示。

图 8-6-7　　图 8-6-8

⑥ 用同样的方式，将时间线向右移动一定的帧数，然后适当调整圆的位置，反复多次执行后，时间轴面板如图8-6-9所示。

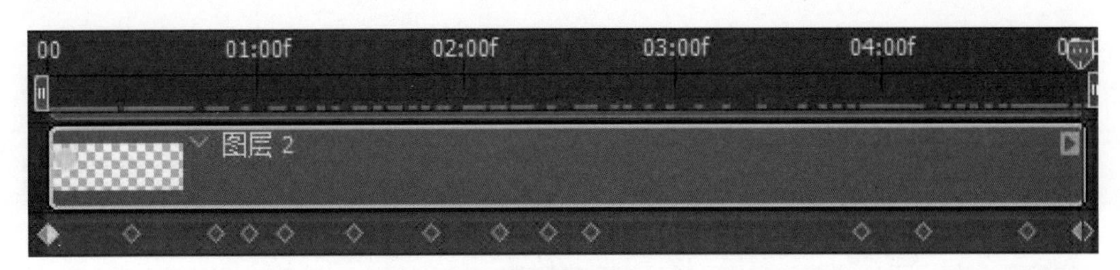

图 8-6-9

⑦ 回到图层面板，将刚才隐藏的图层 1 拷贝显示，将光标移到图层 1 拷贝和图层 2 之间，按住 Alt 键单击鼠标，为两个图层建立遮罩关系，此时图层面板如图 8-6-10 所示。

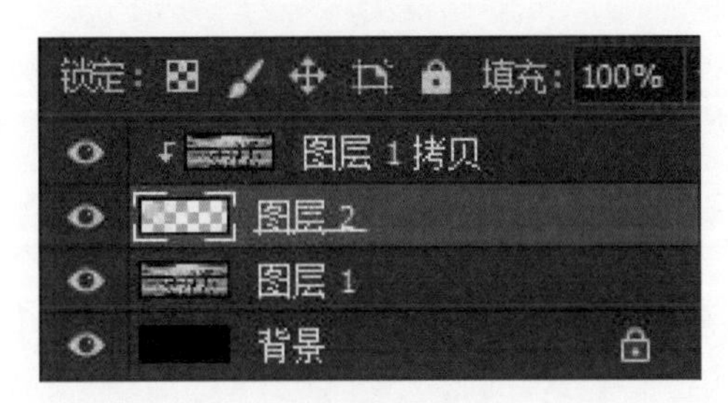

图 8-6-10

⑧ 在时间轴面板上单击播放图标，测试一下动画效果。效果满意的话，执行“文件 > 导出 > 另存为 Web 所用格式”命令，打开“存储为 Web 所用格式”对话框，选择“GIF”文件格式，循环选项设为“永远”，设置完成后，单击“存储”按钮，导出 GIF 动画。至此本案例制作完成，按下 Ctrl+S 键保存文件。

案例 07　制作舞动的文字

制作文字舞动的效果，以下是动画某一时刻的状态。

操作步骤

❶ 按 Ctrl+N 键，新建一个 800×150 像素，分辨率为 100 像素/英寸，背景颜色为白色的 RGB 色彩模式的文件。

❷ 择文本工具T，在文字属性栏中将字体设为方正舒体，字号设为 72 点，录入文字"好山好水好风光"，在字符面板中适当调整文本的间距，逐个选定字体并改变字体颜色，如图 8–7–1 所示。

图 8–7–1

❸ 执行"窗口 > 时间轴"命令，打开时间轴面板，在时间轴面板上，单击创建视频时间轴图标，此时时间轴面板如图 8–7–2 所示。

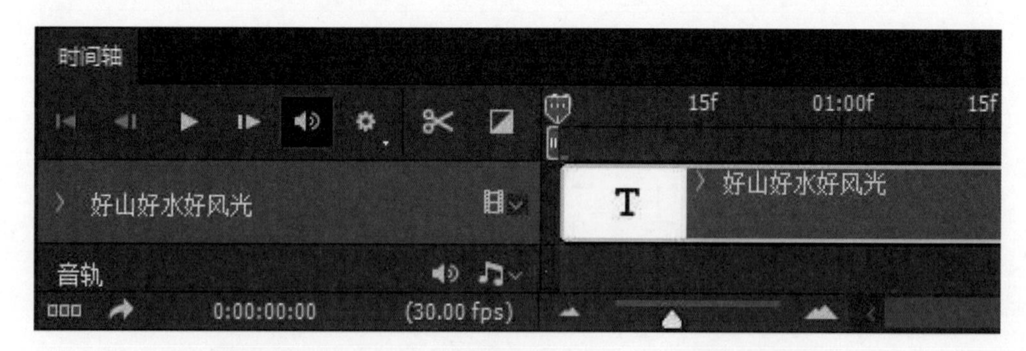

图 8–7–2

❹ 将鼠标移到时间轴面板中文字图层末尾，并按住鼠标的左键向左拖动，将文字图层的时间长度由原来的 5 秒收缩为 1 秒，如图 8–7–3 所示。

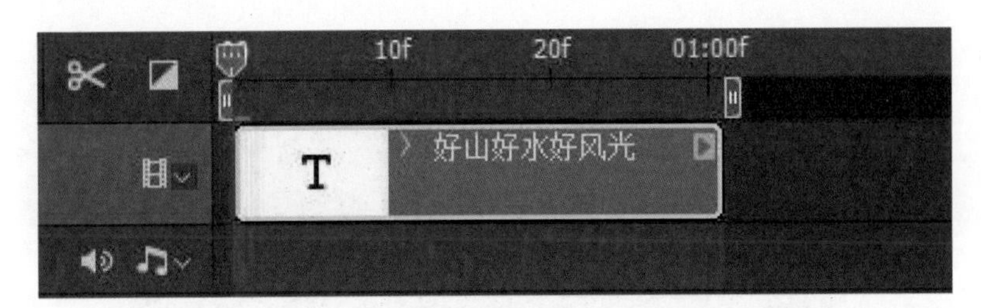

图 8-7-3

5 单击展开文字图层的动作类型图标（图8-7-4光标所指位置），文字图层的动画类型展开后如图8-7-5所示。

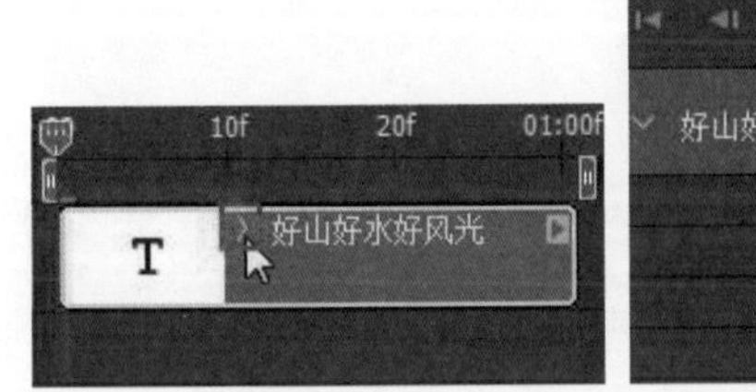

图 8-7-4

图 8-7-5

6 将时间线移到第1帧，单击文字变形旁边的启动关键帧动画图标，添加1个文字变形关键帧，将时间轴移到第15帧处，单击在播放头处添加或移去关键帧图标，在第15帧处添加1个文字变形关键帧，用同样的方法在第30帧处添加1个文字变形关键帧，此时时间轴面板如图8-7-6所示。

图 8-7-6

7 将时间线移到第1关键帧，然后在文字属性面板中单击创建文字变形图标，打开“变形文字”对话框，并将样式设为旗帜，弯曲的参数设为100，如图8-7-7所示，此时文字效果如图8-7-8所示。

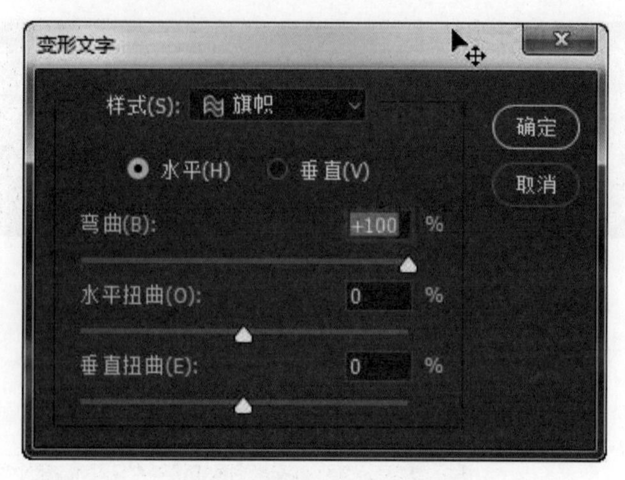

图 8-7-7

图 8-7-8

⑧ 将时间线移到第 15 关键帧，用同样的方法，在“变形文字”对话框中将样式设为旗帜，弯曲的参数设为 -100，此时文字效果如图 8-7-9 所示。

图 8-7-9

⑨ 将时间线移到第 30 关键帧，用同样的方法，在“变形文字”对话框中将样式设为旗帜，弯曲的参数设为 100，在时间轴面板上单击播放图标▶，测试一下动画效果。

⑩ 执行“文件 > 另存为 Web 所用格式”命令，打开“存储为 Web 所用格式”对话框，选择“GIF”文件格式，循环选项设为“永远”，设置完成后，单击“存储”按钮，导出 GIF 动画。至此本案例制作完成，按下 Ctrl+S 键保存文件。

案例 08 制作旋转的地球动画

制作旋转地球的动画效果，以下是动画某一时刻的状态。

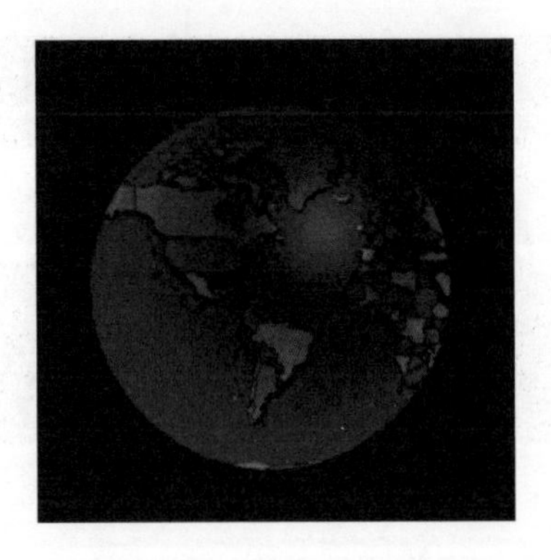

操作步骤

① 按 Ctrl+N 键，新建一个 600×600 像素，分辨率为 100 像素 / 英寸，背景颜色为黑色的 RGB 色彩模式的文件。

② 新建图层 1，选择椭圆选框工具在图层 1 建立一个圆形选区，如图 8-8-1 所示；将前景颜色设为红色，按下 Alt+Del 键，用前景色填充选区，如图 8-8-2 所示。

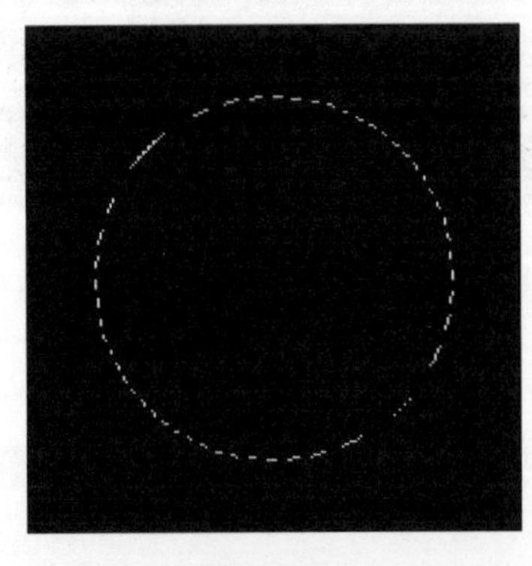

图 8-8-1

图 8-8-2

③ 按下 Ctrl+O 打开，【素材 \8-8\01.jpg】图片，执行“编辑 > 定义图案”命令，打开“图案名称”对话框，如图 8-8-3 所示，名称可以不修改，单击“确定”按钮，并关闭该文件。

图 8-8-3

④ 回到刚才新建的文件，执行“窗口>时间轴”命令，打开时间轴面板，在时间轴面板上，单击创建视频时间轴图标，此时时间轴面板如图8-8-4所示。

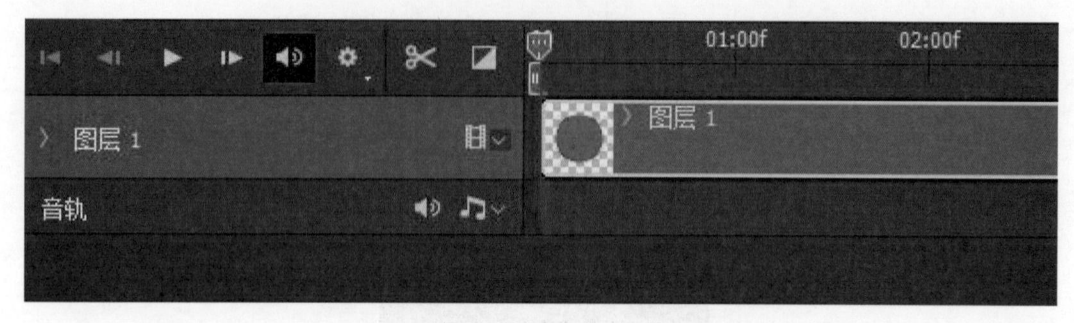

图 8-8-4

⑤ 单击展开图层1动作类型图标（图8-8-5光标所指位置），图层1的动画类型展开后如图8-8-6所示。

图 8-8-5　　　　图 8-8-6

⑥ 将时间线移到第1帧，单击“样式”旁边的启动关键帧动画图标，添加1个样式关键帧，将时间轴移到最后1帧处，单击在播放头处添加或移去关键帧图标，增加样式关键帧，如图8-8-7所示。

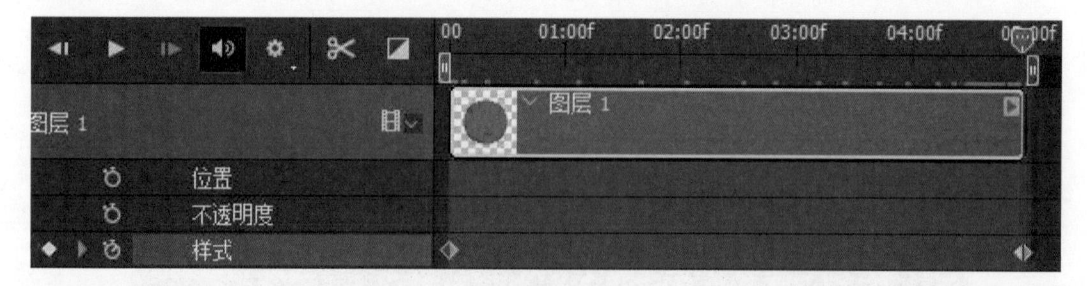

图 8-8-7

⑦ 将时间线移到第1帧，在图层面板上，单击添加图层样式图标，在弹出的快捷菜单中选择图案叠加命令，打开“图案叠加”对话框，在对话框中，将图案设置为刚才定

义的“世界地图”，适当调整缩放的参数，这里设置为143%，如图8-8-8所示；选择工具箱中的移动工具，适当调整世界地图的位置，如图8-8-9所示。

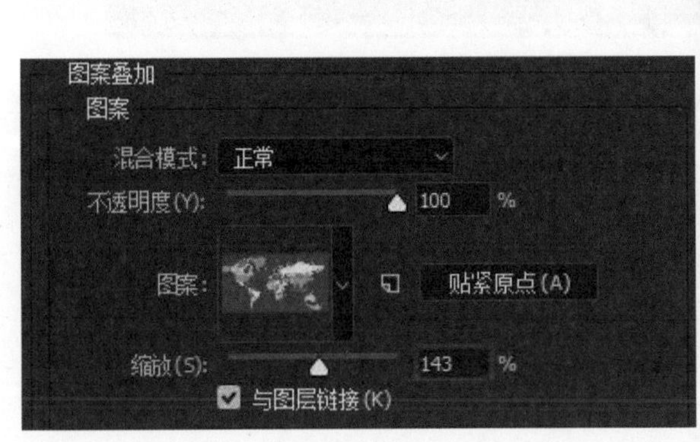

图 8-8-8

图 8-8-9

⑧ 将时间线移至最后一帧，单击添加图层样式图标，在弹出的快捷菜单中选择图案叠加命令，打开“图案叠加”对话框，在对话框中将图案设置为“世界地图”，缩放的参数设置为143%，选择工具箱中的移动工具，将世界地图向右移动，移到大概到和第1次位置重合的位置，如图8-8-10所示。单击“确定”按钮，在时间轴面板上单击播放图标，测试一下动画效果。

图 8-8-10

⑨ 动画效果制作完毕，接下来制作光照效果，丰富一下细节。在工具箱中选择渐变工具，在渐变属性栏单击径向渐变图标，选择径向渐变，打开渐变编辑器，并将渐变设为浅灰（# f1efef）—深灰（#636262）—浅灰（#bfbdbd），如图8-8-11所示。

图 8-8-11

⑩ 按住 Ctrl 键单击图层 1，将图层 1 转为选区，如图 8-8-12 所示；在时间轴面板上，将时间线移回第 1 帧，在图层面板上单击新建图层图标，新建图层 2，选择渐变工具，对选区进行渐变操作，如图 8-8-13 所示；按下 Ctrl+D 键取消选区，在图层面板中将图层混合模式设为线性加深，此时效果如图 8-8-14 所示。在时间轴面板上单击播放图标，再次测试一下动画效果。

图 8-8-12　　图 8-8-13　　图 8-8-14

⑪ 执行“文件 > 导出 > 另存为 Web 所用格式”命令，打开“存储为 Web 所用格式”对话框，选择“GIF”文件格式，循环选项设为“永远”，设置完成后，单击“存储”按钮，导出 GIF 动画。至此本案例制作完成，按下 Ctrl+S 键保存文件。

案例 09 制作卷轴画展开效果

制作卷轴画展开动画效果，以下是动画某一时刻的状态。

操作步骤

1 按 Ctrl+N 键，新建一个 800×350 像素，分辨率为 100 像素/英寸，背景颜色为黑色的 RGB 色彩模式的文件。

2 新建图层 1，选择矩形工具在图层 1 绘制如图 8-9-1 所示的画面效果，选择文本工具，将字体设为华文行楷，字号设为 80，录入文本“开卷有益”，如图 8-9-2 所示；栅格化文字图层，按下 Ctrl+E 键将栅格化的文字图层和图层 1 合并为一个图层。

图 8-9-1

图 8-9-2

3 新建图层 2，选择矩形选框工具，建立如图 8-9-3 所示选区；选择渐变工具，在属性栏中选择线性渐变，并打开“渐变编辑器”对话框，并将渐变效果设为深灰—白—深灰渐变，如图 8-9-4 所示。

图 8-9-3

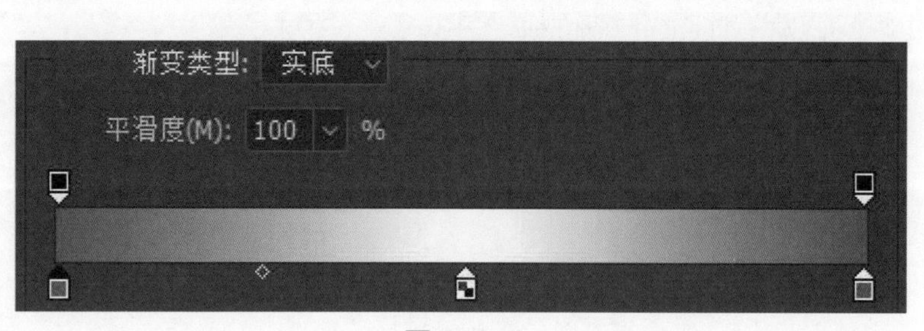

图 8-9-4

④ 在图层 2 选区位置横线拖动渐变线，完成后如图 8-9-5 所示；按下 Ctrl+D 键取消选区，选择移动工具，按下 Alt 键拖动图层 2 的对象，产生图层 2 拷贝，适当调整图层 2 对象大小和位置，形成画轴效果，如图 8-9-6 所示；选择图层 2 拷贝图层，按下 Ctrl+E 键将图层 2 拷贝和图层 2 合并为一个图层，按下 Alt 键拖动合并后图层的对象，复制出第 2 根画轴，并调整至合适的位置，如图 8-9-7 所示。

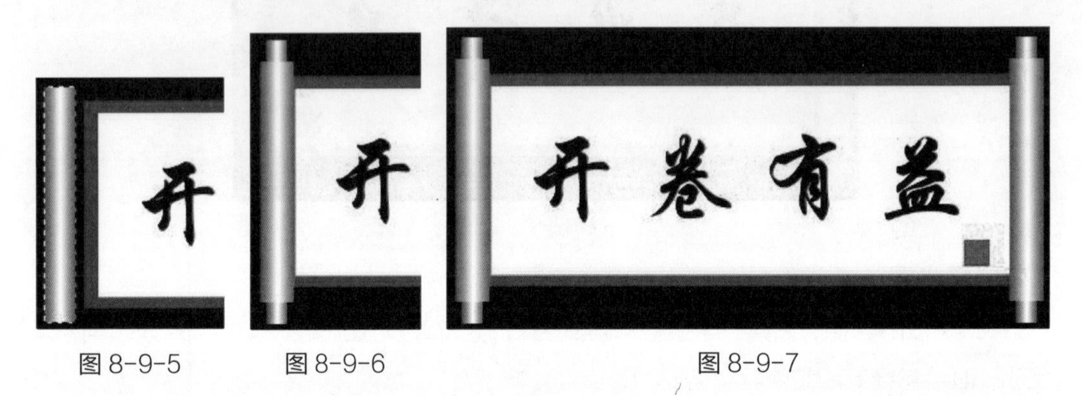

图 8-9-5　　图 8-9-6　　图 8-9-7

⑤ 在图层面板中，将各个图层重新命名，如图 8-9-8 所示；在背景图层上新建一个图层，并将该图层命名为“遮罩图层”，按住 Ctrl 键单击画面图层，将画面图层转为选区，单击遮罩图层，按下 Alt+Del 键，用前景色填充选区，按下 Ctrl+D 键取消选区；并隐藏左侧画轴、右侧画轴图层和画面图层，如图 8-9-9 所示；右击遮罩图层，在弹出的快捷菜单中选择，转为智能对象命令，此时图层面板如图 8-9-10 所示。

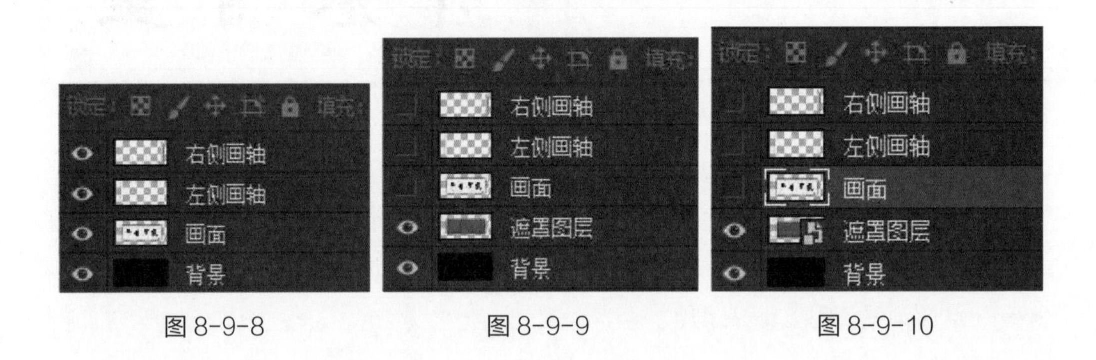

图 8-9-8　　图 8-9-9　　图 8-9-10

⑥ 执行“窗口 > 时间轴”命令，打开时间轴面板，在时间轴面板上，单击创建视频时间轴图标，此时时间轴面板如图 8-9-11 所示。

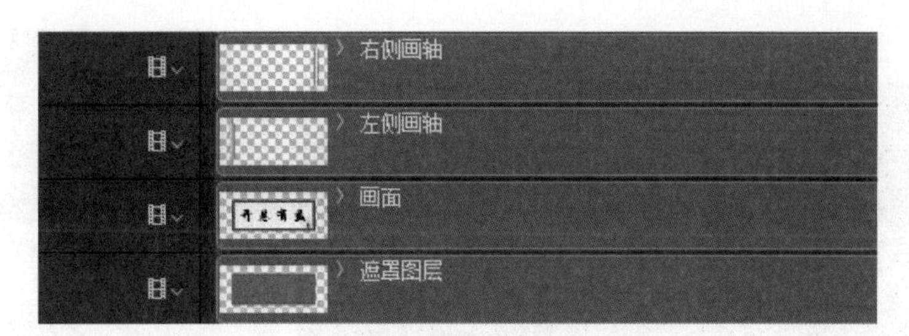

图 8-9-11

⑦ 单击展开遮罩图层动作类型图标（图8-9-12光标所指位置），遮罩图层的动画类型展开后如图8-9-13所示。

图 8-9-12 图 8-9-13

⑧ 将时间线移到第1帧，单击“变换”旁边的启动关键帧动画图标，添加1个变换关键帧，将时间轴移到最后1帧处，单击在播放头处添加或移去关键帧图标，增加变换关键帧，如图8-9-14所示。

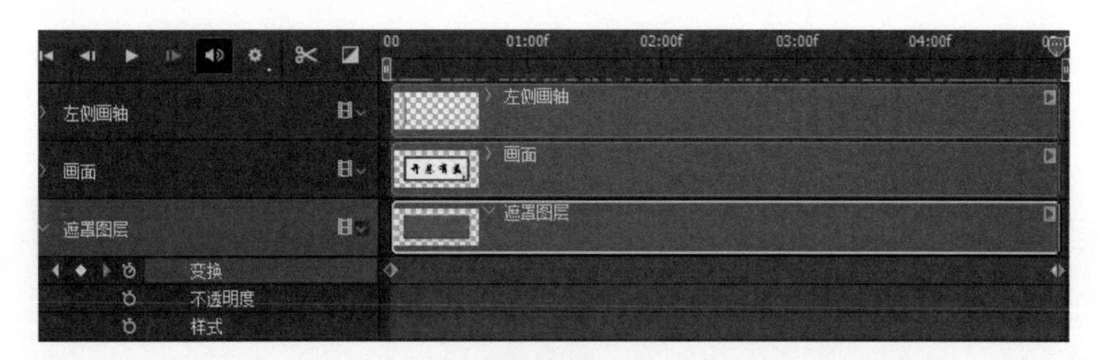

图 8-9-14

⑨ 将时间线移到第1帧，按下Ctrl+T键，对遮罩层的对象进行自由变换，横向收缩后如图8-9-15所示；回到图层面板，显示画面图层，将光标移到画面图层和遮罩图层之间，按住Alt键单击鼠标，为两个图层建立遮罩关系，此时图层面板如图8-9-16所示。在时间轴面板上单击播放图标，测试一下画面展开的动画效果。

图 8-9-15　　图 8-9-16

⑩ 在图层面板上，取消隐藏左侧画轴，单击展开左侧画轴动作类型图标（如图 8-9-17 光标所示位置），左侧画轴图层的动画类型展开后如图 8-9-18 所示。

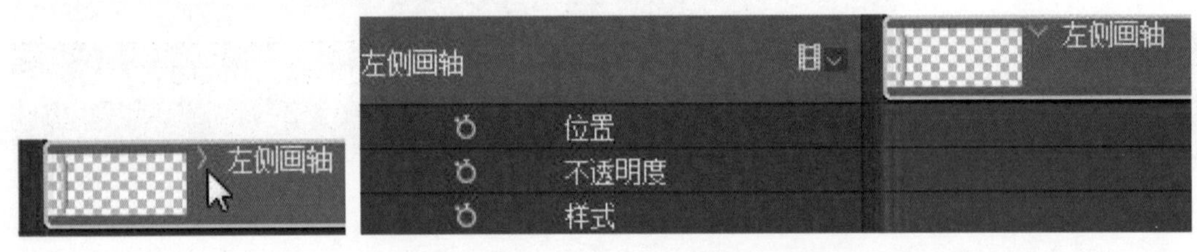

图 8-9-17　　图 8-9-18

⑪ 将时间线移到第 1 帧，单击“位置”旁边的启动关键帧动画图标，添加 1 个位置关键帧，将时间轴移到最后 1 帧处，单击在播放头处添加或移去关键帧图标，增加位置关键帧，如图 8-9-19 所示。

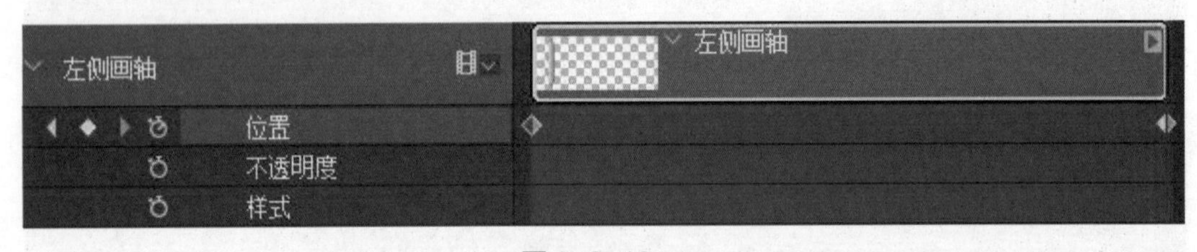

图 8-9-19

⑫ 将时间线移到第 1 帧，在工具箱中选择移动工具，将左侧画轴移到中间位置，如图 8-9-20 所示，在时间轴面板上单击播放图标，测试一下左侧画轴配合画面展开的动画效果。

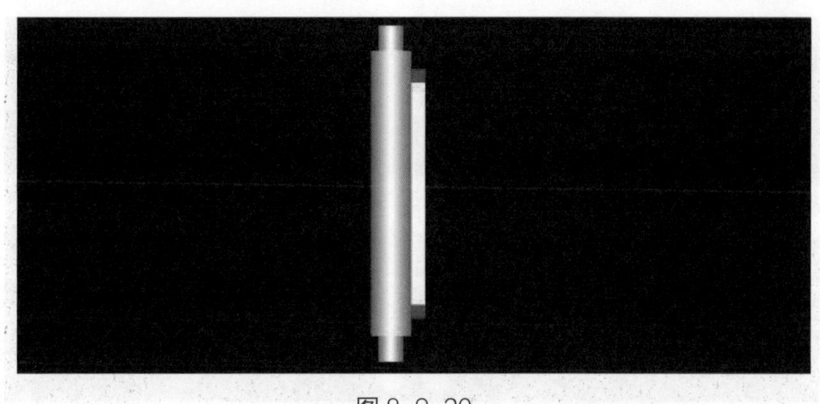

图 8-9-20

⑬ 在图层面板上，取消隐藏右侧画轴，单击展开右侧画轴动作类型图标（图8-9-21光标所指位置），左侧画轴图层的动画类型展开后如图8-9-22所示。

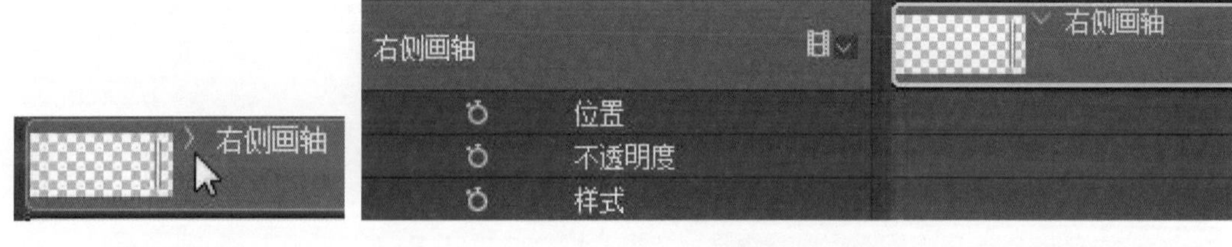

图 8-9-21 图 8-9-22

⑭ 将时间线移到第1帧，单击“位置”旁边的启动关键帧动画图标，添加1个位置关键帧，将时间轴移到最后1帧处，单击在播放头处添加或移去关键帧图标，增加位置关键帧，如图8-9-23所示。

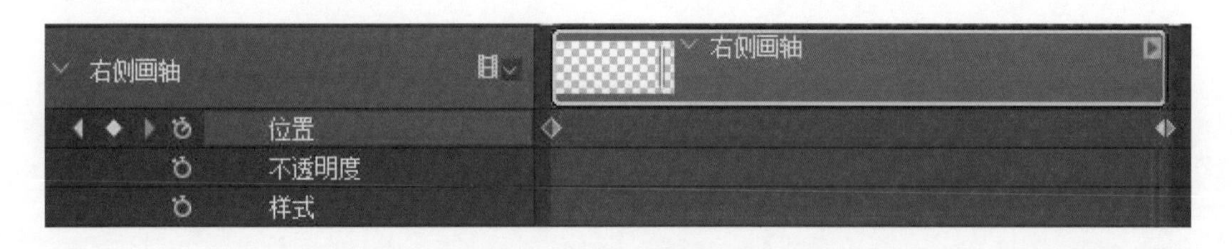

图 8-9-23

⑮ 将时间线移到第1帧，在工具箱中选择移动工具，将右侧画轴移到中间位置，如图8-9-24所示，在时间轴面板上单击播放图标，测试一下左右两侧画轴配合画面展开的动画效果。

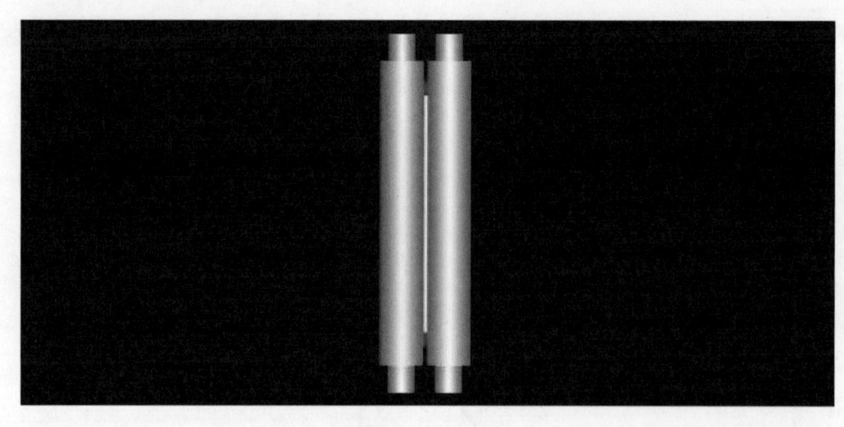

图 8-9-24

⑯ 执行“文件 > 导出 > 另存为 Web 所用格式”命令，打开“存储为 Web 所用格式”对话框，选择“ GIF” 文件格式，循环选项设为“永远”，设置完成后，单击“存储”按钮，导出 GIF 动画。至此本案例制作完成，按下 Ctrl+S 键保存文件。

案例10　制作相片轮播动画

制作五幅图片的轮播效果，五幅图片以不同的方式展开，第1幅图是矩形展开效果，第2、第3幅图是圆形展开效果，第4幅图是心形展开效果，第5幅图是花型展开效果。以下两幅图，分别是动画在某一时刻的动画效果。

操作步骤

❶ 按Ctrl+N键，新建一个400×300像素，分辨率为72像素/英寸，背景颜色为白色的RGB色彩模式的文件。

❷ 按Ctrl+O键，打开【素材\8-10文件夹\image1.jpg，image2.jpg，image3.jpg，image4.jpg，image5.jpg】图片，选择移动工具，将这些图片拖到新建文件中，并调整好图片在画布上的位置，此时图层面板如图8-10-1所示；给各个图层重命名，并隐藏各个图层，如图8-10-2所示。

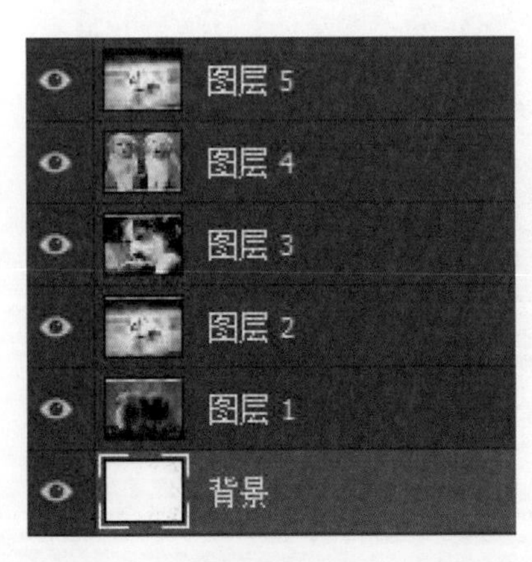

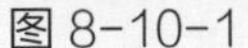
图8-10-1

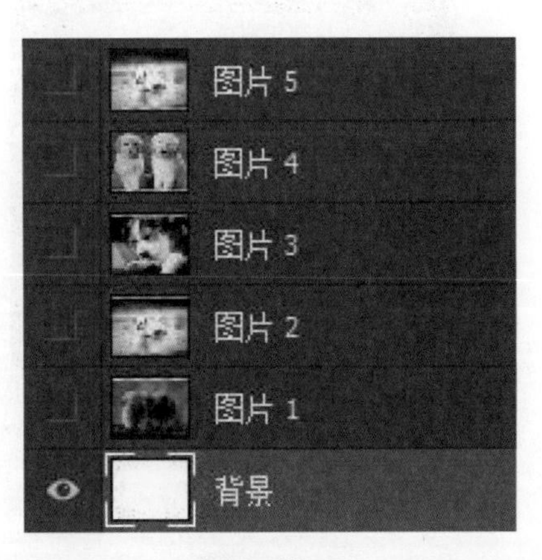

图8-10-2

❸ 在背景图层上新建一个图层，并命名为“矩形遮罩层”，如图8-10-3所示；按下Ctrl+A键进行全选，按下Alt+Del键用前景色填充“矩形遮罩层”，画布效果如图8-10-4所示。

图 8-10-3

图 8-10-4

4 隐藏矩形遮罩层，在图片 1 图层上方新建一个图层，并命名为“圆形遮罩层 1”，选择椭圆工具，在工作区中绘制圆形，如图 8-10-5 所示；右键单击该图层，在弹出的菜单中选择“转换为智能对象”命令，按下 Ctrl+J 键，复制该图层，并重命名为“圆形遮罩层 2”，并将圆形遮罩层 2 调整至图片 2 图层的上方，此时图层面板如图 8-10-6 所示。

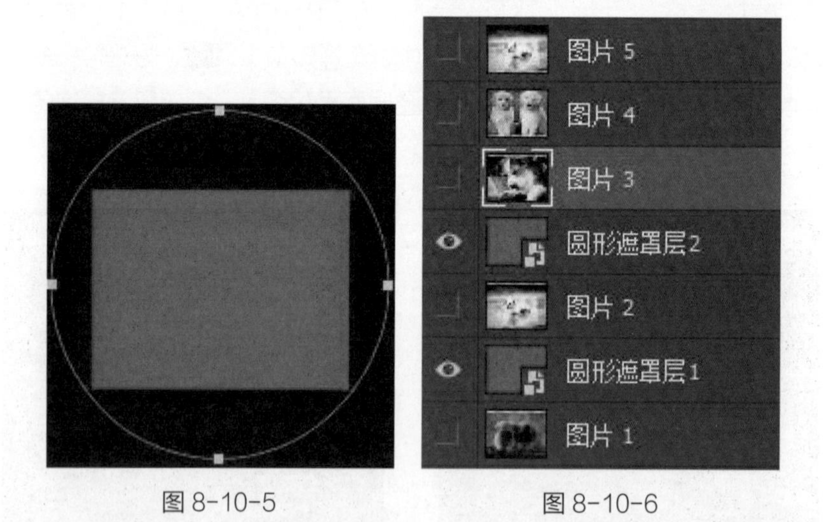

图 8-10-5　　图 8-10-6

5 隐藏圆形遮罩层 1、圆形遮罩层 2，在图片 3 图层上方新建一个图层，并命名为“心形遮罩层”，选择自定义形状工具，在属性栏中选择心形，在工作区中绘制出心形，如图 8-10-7 所示；右键单击该图层，在弹出的菜单中选择转换为智能对象命令，此时图层面板如图 8-10-8 所示。

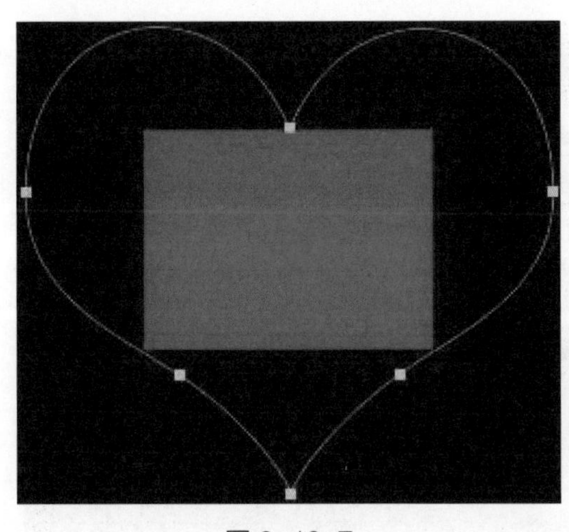

图 8-10-7

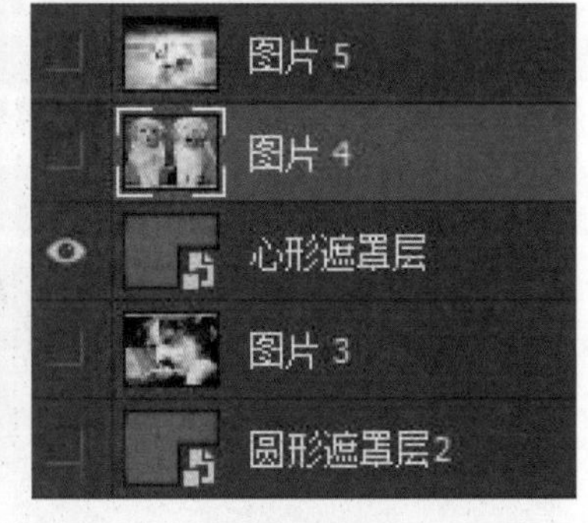

图 8-10-8

⑥ 隐藏心形遮罩层，在图片 4 图层上方新建一个图层，并命名为“花型遮罩层”，选择自定义形状工具，在属性栏中选择花型，在工作区中绘制出花型，如图 8-10-9 所示；右键单击该图层，在弹出的菜单中选择转换为智能对象命令，此时图层面板如图 8-10-10 所示，隐藏花型遮罩层。

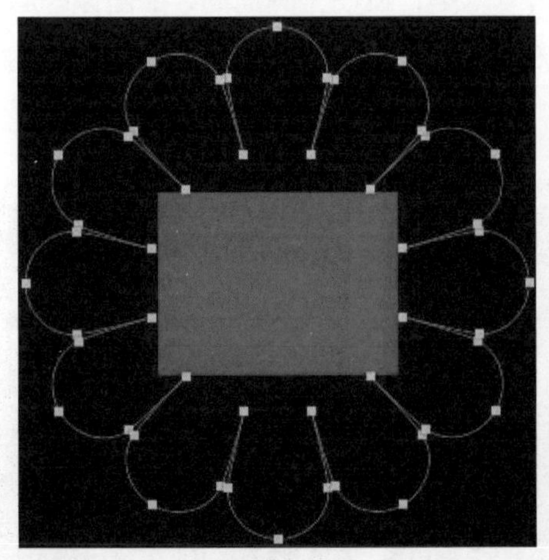

图 8-10-9

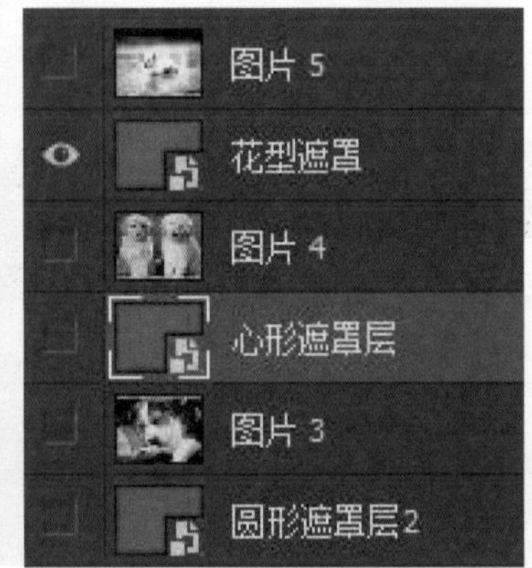

图 8-10-10

⑦ 执行“窗口 > 时间轴”命令，打开时间轴面板，在时间轴面板上，单击创建视频时间轴图标，此时时间轴面板如图 8-10-11 所示。

图 8-10-11

⑧ 在时间轴面板上，将光标移至图片 5 末尾，按住左键拖动，缩短该图层动画时间长度为 2 秒，如图 8-10-12 所示；用同样的方法，缩短其余图层动画时间长度为 2 秒，如图 8-10-13 所示。

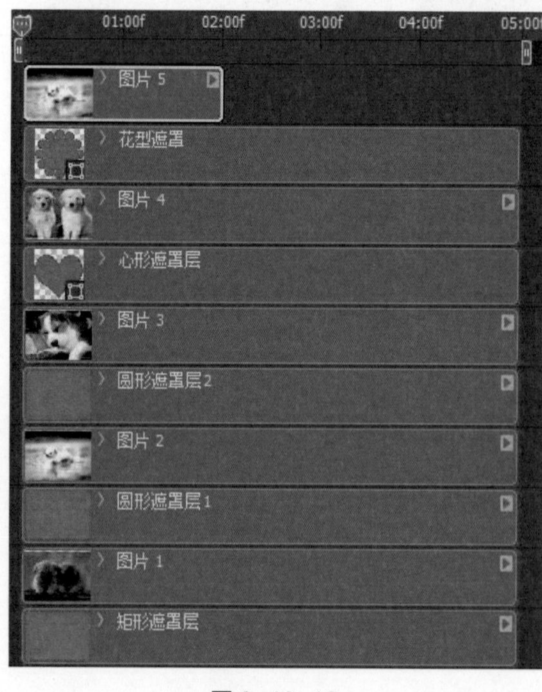

图 8-10-12

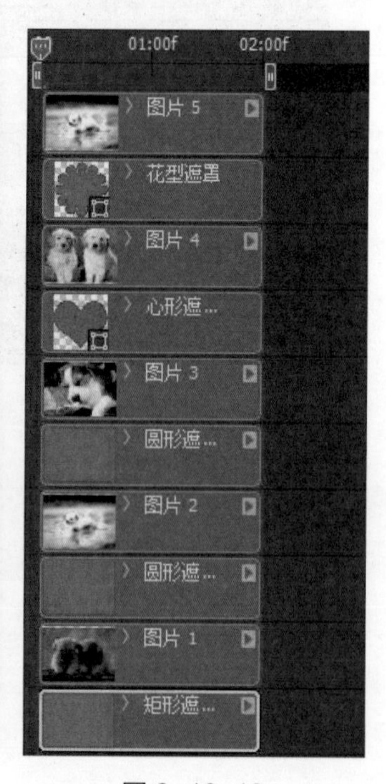

图 8-10-13

⑨ 单击展开矩形遮罩图层动作类型图标（图8-10-14光标所指位置），遮罩图层的动画类型展开后如图8-10-15所示。

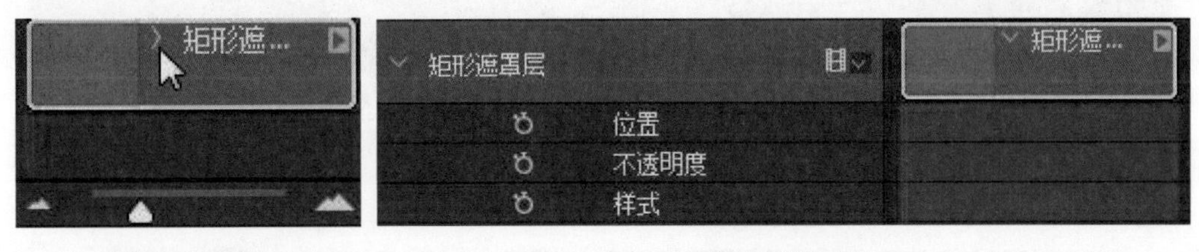

图8-10-14　　图8-10-15

⑩ 将时间线移到第1帧，单击“位置”旁边的启动关键帧动画图标，添加1个位置关键帧，将时间轴移到最后1帧处，单击在播放头处添加或移去关键帧图标，增加位置关键帧，如图8-10-16所示。

图8-10-16

⑪ 将时间线移到第1帧，取消隐藏矩形遮罩层，选择移动工具，将矩形向左移动（可以向右移动、向上移动或向下移动，选择自己喜欢的方式），直到完全离开画布为止，取消隐藏图片1图层，按住Alt键，将光标移到两个图层之间，单击鼠标，为这两个图层建立遮罩关系，在时间轴面板上单击播放图标，测试一下动画效果。

⑫ 单击展开圆形遮罩图层1动作类型图标，圆形遮罩图层1的动画类型展开后如图8-10-17所示。

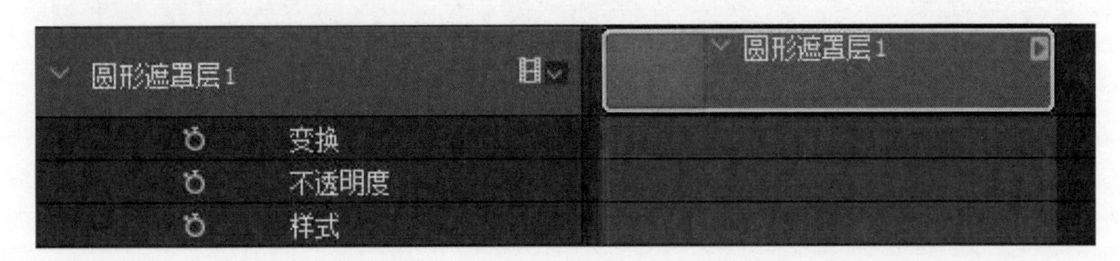

图8-10-17

⑬ 将时间线移到第1帧，单击“变换”旁边的启动关键帧动画图标，添加1个变换关键帧，将时间轴移到最后1帧处，单击在播放头处添加或移去关键帧图标，增加变换关键帧，如图8-10-18所示。

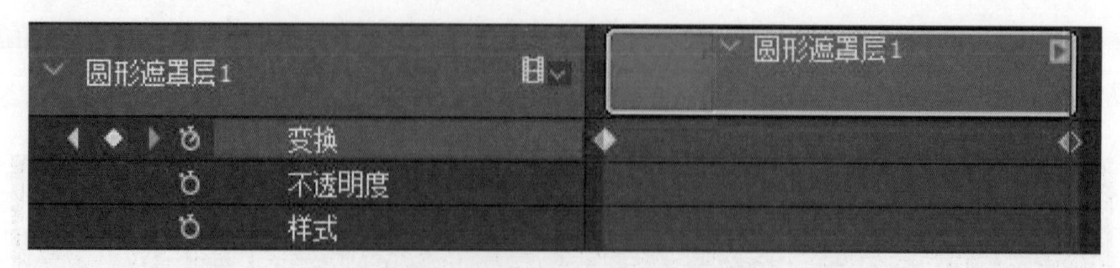

图 8-10-18

⑭ 将时间线移到第1帧，取消隐藏圆形遮罩层1，选择移动工具，将矩形向左移动（可以向右移动、向上移动或向下移动，选择自己喜欢的方式），直到完全离开画布为止，取消隐藏图片2图层，按住Alt键，将光标移到两个图层之间，单击鼠标，为这两个图层建立遮罩关系，在时间轴面板上单击播放图标，测试一下动画效果。

⑮ 单击展开圆形遮罩图层2动作类型图标，圆形遮罩图层2的动画类型展开后如图8-10-19所示。

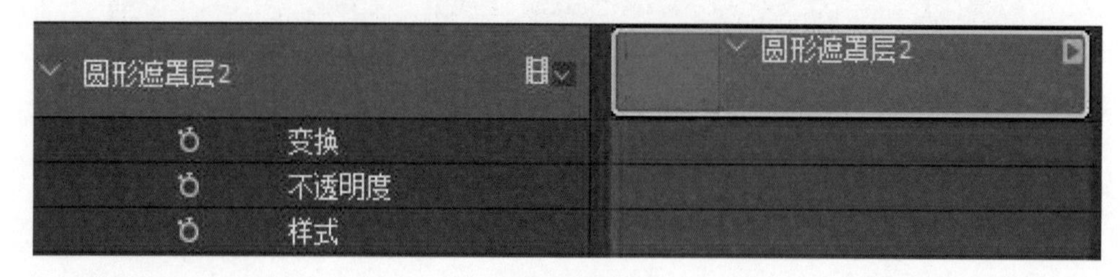

图 8-10-19

⑯ 将时间线移到第1帧，单击"变换"旁边的启动关键帧动画图标，添加1个变换关键帧，将时间轴移到最后1帧处，单击在播放头处添加或移去关键帧图标，增加变换关键帧，如图8-10-20所示。

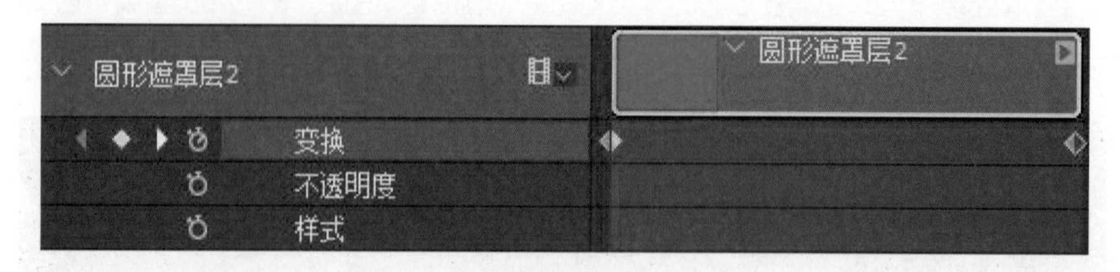

图 8-10-20

⑰ 将时间线移到第1帧，取消隐藏圆形遮罩层2，按下Ctrl+T键对圆形遮罩层2的对象进行自由变换，缩小圆形，制作圆形由小放大的动画效果，取消隐藏图片3图层，按住Alt键，将光标移到两个图层之间，单击鼠标，为这两个图层建立遮罩关系，在时间轴面板上单击播放图标，测试一下动画效果。用同样的方式，制作心形遮罩层、花型遮罩层由小放大的动画效果，取消隐藏图片4图层，建立心形遮罩层和图片4图层的遮罩关系；取

消隐藏图片5图层，建立花型遮罩层和图片5图层的遮罩关系。此时时间轴面板如图8-10-21所示，图层面板如图8-10-22所示。

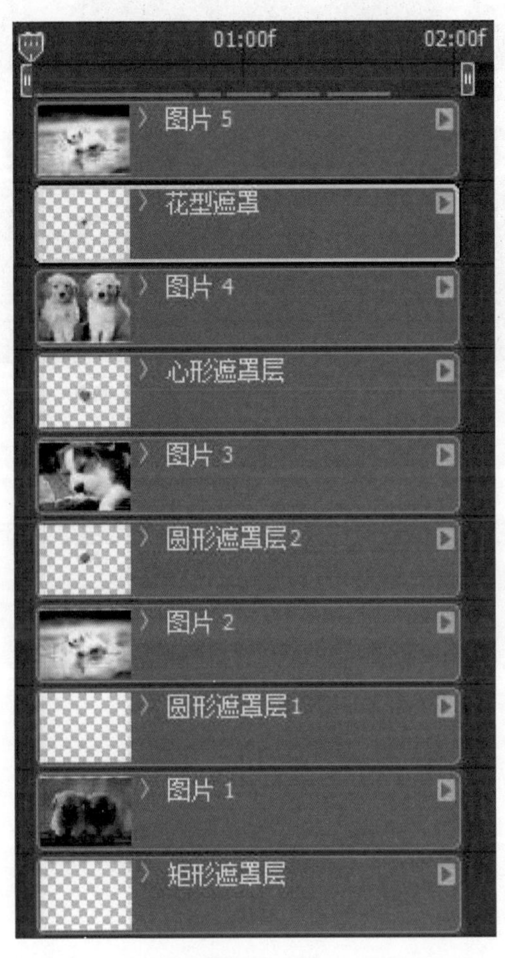

图8-10-21

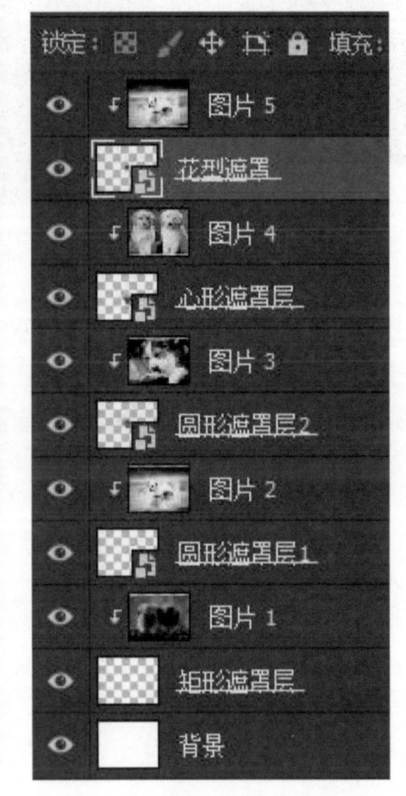

图8-10-22

18 在时间轴面板上，通过选定拖动的方式，调整动画的播放先后顺序，如图8-10-23所示；拉长图层4至矩形遮罩图层，一共8个图层的时间线，如图8-10-24所示。在时间轴面板上单击播放图标▶，测试一下动画效果。

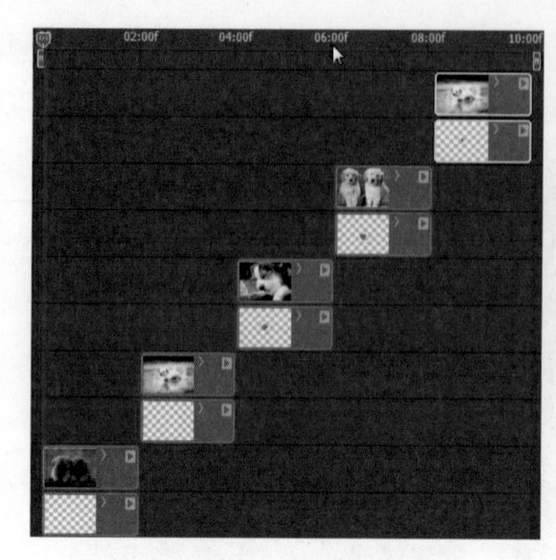

图 8-10-23

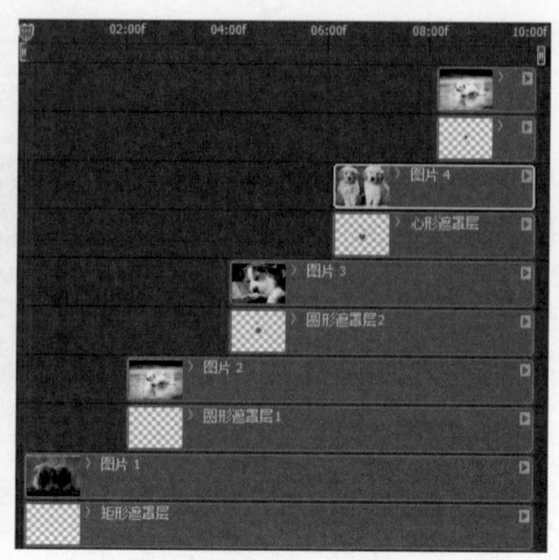

图 8-10-24

⑲ 执行“文件 > 导出 > 另存为 Web 所用格式”命令，打开“存储为 Web 所用格式”对话框，选择“GIF”文件格式，循环选项设为“永远”，设置完成后，单击“存储”按钮，导出 GIF 动画。至此本案例制作完成，按下 Ctrl+S 键保存文件。

8.5 学习评价

评价内容	评价标准	是否掌握	分值	得分
知识点	了解动画的原理，了解帧动画和时间轴动画的创建方法，了解如何生成 GIF 动画 了解图层的类型，五种类型图层对应的动作属性，以及时间轴面板的基本参数		20	
技能点	掌握变色文字动画的制作		6	
	掌握光照动画的制作		6	
	掌握广告动画的制作		6	
	掌握图片轮播动画的制作		6	
	掌握下雨动画的制作		6	
	掌握聚光灯动画的制作		6	
	掌握舞动文字动画的制作		6	
	掌握旋转地球动画的制作		6	
	掌握卷轴画动画的制作		6	
职业素养	制作的 GIF 动画是否符合审美要求，动画效果是否流畅，自然		10	
	在动画制作过程中是否体现了精益求精的工匠精神		10	
合 计				

8.6 课后练习

练习 1：运用所学知识与技术将“WELCOME”文字制作成由红光—蓝光—红光变化的动画效果，以下是动画某一时刻的状态。

练习 2：制作两种画轴展开效果的效果，第一种效果是画面由左向右展开，画轴配合画面由左向右展开，第二种效果是画面由中间向两侧展开，两根画轴配合画面由中间向两侧展开。画面和画轴如下图所示。

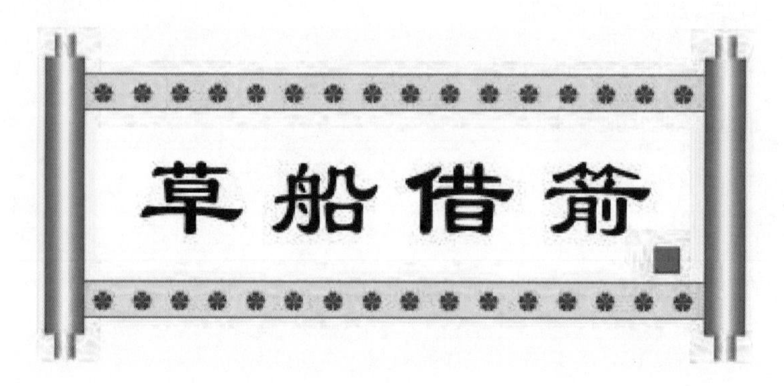

练习 3：分别采取帧动画方式和视频时间轴动画方式，利用“课后练习素材/第8章/”的图片素材，制作图片轮播动画效果。

第 9 章　婚纱照片创意设计

9.1 本章概述

婚纱照在影楼业务中占据重要地位，其带来的收入在影楼营业收入中占很大的比例。因此一般影楼都非常重视婚纱照片款式的更新设计。PS 具有强大的图形图像处理功能和设计功能。使用 PS 既可以对婚纱照片进行各种美化处理，还可以对照片进行创意设计，婚纱照片经过后期的处理和设计后，更富有个性，更能够表达出恋人之间的浪漫意境。本章主要介绍婚纱照片设计的相关知识，并通过四个案例讲解婚纱照片设计的具体方法和技巧。

9.2 学习导图

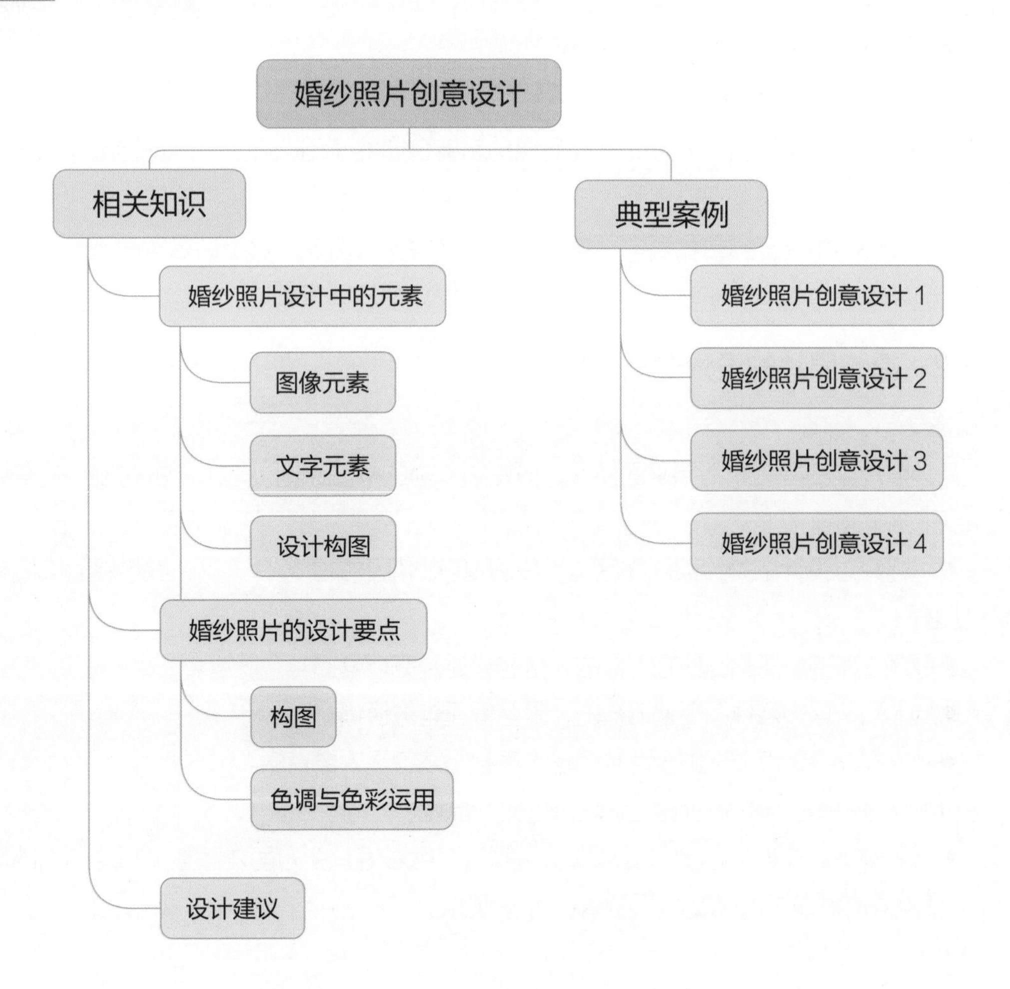

9.3 相关知识

9.3.1 婚纱照片设计中的元素

9.3.1.1 婚纱照片设计中的图像元素

许多婚纱照片中需要加入具有装饰性的图像，例如背景图像、边框图像等，图像对于一幅婚纱照片设计作品而言，有时甚至能够起到决定成败的作用。能够在照片中运用的图像非常多，例如建筑，风景、花朵、云、烟、欧式边框、中式花边等，在使用这些素材时应注意以下几点：

◆不要采用分辨率不高的素材，因为将这些素材图像放大时，会显示出许多噪点与马赛克，这将极大地影响照片的品质。

◆理清图像与照片中人像的关系，有些婚纱照片看上去很漂亮，但明显存在图像元素过大，或人像过小的情况，从而有喧宾夺主的感觉。因此图像的大小、位置、深浅、浓淡都要根据照片的主题而定，不能够一味地展现精美的图像，而忽略了照片的主体。

◆起到装饰性作用的图像一定要与照片的主题相呼应。例如在设计古装婚纱照片时，通常使用诗词书法作品等元素来进行装饰与呼应；而如果照片的整体风格是欧式的，则不太适合使用具有东方情调的素材图像装饰。

9.3.1.2 婚纱照片中的文字

婚纱照片中的文字分为两种，一种是纯粹起着装饰性作用的文字，另一种则是用于点题的文字。前面一种文字在婚纱照片中的应用非常普遍，通常的表现形式是大段的英文句子与简短的英文单词，只是起装饰与烘托气氛的作用，通常字号较小。后者由于是具有实际意义的文字，因此通常字号较大，用于展现或传达照片的主题。

9.3.2 婚纱照片的设计要点

9.3.2.1 构图

婚纱照片中的构图原则与平面设计、摄影创作中的构图原则没有本质的区别，但需要注意以下几个问题：

◆一幅经过设计的婚纱照片作品中往往需要容纳几张摄影照片，这一数量将对构图有很大影响。

◆最终入册的相册的比例是怎样的，是竖幅还是宽横幅。

◆新人们认可的照片画幅是怎样的，是竖幅还是宽横幅。

◆新人们需要重点展现的全身相还是半身相，或者是人像肖像。

以下是进行婚纱照片设计时应该注意的几个原则：

◆均衡原则。在进行构图时要从形状、面积、色彩等几个方面注意整个照片画面的均衡，只有均衡的画面才能够给大多数人以美的感受。

◆黄金分割原则。在照片的每个边上都存在一个黄金分割点，将这些点连接起来，在照片中会形成一个“#”字形，“#”字形的四个交点就是照片中的黄金分割点。通常将人物主体围绕黄金分割点进行分布、排列，便能够得到不错的效果。

◆三角形构图原则。与黄金分割一样，三角形构图也是人们长期实践总结出来的经验性规律。照片的主体元素大致按三角形进行分布往往可取得不错效果，当然不可机械地使用该方法构图，还应加入一些变化性的元素。

9.3.2.2 色调与色彩运用

在设计行业有“七分颜色三分花，先看颜色后看花，远看颜色近看花”的说法。这句话体现了颜色对于设计的重要性。以下从婚纱照片设计的角度简单介绍在设计中运用颜色应该注意的一些方面：

◆颜色的协调性

在设计时使用的颜色应该与照片中的人物服装、道具、背景具有一定的协调性。不同的颜色能够传达不同的心情，只有运用得当才可以为整个设计作品增色。

◆颜色与人物的关系

不要使用过于夸张的颜色，或者颜色过于丰富的图像，以避免冲淡照片中新人的焦点效果。

◆婚纱照片中常用颜色组合

- 浪漫、温馨——蓝、紫、黄
- 活泼、俏丽——粉红、绿、黄
- 简洁、素雅——白色、淡绿
- 酷——黑、白、灰、蓝
- 神秘——黑、紫；黑、红
- 激情四射——红色

由于不同人对于颜色有不同的心理感受，因此上面的介绍仅作为参考。各位读者可在实践设计工作中找到最好的颜色方案。

9.3.3 设计建议

一是不必为了追求美，而把客户修得自己都不认识了，结婚照美观第二，纪念意义第一。

二是色彩方面，尽量靠近原色，不可采用夸张的色彩喧宾夺主。

三是不要过分地追求时尚。所谓时尚，其实过时也很快。这就像红木与塑料，前者虽然朴拙，但却有丰富的内涵，可以久远流传；后者虽然光鲜，但却显得浅薄，往往“速朽”。

9.4 典型案例

案例01　婚纱照片创意设计1

操作步骤

❶ 按Ctrl+N键，打开“新建”对话框，将文档的宽度设为32厘米，高度为24厘米，分辨率设为100像素/英寸，其余参数不变，单击“确定”按钮，新建一个PSD文件。

❷ 按下Ctrl+O键，打开【素材\9-1文件夹\sc1.jpg和sc2.jpg】图片，如图9-1-1、图9-1-2所示。

图9-1-1

图9-1-2

❸ 选择移动工具，将图片sc1.jpg拖至“未标题-1”文件中，并将图片调整至如图9-1-3所示位置；将图片sc2.jpg拖至新建的文件中，并将图片调整至如图9-1-4所示位置。

图 9-1-3

图 9-1-4

④ 按下 Ctrl+O 键，打开【素材 \9-1\01.jpg，02.jpg，03.jpg】图片，如图 9-1-5 ~图 9-1-7 所示。

图 9-1-5

图 9-1-6

图 9-1-7

⑤ 选择移动工具，将相片 01.jpg 拖至“未标题 -1”文件中，按下 Ctrl+T 键，适当调整图片的大小，并将图片调整至如图 9-1-8 所示位置；在图层属性面板中单击添加矢量蒙版图标，将前景颜色设为白色，背景颜色设为黑色，选择渐变变形工具，并在属性栏中选择线性渐变，在图片 01.jpg 上按住左键拖动出一条直线，如图 9-1-9 所示；释放鼠标，此时效果如图 9-1-10 所示。

图 9-1-8

图 9-1-9

图 9-1-10

⑥ 单击新建图层图标，新建图层4，选择矩形工具，在属性栏中选择像素，如图9-1-11所示。

图9-1-11

⑦ 将前景颜色设为蓝色，在图层4上绘制出一个正方形，如图9-1-12所示，并给图层4添加描边的图层样式，将描边的大小设为3，颜色设为白色（#ffffff），继续给图层4添加投影样式，将投影的角度设为120，距离设为15。选择移动工具，按住Alt键拖动鼠标复制出图层4拷贝，调整复制出来的图像位置如图9-1-13所示。

图9-1-12

图9-1-13

⑧ 选择移动工具，将相片02.jpg拖至“未标题-1”文件中，产生图层5，将图层5调整至图层4的上方，如图9-1-14所示；将鼠标置于图层4和图层5之间的位置按住Alt键单击鼠标，此时如图9-1-15所示。

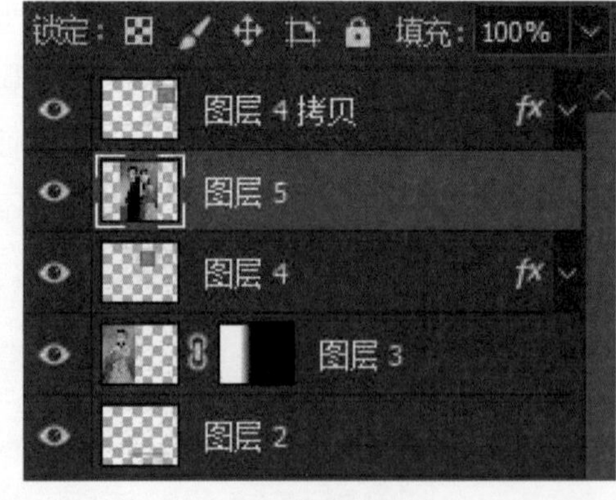

图9-1-14

图9-1-15

⑨ 选定图层5，按下Ctrl+T键，适当调整图片的大小和位置，如图9-1-16所示，用同样的方式，将相片03.jpg拖至“未标题-1”文件中，产生图层6，将图层6调整至图层4拷贝的上方，在图层4拷贝和图层6之间的位置按住Alt键单击鼠标，选定图层6，按下Ctrl+T键，适当调整图片的大小和位置，如图9-1-17所示。

图9-1-16

图9-1-17

⑩ 选择文本工具T，在属性栏中将字号设为38，字体设为隶书，字体颜色设为浅蓝色（#8fe0ff），文本的方式设为竖排，然后录入“再别康桥”，给文字图层添加描边样式，将描边的大小设为1，颜色设为白色（#ffffff），并将文字调整至如图9-1-18所示位置；继续选择文本工具T，在属性栏中将字号设为18，字体设为隶书，字体颜色设为浅蓝色（#8fe0ff），文本的方式设为竖排，然后录入文本“轻轻的我走了，正如我轻轻的来；我轻轻的招手，作别西天的云彩。那河畔的金柳，是夕阳中的新娘；波光里的艳影，在我的心头荡漾。”给文字图层添加描边样式，将描边的大小设为1，颜色设为白色（#ffffff），并将文字调整至如图9-1-19所示位置，至此本案例完成，保存文件。

图9-1-18

图9-1-19

案例 02　婚纱照片创意设计 2

操作步骤

❶ 按 Ctrl+N 键，打开“新建”对话框，将文档的宽度设为 32 厘米，高度为 21 厘米，分辨率设为 100 像素 / 英寸，单击“确定”按钮，新建一个 PSD 文件。

❷ 在工具箱中将前景颜色设为蓝色（#0000ff），按下 Alt+Del 键，用前景色填充背景图层；新建图层 1，选择矩形工具，在属性栏中选择像素，将前景颜色设为深黄色（#b5b63d），绘制出如图 9-2-1 所示的矩形；新建图层 2，再次利用矩形工具，在图层 2 上绘制出如图 9-2-2 所示的矩形，新建图层 3，选择直线工具，在属性栏中选择像素，并将粗细设为 6 像素，将前景颜色设为白色（#ffffff），绘制出如图 9-2-3 所示的直线。

图 9-2-1　　图 9-2-2　　图 9-2-3

❸ 新建图层 4，选择自定义形状工具，在属性栏中选择像素，并将形状选择为

“拼贴 5”，将前景颜色设为白色（#ffffff），在图层 4 上绘制出如图 9-2-4 所示的效果；选择移动工具，按住 Alt 键拖动鼠标复制出图层 4 拷贝，如图 9-2-5 所示；多次复制后，如图 9-2-6 所示；选定图层 4 和所有的图层 4 拷贝，按下 Ctrl+E 键合并图层。

图 9-2-4　　图 9-2-5　　图 9-2-6

④ 按 Ctrl+N 键，打开“新建”对话框，将文档的宽度和高度都设为 40 像素，分辨率设为 100 像素 / 英寸，并将背景内容设为透明，新建一个 PSD 文件，选择自定义形状工具，在属性栏中选择像素，并将形状选择为“装饰 2”，将前景颜色设为深黄色（#9c9343），在背景层上绘制出如图 9-2-7 所示的效果；选择“编辑 > 定义图案”命令，将背景图层上的图案定义为图案，如图 9-2-8 所示。

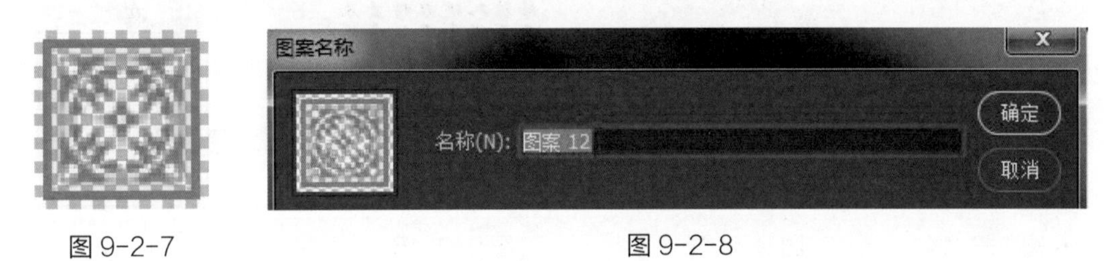

图 9-2-7　　图 9-2-8

⑤ 回到“未标题 -1”文档，新建图层 5，选择矩形工具，在属性栏中选择像素，将前景颜色设为黄色（#feff90），绘制出如图 9-2-9 所示的矩形；按住 Ctrl 键，单击图层 5，将图层 5 的对象转为选区，选择“编辑 > 填充”命令，在“填充”对话框中将自定图案选择为刚才定义的“图案 12”如图 9-2-10 所示，单击“确定”按钮后如图 9-2-11 所示。

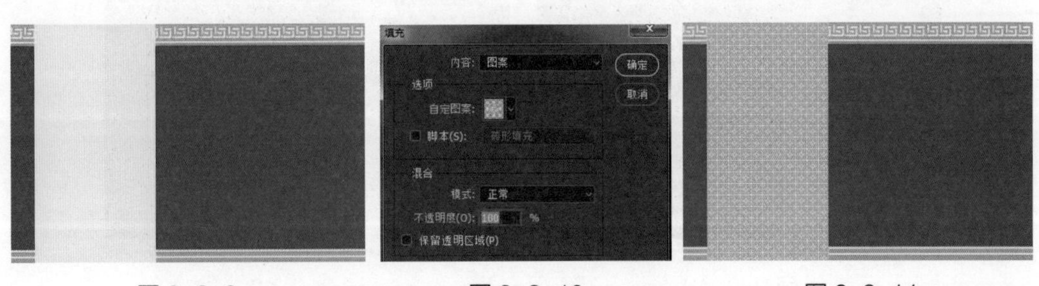

图 9-2-9　　图 9-2-10　　图 9-2-11

❻ 新建图层6，选择矩形工具■，在属性栏中选择“像素”，将前景颜色设为浅黄色（#fafcb2），绘制出如图9-2-12所示的矩形；并给图层6添加描边的图层样式，将描边的大小设为5，颜色设为白色（#ffffff），如图9-2-13所示。

图 9-2-12

图 9-2-13

❼ 按下 Ctrl+O 键，打开【素材\9-2 文件夹\sc1.psd，sc2.psd，sc3.psd，sc4.psd】图片，如图9-2-14 ~ 图9-2-17所示。

图 9-2-14

图 9-2-15

图 9-2-16

图 9-2-17

❽ 选择移动工具✥，将图片sc1.psd、sc2.psd、sc3.psd、sc4.psd拖至“未标题-1”文件中，产生了图层7、图层8、图层9和图层10，适当调整图片的大小和位置如图9-2-18所示；在图层面板中将图层8、图层9的图层混合模式设置为“正片叠底”，此时效果如图9-2-19所示。

图 9-2-18

图 9-2-19

⑨ 按下 Ctrl+O 键，打开【素材\9-2 文件夹\01.jpg】图片，如图 9-2-20；选择多边形套索工具，沿着人物的边缘多次单击鼠标，建立人物的选区，如图 9-2-21 所示。

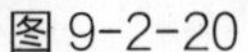

图 9-2-20　　图 9-2-21

⑩ 选择移动工具，将选区的对象拖至“未标题 -1”文件中，产生了图层 11，按下 Ctrl+T 键，适当调整图层 11 图片的大小，将图片水平翻转，并调整至如图 9-2-22 所示位置；将图层 7 调整至图层 11 的上方，调整后如图 9-2-23 所示。

图 9-2-22

图 9-2-23

⑪ 按下 Ctrl+R 键显示标尺，分别从水平标尺和垂直标尺处拖出两条辅助线，新建图层 12，选择矩形工具，在属性栏中选择像素，将前景颜色设为浅黄色（#fafcb2），在辅助线的交点处拖动鼠标并按住 Alt 键绘制矩形，绘制出如图 9-2-24 所示的矩形；按照以上方法在图层 12 上继续绘制矩形，如图 9-2-25、图 9-2-26 所示。按住 Ctrl 键，单击图层 12，将图层 12 的对象转为选区，执行“编辑 > 描边”命令，将描边的宽度设为 2 像素，颜色设为白色；执行“选择 > 修改 > 扩展”命令，将扩展量设为 2 像素，执行“编辑 > 描边”命令，将描边的宽度设为 2 像素，颜色设为白色，最后效果如图 9-2-27 所示。

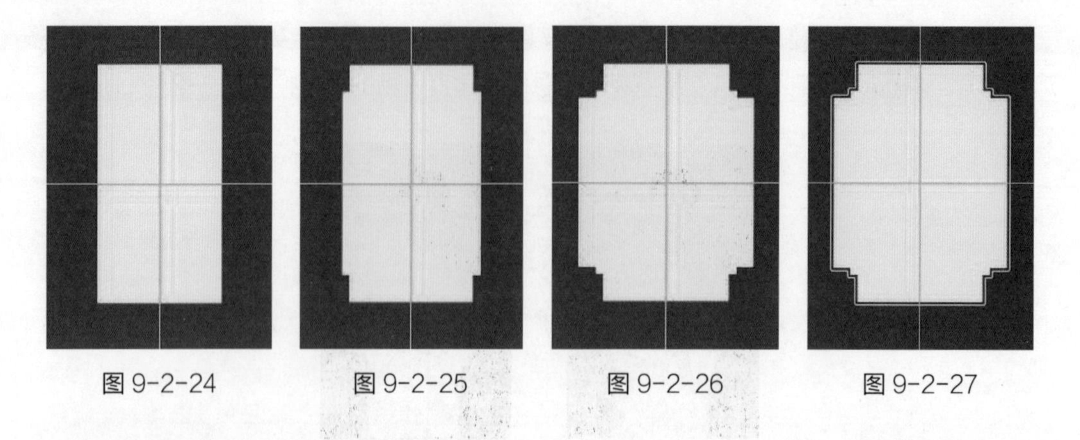
图 9-2-24　图 9-2-25　图 9-2-26　图 9-2-27

⑫ 新建图层 13，建立矩形选区，然后执行“编辑 > 描边”命令，将描边的宽度设为 2 像素，颜色设为白色，描边后如图 9-2-28 所示；录入文本“福”字，调整大小和位置，如图 9-2-29 所示；按下 Ctrl+E 键将文字图层和图层 13 合并，选择选择移动工具，按住 Alt 键拖动鼠标复制出多个福字效果，如图 9-2-30 所示；选定图层 12 、图层 13 和所有的图层 13 拷贝，按下 Ctrl+E 键合并图层。

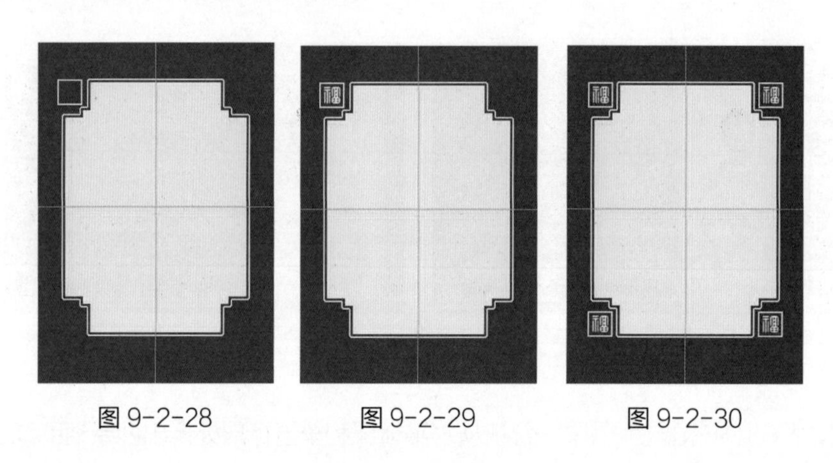
图 9-2-28　图 9-2-29　图 9-2-30

⑬ 选择图层 7，选择移动工具，按住 Alt 键拖动鼠标复制出图层 7 拷贝，并将图层 7 拷贝调整至图层的最顶部，调整图层 7 拷贝的人物的大小和位置，如图 9-2-31 所示；选定图层 7 拷贝，按下 Ctrl+E 键将其与图层 12 合并，选择移动工具，按住 Alt 键拖动鼠标复制出两个图层 12 拷贝，调整位置，如图 9-2-32 所示。

图 9-2-31

图 9-2-32

⑭ 按下 Ctrl+O 键，打开【素材\9-2 文件夹\sc5.jpg】图片，如图 9-2-33；选择移动工具，将图片 sc5.jpg 拖至“未标题 -1”文件中，并将该图层调整至图层 1 下方，将图层的不透明度设为 20%，如图 9-2-34 所示；选择文本工具，在属性栏中将字号设为 96，字体设为“经典繁方篆”，字体颜色设为白色（#ffffff），然后录入“青年才俊”，适当调整文字的位置，如图 9-2-35 所示位置，至此本案例完成，保存文件。

图 9-2-33

图 9-2-34

图 9-2-35

案例 03　婚纱照片创意设计 3

操作步骤

❶ 按 Ctrl+N 键，打开“新建”对话框，将文档的宽度设为 36 厘米，高度为 20 厘米，分辨率设为 100 像素/英寸，其余参数不变，如图 9-3-1 所示。单击“确定”按钮，新建一个 PSD 文件。

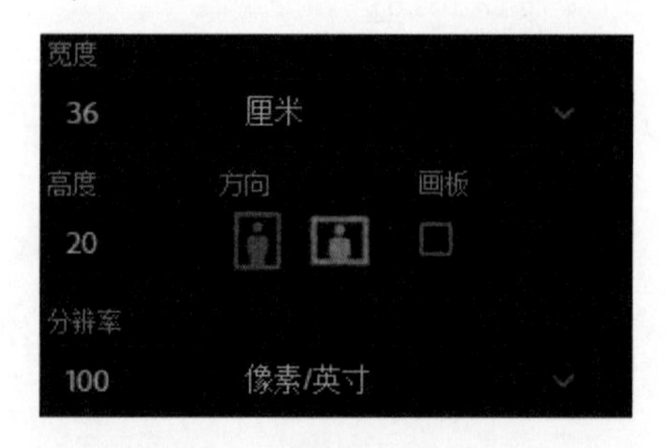

图 9-3-1

❷ 按下 Ctrl+O 键，打开【素材\9-3 文件夹\bj.jpg】图片，选择移动工具，将图片 bj.jpg 拖至“未标题 -1”文件中，按下 Ctrl+T 键，适当调整图片大小，如图 9-3-2 所示；按下 Ctrl+R 键显示标尺，分别从水平标尺和垂直标尺处拖出 4 条水平辅助线，3 条垂直辅助线（把图像分成等宽的 4 份），如图 9-3-3 所示。

图 9-3-2　　　　图 9-3-3

③ 新建图层2、图层3、图层4、图层5，选择矩形工具，在属性栏中选择像素，分别将前景颜色设为红色、黄色、蓝色、绿色，在图层2、图层3、图层4、图层5，绘制出如图9-3-4所示的矩形，此时图层面板如图9-3-5所示。

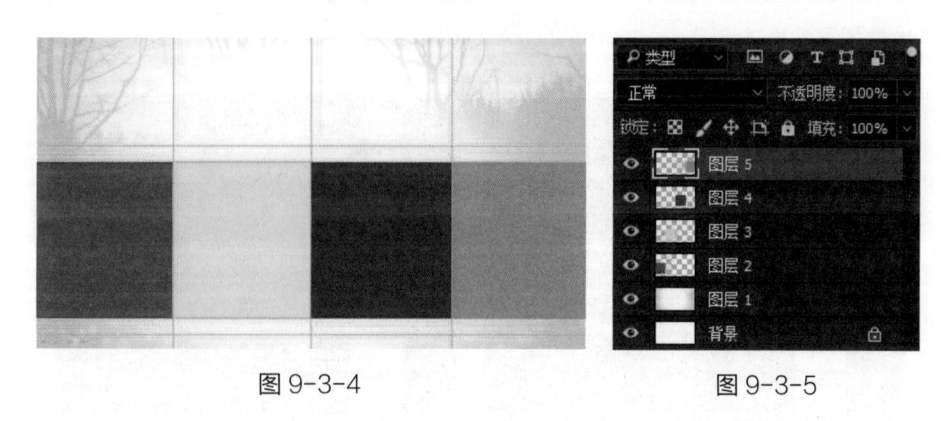

图 9-3-4　　　　图 9-3-5

④ 选定图层2，按下Ctrl+T键，对图层2的对象进行自由变换，按住Ctrl+Shift键，拖动调整图层2对象左边的两个变形点，如图9-3-6所示；用同样的方法，分别调整图层3、图层4、图层5对象的形状，调整后如图9-3-7所示。

图 9-3-6　　　　图 9-3-7

⑤ 按下 Ctrl+O 键，打开【素材 \9-3 文件夹 \01.jpg，02.jpg，03.jpg，04.jpg】图片，如图 9-3-8 ~图 9-3-11 所示。

图 9-3-8　　图 9-3-9　　图 9-3-10　　图 9-3-11

⑥ 选择移动工具，将相片01.jpg拖至“未标题-1”文件中，产生图层6，将图层6调整至图层2的上方，如图9-3-12所示；在图层2和图层6之间的位置按住Alt键单击鼠标，此时图层面板如图9-3-13所示。

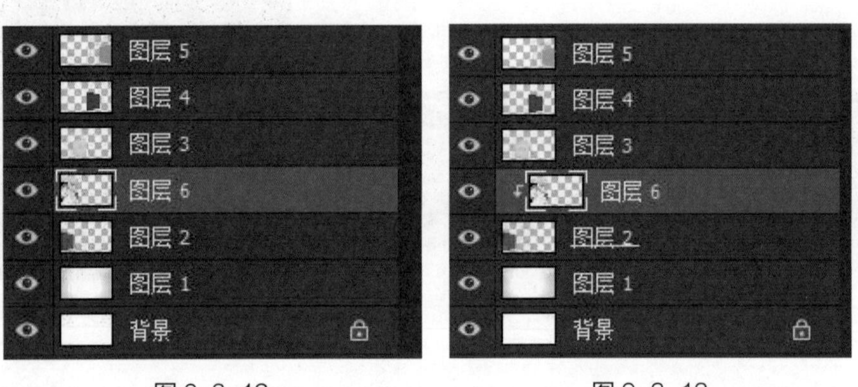

图 9-3-12　　图 9-3-13

⑦ 选定图层6，按下Ctrl+T键，适当调整图片的大小和位置，如图9-3-14所示；用同样的方式，将相片02.jpg拖至“未标题-1”文件中，产生图层7，将图层7调整至图层3上方，在图层3拷贝和图层7之间的位置按住Alt键单击鼠标，选定图层7，按下Ctrl+T键，适当调整图片的大小和位置，如图9-3-15所示。

图 9-3-14

图 9-3-15

⑧ 分别将相片 03.jpg，04.jpg 拖至“未标题 -1”文件中，参照步骤⑦的操作方法得到图 9-3-16、图 9-3-17 所示效果。

图 9-3-16

图 9-3-17

⑨ 选择文本工具T，在属性栏中将字号设为 48，字体设为幼圆，字体颜色设为绿色（#62cf32），然后录入“真的爱你”，继续使用文本工具T，在属性栏中将字号设为 26，字体设为 Blackadder ITC，字体颜色设为绿色（#62cf32），然后录入文本“Love is like a butterfly. It goes where it pleases and it pleases where it goes.”，如图 9-3-18 所示；执行“视图 > 清除参考线”命令，效果如图 9-3-19 所示。至此本案例完成，保存文件。

图 9-3-18

图 9-3-19

案例 04　婚纱照片创意设计 4

操作步骤

① 按 Ctrl+N 键，打开“新建”对话框，将文档的宽度设为 32 厘米，高度为 18 厘米，分辨率设为 100 像素 / 英寸，其余参数不变，如图 9-4-1 所示。单击“确定”按钮，新建一个 PSD 文件。

图 9-4-1

② 按下 Ctrl+O 键，打开【素材\9-4 文件夹\bj.jpg，sc1.png，sc2.png】图片，选择移动工具，将图片 bj.jpg，sc1.png，sc2.png 分别拖至“未标题 -1”文件中，适当调整图片大小和位置，如图 9-4-2 所示，此时图层面板如图 9-4-3 所示。

图 9-4-2

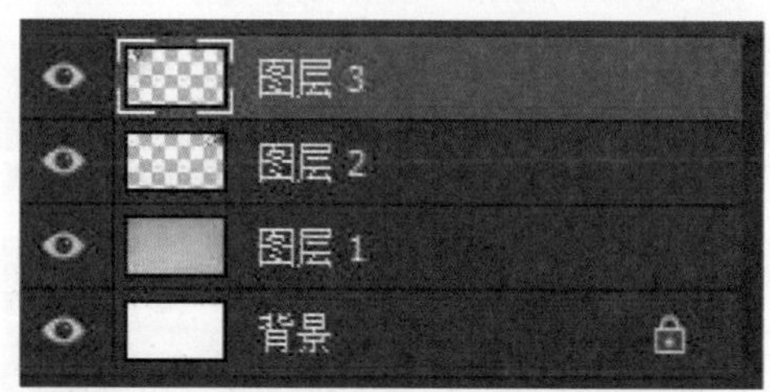

图 9-4-3

③ 选定图层1，在图层1上，新建图层4、图层5、图层6、图层7、图层8，选择矩形工具▆，在属性栏中选择像素，将前景颜色分别设为红色、黄色、蓝色、绿色、紫色，在图层4、图层5、图层6、图层7、图层8绘制出如图9-4-4所示的五个矩形，此时图层面板如图9-4-5所示。

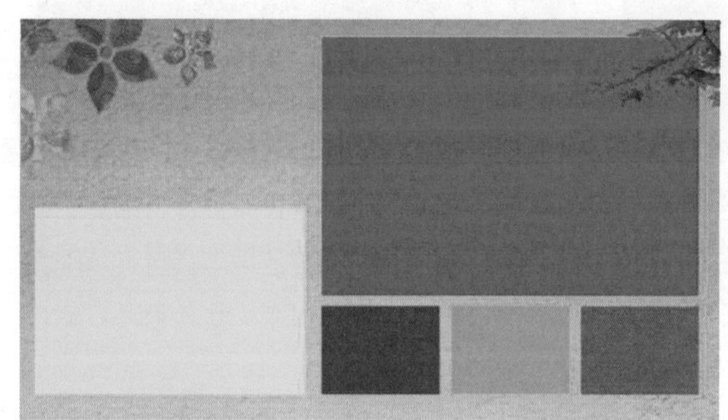

图 9-4-4

图 9-4-5

④ 在图层4上，新建图层9，选择多边形工具⬢，在属性栏中选择像素，将边数设为3，在图层9上绘制出一个三角形，如图9-4-6所示；按住Ctrl键单击图层9，选定图层9的三角形，执行“编辑 > 定义画笔预设”命令，把画笔的名称定义为“三角形”，如图9-4-7所示；清除图层9上的对象。

图 9-4-6

图 9-4-7

⑤ 选择画笔工具，在属性栏中单击图标，打开画笔面板，在画笔面板上选择刚才定义的三角形，并把间距设为 90%，如图 9-4-8 所示；选择形状动态，并把角度抖动下的控制设为方向，如图 9-4-9 所示。

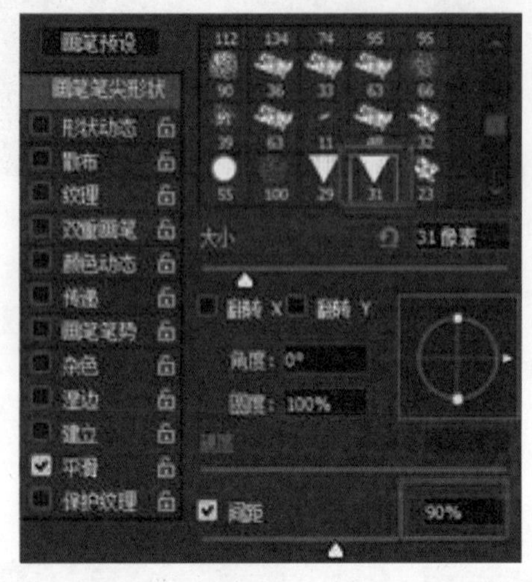

图 9-4-8

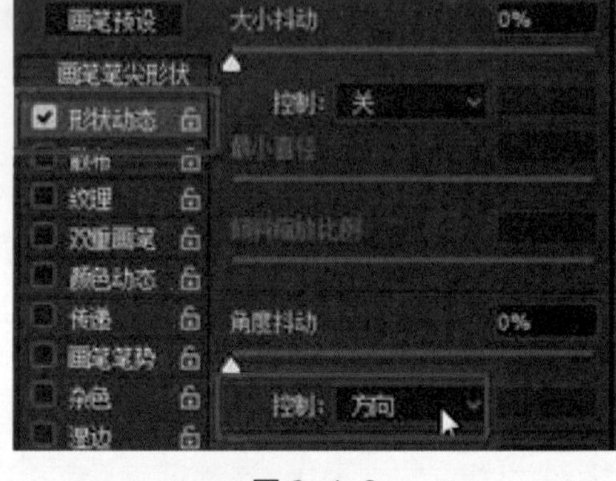

图 9-4-9

⑥ 按住 Ctrl 键单击图层 4，选定图层 4 的矩形，在路径面板上单击从选区生成路径图标，将选区转成路径。回到图层面板选定图层 9，再次回到路径面板，单击用画笔描边图标，如图 9-4-10 所示；按住 Ctrl 键单击图层 9，将图层 9 的对象转为选区，并单击图层 9 上的图标，隐藏图层 9，选定图层 4，按下 Del 键，删除图层 4 选区中的对象，如图 9-4-11 所示。

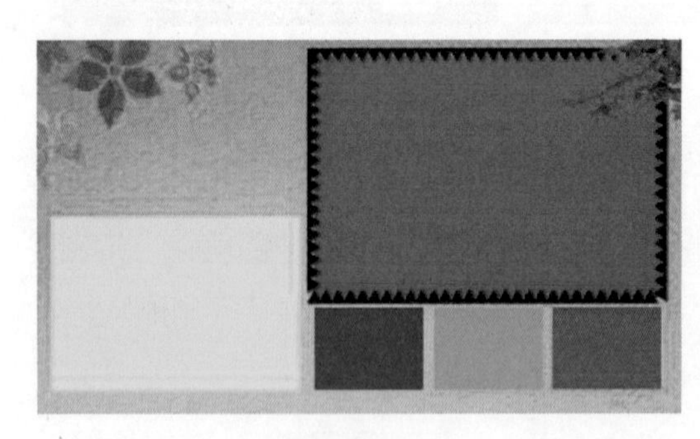
图 9-4-10

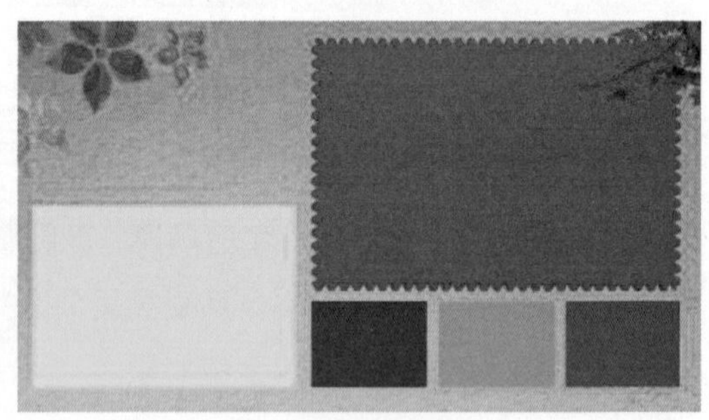
图 9-4-11

⑦ 选定图层 4，在图层面板上单击图标，在弹出的菜单中选择“投影”命令，在投影对话框中，将角度设为 30，距离设为 16，大小设为 16，其余参数不变，如图 9-4-12 所示，完成后效果如图 9-4-13 所示。

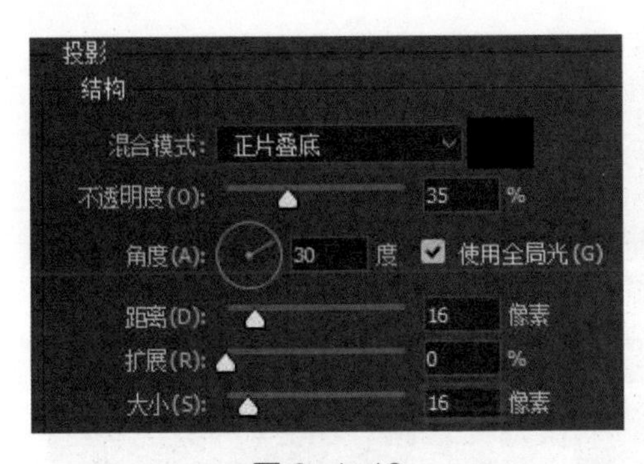

图 9-4-12

图 9-4-13

⑧ 右击图层 4，在弹出的菜单中选择“拷贝图层样式”命令，选定图层 5 至图层 8，右击选定的图层，在弹出的菜单中选择“粘贴图层样式”命令，此时效果如图 9-4-14 所示。

图 9-4-14

⑨ 按下 Ctrl+O 键，打开【素材\9-4 文件夹\7-4\01.jpg，02.jpg，03.jpg，04.jpg，05.jpg】图片，如图 9-4-15~图 9-4-19 所示。

图 9-4-15

图 9-4-16

图 9-4-17

图 9-4-18

图 9-4-19

⑩ 选择移动工具，将相片 01.jpg 拖至“未标题 -1”文件中，产生图层 10，将图层 10 调整至图层 4 的上方，如图 9-4-20 所示；在图层 4 和图层 10 之间的位置按住 Alt 键单击鼠标，此时图层面板如图 9-4-21 所示。

图 9-4-20

图 9-4-21

⑪ 选定图层10，按下Ctrl+T键，适当调整图片的大小和位置，如图9-4-22所示；将其他图片拖至“未标题-1”文件中，重复步骤⑩⑪制作出图9-4-23所示效果。

图 9-4-22

图 9-4-23

⑫ 选择文本工具T，录入文字，设置好文字的大小、颜色、位置，完成后如图9-4-24所示，至此本案例完成，保存文件。

图 9-4-24

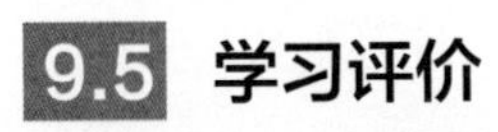

9.5 学习评价

评价内容	评价标准	是否掌握	分值	得分
知识点	了解婚纱照片设计中的图像、文本元素应用和构图方式 了解婚纱照片色彩搭配的相关知识 了解婚纱照片设计中要注意的问题		20	
技能点	掌握婚纱照片创意设计 1 的制作方法		10	
	掌握婚纱照片创意设计 2 的制作方法		10	
	掌握婚纱照片创意设计 3 的制作方法		10	
	掌握婚纱照片创意设计 4 的制作方法		10	
	能利用案例素材，进行再创作		20	
职业素养	婚纱照片创意设计是否符合审美要求		10	
	在婚纱照片创意设计中是否体现了精益求精的工匠精神		10	
合 计				

9.6 课后练习

练习 1：利用提供的素材先制作出下图效果；完成后再利用提供的素材，运用所学知识，自己发挥创意完成一款婚纱照片设计。

练习 2：利用提供的素材先制作出下图效果；完成后再利用提供的素材，运用所学知识，自己发挥创意完成一款婚纱照片设计。

第 10 章　儿童照片创意设计

10.1 本章概述

从影楼业务量来看，儿童摄影业务占了“半壁江山”。儿童相册的设计与制作，首先是要抓住“童心”，其次就是在“美”字上做文章，对儿童的照片进行艺术化的处理，并适当添加一些装饰元素，彰显儿童的活泼可爱、天真无邪。本章主要介绍儿童照片版式设计的相关知识，并通过四个案例讲解儿童照片设计的具体方法和技巧。

10.2 学习导图

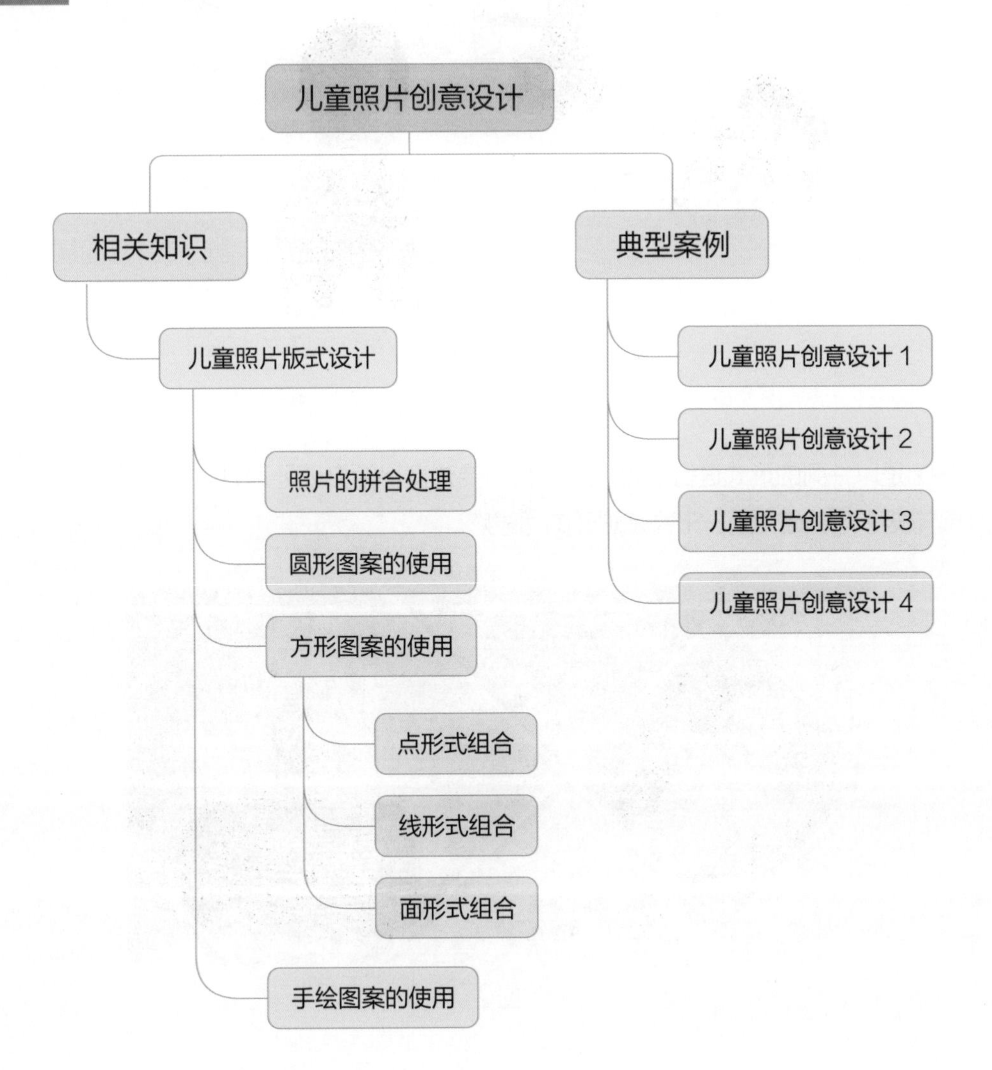

10.3 相关知识

10.3.1 儿童照片版式设计

儿童照片的版面设计与其他领域的设计一样，需要对版面有个总体构思。儿童属于一个特殊的群体，具有天真活泼、可爱的特性，所以在设计的风格上要多元化一些，才能体现出儿童的特点。这里将儿童照片的版式设计分为四大类：照片的拼合处理、圆形图案的使用、方形图案的使用、手绘图案的使用。

10.3.1.1 照片的拼合处理

此类处理要采用相同场景的照片，拼合的方式分多种，如图1则使用了三角形构图。设计时要体现出近大远小的构图原则，辅以表情、动作的多样化，让拼合的画面更具有趣味性。

图1

图2是以并列的形式进行了拼合，拼合时要注意将衔接处处理好。在边框的处理上不要中规中矩，可打破常规，来营造画面的活泼感。

图2

需要注意的是：在选这类照片的原片时，照片的场景、颜色要接近；在动作、表情方面，宜选用丰富一些的，而且照片不能太多，两张或三张即可；在背景的处理上要做到简洁为主，只有这样才能重点突出人物。

10.3.1.2　圆形图案的使用

此类设计主要是通过圆形图案来体现画面的活跃感，圆形无边无棱，给人一种乖巧的感觉。大小不一的圆形排列在一起，让整个画面充满了乐趣。

圆形的素材较多，可以找到不同的感觉对版面进行设计。图3是将宝宝放在花瓣的圆形里面，这种做法比较受家长的欢迎，柔和的色调配合花瓣效果，整个画面温暖而宁静。

图3

需要注意的是：在设计此类版面时，选全身、半身的照片都可以，但最重要的是要将人物脸部露出来，如有裁切较厉害的照片，可以将其适当放大；圆的大小也要有所区分，这样版面的内容才会丰富，才能突出美感。

10.3.1.3　方形图案的使用

在一个版面中，将照片制作成方形图案点缀画面是最常见的手法之一。这种做法比较简单，但是要组合得漂亮也不是很容易，需要了解一些构图的原则，可以按点、线、面的构成作为分类。

以点的形式进行组合，加以文字与之穿插形成一个联系体，这样不会让照片太孤立，如图4所示。

图4

以线的形式进行组合，将方形小照片以线条的形式有序的排列，让画面有一种线条的流畅性，当然也要在方向性上稍稍有所调整，通过错落有致的排列突出变化，才不显得死板，如图5所示。

图5

以面的形式进行组合，将方形小照片以面化的形式排列在一起，有充实、饱满、稳定的视觉效果，如图6所示。

图6

此外，要结合孩子的心理，配合孩子的动作、表情添加文字，以贴合整个画面的意境。如线形组合案例中"快乐宝贝"就是以孩子的心理活动来设计的，此时孩子的天真可爱表露无遗。

需要注意的是：方形照片要做到小巧精致，不能太大，否则会显得特别笨重。描边是必不可少的，这样可以重点突显人物。而且要有适当的留白，这样可以产生空间感，使整个画面简洁干净。

10.3.1.4　手绘图案的使用

用手绘的方式来表现儿童的稚嫩与天真是最好不过了。图 7 的边框是手绘的，这种方法描绘出的图案会比较卡通，恰恰是这一点能够充分地表达出儿童的稚嫩。需要注意的是：手绘图案要根据年龄段、根据意境来设计，不能太多，只可作为点缀，否则会显得太幼稚，尤其是针对较大年龄段的孩子。

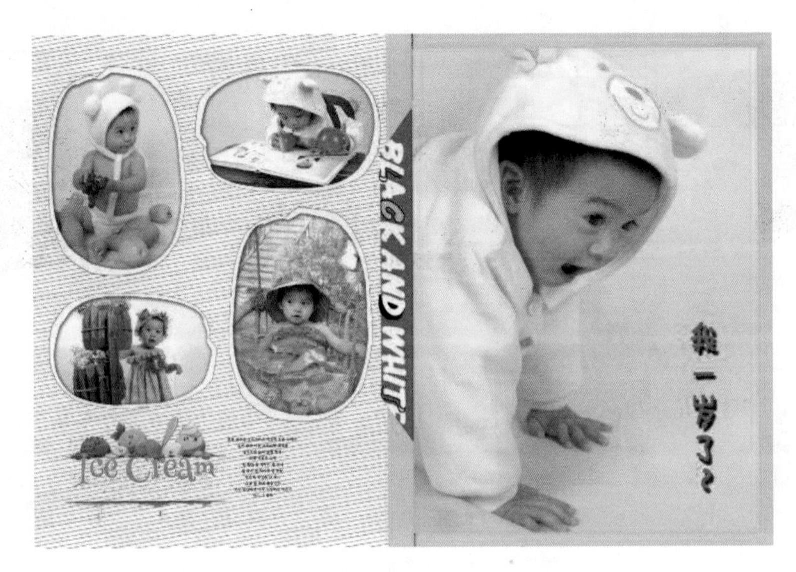

图 7

10.4 典型案例

案例 01 儿童照片创意设计 1

操作步骤

① 按 Ctrl+N 键，打开“新建”对话框，将文档的宽度设为 32 厘米，高度为 18 厘米，分辨率设为 100 像素/英寸，其余参数不变，如图 10-1-1 所示。单击“确定”按钮，新建一个 PSD 文件。

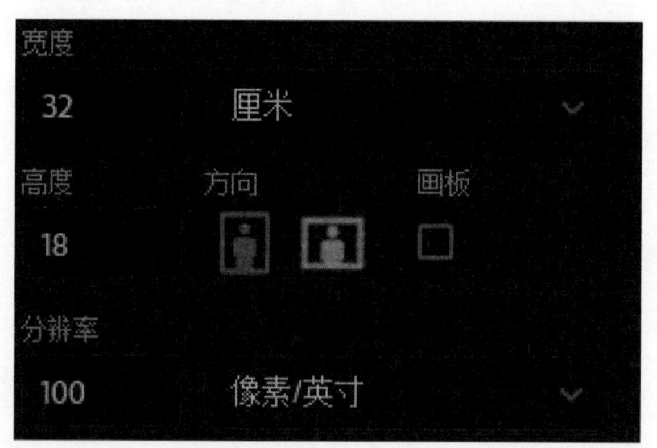

图 10-1-1

② 按下 Ctrl+O 键，打开【素材\10-1 文件夹\7-5\bj.jpg，sc1.png，sc2.png】图片，选择移动工具，将图片 bj.jpg，sc1.png，sc2.png 分别拖至“未标题 -1”文件中，适当调整图片大小和位置，如图 10-1-2 所示；选择移动工具，按住 Alt 键拖动复制出两个夹子，如图 10-1-3 所示。

图 10-1-2　　　　图 10-1-3

③ 选定图层1，在图层1上，新建图层4、图层5、图层6选择矩形工具，在属性栏中选择像素，将前景颜色分别设为红色、绿色、蓝色在图层4、图层5、图层6、绘制出三个矩形并适当调整角度，如图10-1-4所示，此时图层面板如图10-1-5所示。

图 10-1-4

图 10-1-5

④ 选定图层4，在图层面板上单击fx图标，在弹出的菜单中选择“描边”命令，给图层4添加描边的图层样式，将描边的大小设为6，颜色设为白色（#ffffff），继续给图层4添加投影样式，将投影的角度设为120，距离设为20，大小设为7，如图10-1-6所示；右击图层4，在弹出的菜单中选择“拷贝图层样式”命令，选定图层5和图层6，右击选定的图层，在弹出的菜单中选择“粘贴图层样式”命令，此时效果如图10-1-7所示。

图 10-1-6

图 10-1-7

❺ 按下 Ctrl+O 键，打开【素材\10-1 文件夹\01.jpg，02.jpg，03.jpg】图片，如图 10-1-8 ~ 图 10-1-10 所示。

图 10-1-8

图 10-1-9

图 10-1-10

❻ 选择移动工具，将相片 01.jpg 拖至“未标题 -1”文件中，产生图层 7，将图层 7 调整至图层 4 的上方，如图 10-1-11 所示；在图层 4 和图层 7 之间的位置按住 Alt 键单击鼠标，此时图层面板如图 10-1-12 所示。

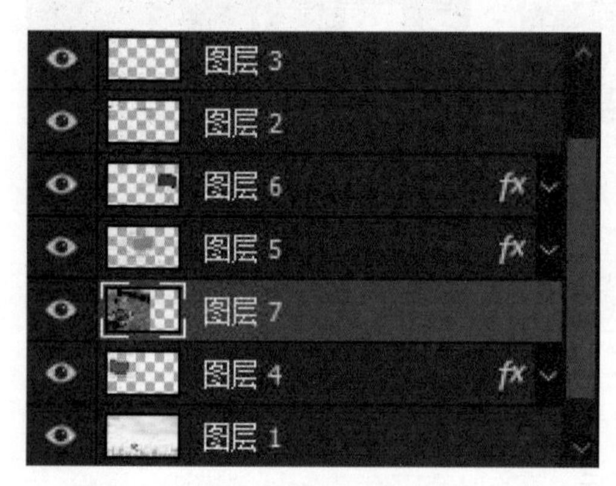

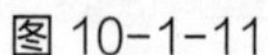

图 10-1-11

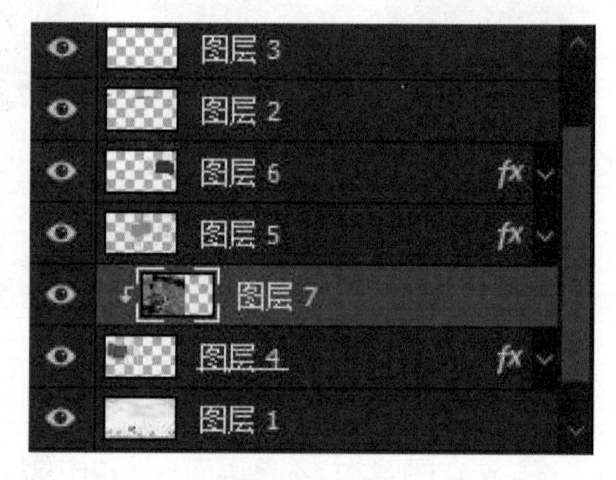

图 10-1-12

❼ 选定图层 10，按下 Ctrl+T 键，适当调整图片的大小和位置，如图 10-1-13 所示；将其他图片拖至“未标题 -1”文件中，重复步骤 ❻❼ 制作出图 10-1-14 所示效果。

图 10-1-13

图 10-1-14

⑧ 选择文本工具，在属性栏中将字号设为72，字体设为“禹卫书法隶书繁体”，字体颜色设为深绿色（#2d8606），然后录入“快乐宝贝”，选定文字，在属性栏中单击图标，在弹出的“变形文字”对话框中，样式选为旗帜，弯曲设为-50，如图10-1-15所示；适当调整文字的位置（图10-1-16所示位置），至此本案例完成，保存文件。

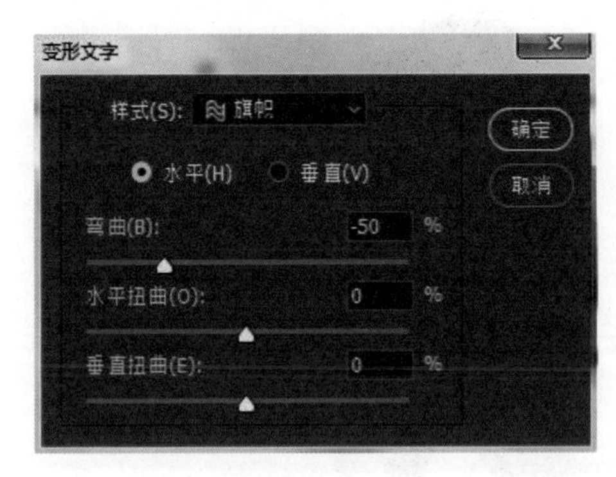

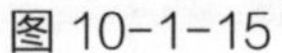
图 10-1-15

图 10-1-16

案例 02　儿童照片创意设计 2

操作步骤

❶ 按 Ctrl+N 键，打开“新建”对话框，将文档的宽度和高度都设为 10 像素，分辨率设为 100 像素 / 英寸，背景内容设为透明，其余参数不变，如图 10-2-1 所示。单击“确定”按钮，新建一个 PSD 文件。

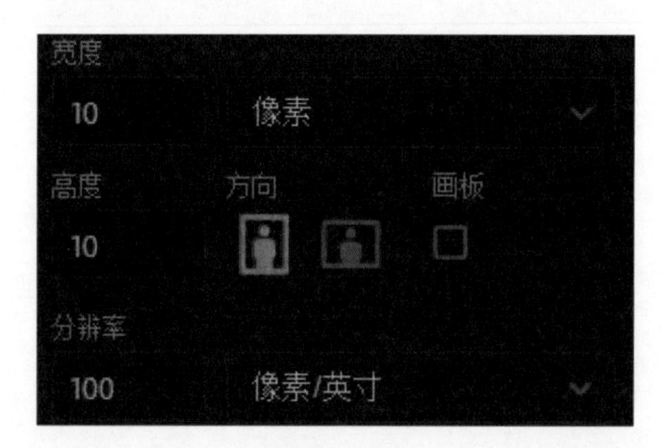

图 10-2-1

❷ 按 Ctrl+“+”键将文件放大为原来的 1200%，选择画笔工具，将前景颜色设为红色，画笔笔头设为硬边圆，笔头大小设为 2，然后在文件的中心处单击绘制小红点，如图 10-2-2 所示；按下 Ctrl+A 键全选对象，执行“编辑 > 定义图案”命令，将图案命名为小红点，如图 10-2-3 所示。

图 10-2-2　　　　图 10-2-3

③ 按Ctrl+N键，打开“新建”对话框，将文档的宽度设为32厘米，宽度为18厘米，分辨率设为100像素/英寸，其余参数不变，单击“确定”按钮，新建一个PSD文件。执行“编辑 > 填充”命令，打开“填充”对话框，在对话框中将自定图案选择刚才定义的小红点，如图10-2-4所示，完成后效果如图10-2-5所示。

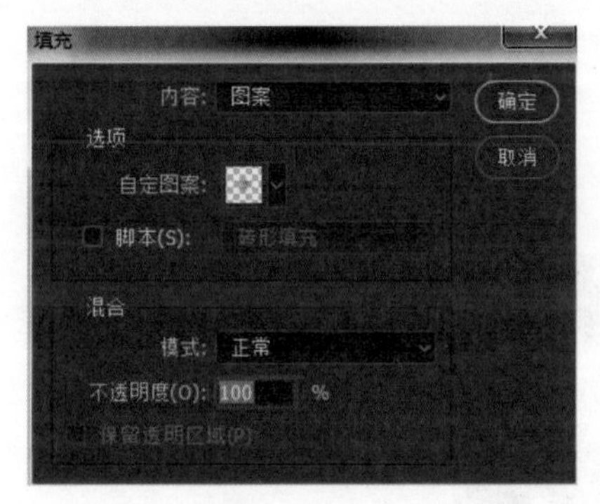

图 10-2-4

图 10-2-5

④ 按下Ctrl+O键，打开【素材\10-2文件夹\sc1.png】图片，选择移动工具，将图片sc1.png拖至“未标题-1”文件中，按下Ctrl+T键适当调整图片大小和位置，如图10-2-6所示。

图 10-2-6

⑤ 按下Ctrl+O键，打开【素材\10-2文件夹\01.bmp】图片，如图10-2-7；选择多边形套索工具，沿着人物的边缘多次单击鼠标，建立人物的选区，如图10-2-8所示。

图 10-2-7

图 10-2-8

❻ 选择移动工具，将选区的对象拖至“未标题 -1” 文件中，按下 Ctrl+T 键，适当调整图片的大小，并将图片调整至如图 10-2-9 所示位置。

图 10-2-9

❼ 在图层 2 上，新建图层 3、图层 4 选择椭圆工具，在属性栏中选择像素，将前景颜色分别设为红色、绿色，在图层 3、图层 4 绘制出如图 10-2-10 所示的两个椭圆，此时图层面板如图 10-2-11 所示。

图 10-2-10

图 10-2-11

⑧ 选定图层3，在图层面板上单击fx图标，在弹出的菜单中选择“描边”命令，给图层3添加描边的图层样式，将描边的大小设为6，颜色设为白色（#ffffff），继续给图层3添加投影样式，将投影的角度设为120，距离设为12，大小设为10，如图10-2-12所示；右击图层3，在弹出的菜单中选择“拷贝图层样式”命令，右击图层4，在弹出的菜单中选择“粘贴图层样式”命令，此时效果如图10-2-13所示。

图 10-2-12

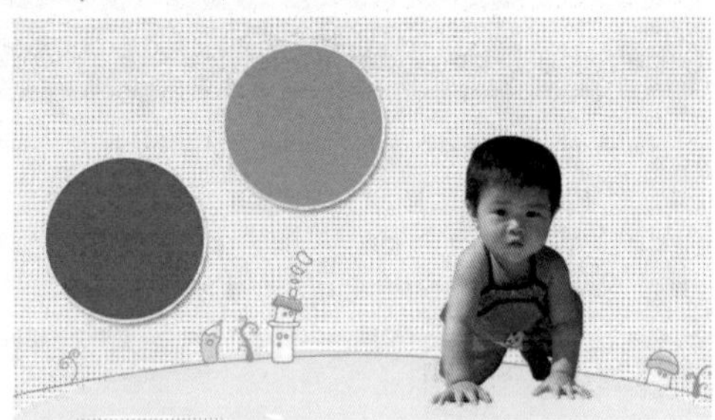

图 10-2-13

⑨ 按下 Ctrl+O 键，打开【素材\10-2 文件夹\02.jpg，03.jpg】图片，如图 10-2-14、图 10-2-15 所示。

图 10-2-14

图 10-2-15

⑩ 选择移动工具，将相片01.jpg拖至“未标题-1”文件中，产生图层5，将图层5调整至图层3的上方，如图10-2-16所示；将鼠标在图层3和图层5之间的位置按住Alt键单击鼠标，此时图层面板如图10-2-17所示。

图 10-2-16

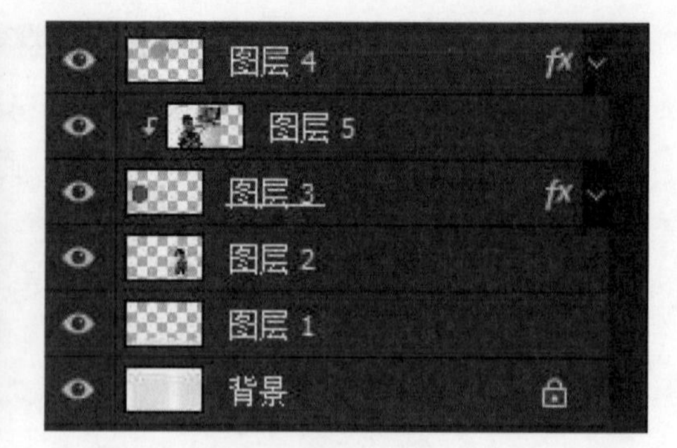

图 10-2-17

⑪ 选定图层5，按下 Ctrl+T 键，适当调整图片的大小和位置，如图 10-2-18 所示；将其他图片拖至“未标题 -1”文件中，重复步骤 ⑩ ⑪ 制作出图 10-2-19 所示效果。

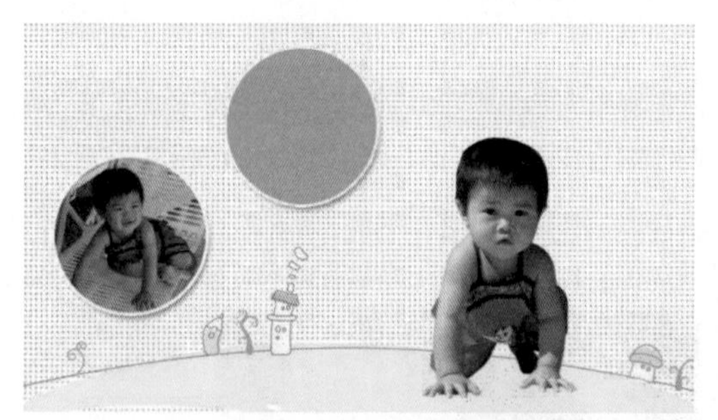

图 10-2-18

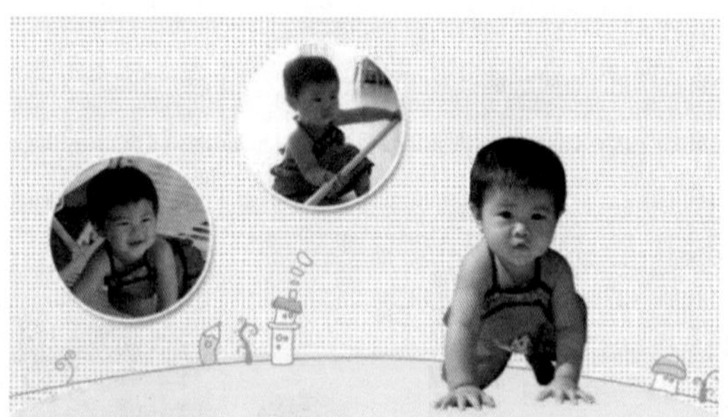

图 10-2-19

⑫ 选择文本工具T，录入文字，设置好文字的大小、颜色、位置，完成后如图 10-2-20 所示，至此本案例完成，保存文件。

图 10-2-20

案例03 儿童照片创意设计3

操作步骤

❶ 按Ctrl+N键，打开“新建”对话框，将文档的宽度设为32厘米，高度为18厘米，分辨率设为100像素/英寸，其余参数不变，如图10-3-1所示，单击“确定”按钮，新建一个PSD文件。

图10-3-1

❷ 按下Ctrl+O键，打开【素材\10-3\bj1.jpg】图片，选择移动工具，将图片bj1.jpg拖至“未标题-1”文件中，产生“图层1”，按下Ctrl+T键，适当调整图片的大小位置，如图10-3-2所示；按下Ctrl+O键，打开【素材\10-3文件夹\01.jpg】选择移动工具，将相片01.jpg拖至“未标题-1”文件中，产生图层2，按下Ctrl+T键，适当调整图片的大小和位置，如图10-3-3所示。

图 10-3-2

图 10-3-3

③ 选择渐变变形工具，并在属性栏中选择线性渐变，打开渐变编辑器，设置“黑—白—白—白—黑”的渐变，如图10-3-4所示。

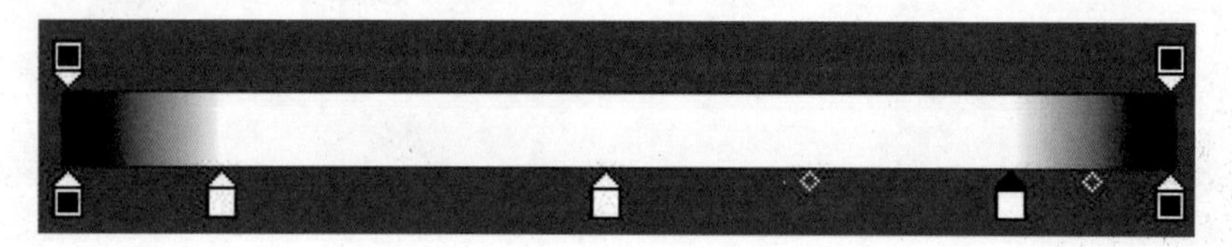
图 10-3-4

④ 选择图层2，在图层属性面板中单击添加矢量蒙版图标，选择渐变变形工具，并在属性栏中选择线性渐变，在图层2的对象上按住左键拖动出一条渐变线，如图10-3-5所示；释放鼠标，此时效果如图10-3-6所示。

图 10-3-5

图 10-3-6

⑤ 选定图层2，在图层2上，新建图层3、图层4选择矩形工具，在属性栏中选择像素，将前景颜色分别设为蓝色、绿色，在图层3、图层4绘制出两个矩形并适当调整角度，如图10-3-7所示，此时图层面板如图10-3-8所示。

图 10-3-7

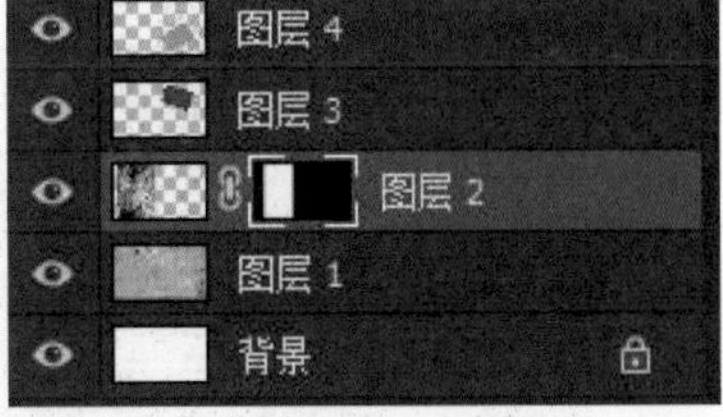

图 10-3-8

⑥ 选定图层3，在图层面板上单击fx图标，在弹出的菜单中选择“描边”命令，给图层3添加描边的图层样式，将描边的大小设为5，颜色设为白色（#ffffff），继续给图层3添加投影样式，将投影的角度设为120，距离设为13，大小设为13，如图10-3-9所示；右击图层3，在弹出的菜单中选择“拷贝图层样式”命令，右击图层4，在弹出的菜单中选择“粘贴图层样式”命令，此时效果如图10-3-10所示。

图 10-3-9

图 10-3-10

⑦ 按下Ctrl+O键，打开【素材\10-3文件夹\02.jpg，03.jpg】图片，如图10-3-11、图10-3-12所示。

图 10-3-11

图 10-3-12

⑧ 选择移动工具，将图片 02.jpg 拖至“未标题 -1”文件中，产生图层5，将图层5调整至图层3的上方，如图10-3-13所示；在图层3和图层5之间的位置按住Alt键单击鼠标，此时图层面板如图10-3-14所示。

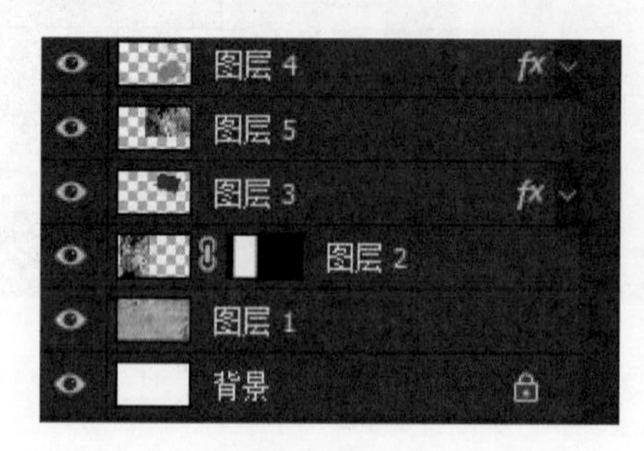

图 10-3-13

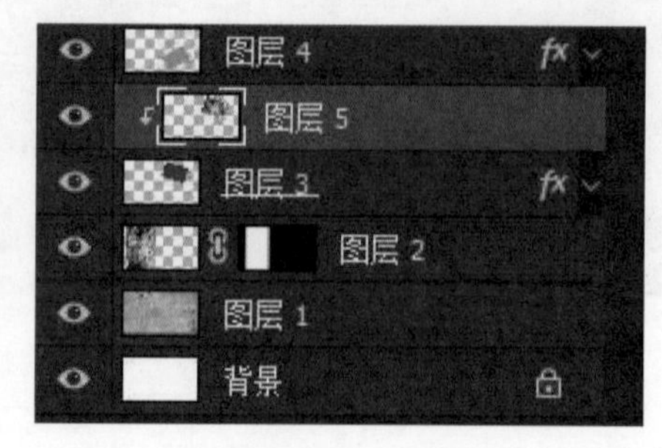

图 10-3-14

⑨ 选定图层5，按下Ctrl+T键，适当调整图片的大小和位置，如图10-3-15所示；将其他图片拖至“未标题 -1”文件中，重复步骤⑧⑨制作出图10-3-16所示效果。

图 10-3-15

图 10-3-16

⑩ 按下Ctrl+O键，打开【素材\10-4\sc1.jpg】图片，选择移动工具，将图片sc1.jpg拖至“未标题 -1”文件中，适当调整图片的大小和位置，如图10-3-17所示，至此本案例制作完成，保存文件。

图 10-3-17

案例 04　儿童照片创意设计 4

操作步骤

1 按 Ctrl+N 键，打开“新建”对话框，将文档的宽度和高度都设为 10 像素，分辨率设为 100 像素 / 英寸，背景内容设为透明，其余参数不变，如图 10-4-1 所示，单击“确定”按钮，新建一个 PSD 文件。

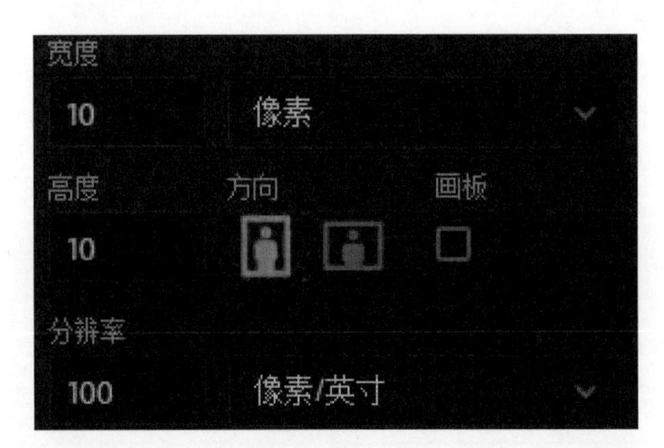

图 10-4-1

2 按 Ctrl+“ + ”键将文件放大为原来的 1200%，选择画笔工具，将前景颜色设为红色，画笔笔头设为硬边圆，笔头大小设为 2，然后在文件的中心处单击绘制小红点，如图 10-4-2 所示；按下 Ctrl+A 键全选对象，执行“编辑 > 定义图案”命令，将图案命名为小红点，如图 10-4-3 所示。

图 10-4-2　　图 10-4-3

③ 按Ctrl+N键，打开“新建”对话框，将文档的宽度设为32厘米，高度为20厘米，分辨率设为100像素/英寸，其余参数不变，单击“确定”按钮，新建一个PSD文件。执行“编辑>填充”命令，打开“填充”对话框，在对话框中将自定图案选择刚才定义的小红点，如图10-4-4所示，完成后效果如图10-4-5所示。

图 10-4-4

图 10-4-5

④ 按下Ctrl+O键，打开【素材\10-4文件夹\sc1.png，sc2.png，sc3.png】图片，选择移动工具，将图片拖至“未标题-1”文件中，按下Ctrl+T键适当调整各张图片大小和位置，如图10-4-6所示。

图 10-4-6

⑤ 选定图层1，在图层1上，新建图层4、图层5、图层6、图层7，选择矩形工具，在属性栏中选择像素，将前景颜色分别设为红色、黄色、蓝色、绿色，在图层

4、图层5、图层6、图层7绘制出如图10-4-7所示的四个矩形，此时图层面板如图10-4-8所示。

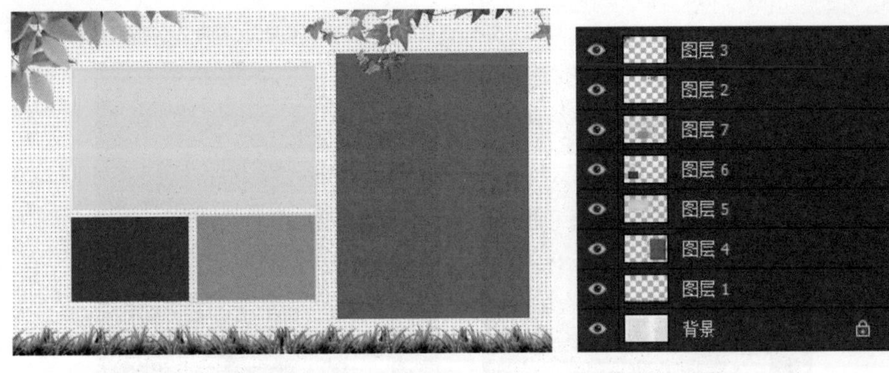

图 10-4-7　　图 10-4-8

⑥ 选定图层4，在图层面板上单击fx图标，在弹出的菜单中选择“描边”命令，给图层4添加描边的图层样式，将描边的大小设为5，颜色设为绿色（#00ff00），如图10-4-9所示；右击图层4，在弹出的菜单中选择“拷贝图层样式”命令，选定图层5至图层7，右击选定的图层，在弹出的菜单中选择“粘贴图层样式”命令，此时效果如图10-4-10所示。

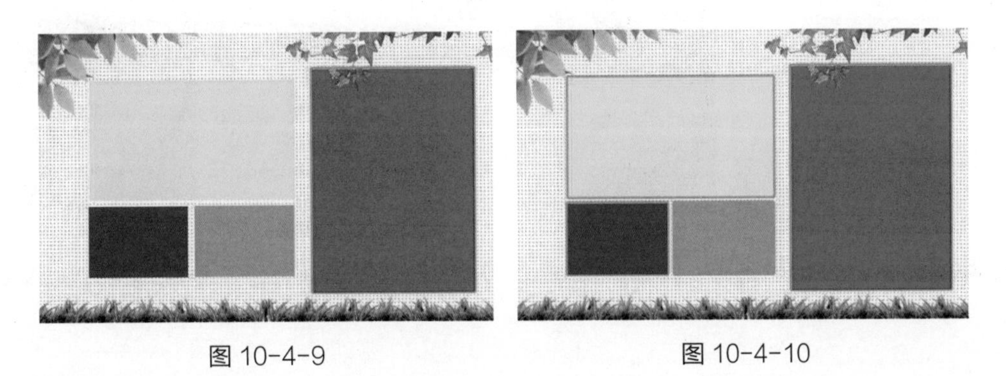

图 10-4-9　　图 10-4-10

⑦ 按下Ctrl+O键，打开【素材\10-4文件夹\01.jpg，02.jpg， 03.jpg，04.jpg】图片，如图10-4-11～图10-4-14所示。

图 10-4-11　　图 10-4-12　　图 10-4-13　　图 10-4-14

⑧ 选择移动工具，将图片01.jpg拖至“未标题-1”文件中，产生图层8，将图层8调整至图层4的上方，如图10-4-15所示；在图层4和图层8之间的位置按住Alt键单击鼠标，此时图层面板如图10-4-16所示。

图 10-4-15

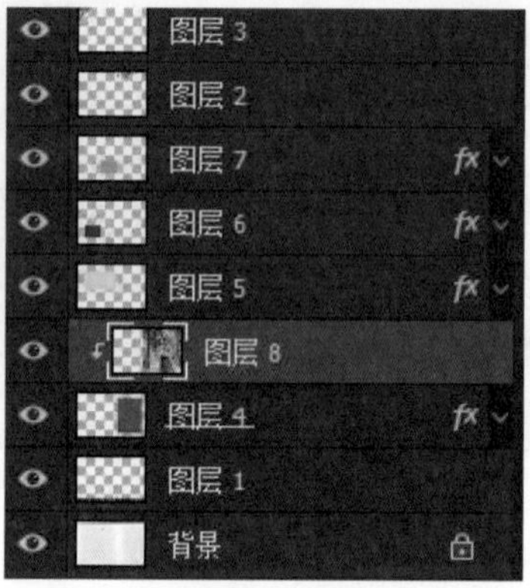

图 10-4-16

⑨ 选定图层8，按下Ctrl+T键，适当调整图片的大小和位置，如图10-4-17所示；将其他图片拖至“未标题-1”文件中，重复步骤⑧⑨，制作出图10-4-18所示效果。

图 10-4-17

图 10-4-18

10.5 学习评价

评价内容	评价标准	是否掌握	分值	得分
知识点	了解儿童照片版式设计的特点和要求 了解照片拼合处理，圆形图案、方形图案、手绘图案使用的方法和技巧		20	
技能点	掌握儿童照片创意设计 1 的制作方法		10	
	掌握儿童照片创意设计 2 的制作方法		10	
	掌握儿童照片创意设计 3 的制作方法		10	
	掌握儿童照片创意设计 4 的制作方法		10	
	能利用案例素材，进行再创作		10	
职业素养	儿童照片创意设计是否符合审美要求		10	
	在儿童照片创意设计中是否体现了精益求精的工匠精神		10	
合 计				

10.6 课后练习

练习 1：利用提供的素材先制作出下图效果；完成后再利用提供的素材，运用所学知识，发挥创意完成一款儿童照片设计。

练习 2：利用提供的素材先制作出下图效果；完成后再利用提供的素材，运用所学知识，发挥创意完成一款儿童照片设计。